四川省重点研发项目（23ZDYF2412）资助
四川省地质调查研究院科研项目（SCIGS-CYBXM-2023-007）、（SCIGS-CYBXM-2023-008）资助
四川省自然资源厅科研项目（KJ-2023-46）资助

成渝双城经济圈极核城市物探精细化探测研究

武　斌　余　舟　郑福龙
陈　挺　冉中禹　严　迪　／著

图书在版编目（CIP）数据

成渝双城经济圈极核城市物探精细化探测研究 / 武斌等著. — 成都 : 四川大学出版社, 2023.5
（资源与环境研究丛书）
ISBN 978-7-5690-6101-7

Ⅰ. ①成… Ⅱ. ①武… Ⅲ. ①城市－地球物理勘探－研究－成都②城市－地球物理勘探－研究－重庆 Ⅳ. ① P562.711 ② P562.719

中国国家版本馆 CIP 数据核字（2023）第 076954 号

书　　名：成渝双城经济圈极核城市物探精细化探测研究
Cheng-Yu Shuangcheng Jingjiquan Jihe Chengshi Wutan Jingxihua Tance Yanjiu
著　　者：武　斌　余　舟　郑福龙　陈　挺　冉中禹　严　迪
丛 书 名：资源与环境研究丛书

选题策划：胡晓燕
责任编辑：胡晓燕
责任校对：周维彬
装帧设计：墨创文化
责任印制：王　炜

出版发行：四川大学出版社有限责任公司
地址：成都市一环路南一段 24 号（610065）
电话：（028）85408311（发行部）、85400276（总编室）
电子邮箱：scupress@vip.163.com
网址：https://press.scu.edu.cn
印前制作：四川胜翔数码印务设计有限公司
印刷装订：四川省平轩印务有限公司

成品尺寸：185mm×260mm
印　　张：16.5
字　　数：421 千字

版　　次：2023 年 6 月 第 1 版
印　　次：2023 年 6 月 第 1 次印刷
定　　价：86.00 元

扫码获取数字资源

四川大学出版社
微信公众号

序

城市地下空间开发利用是我国城市发展的重要研究课题，如何实现城市强干扰环境地下地质结构“透明化”，是科学、合理、安全开发利用城市地下空间的关键。我国地质环境条件复杂，特殊的地质构造给城市地下空间“透明化”带来了严峻的挑战。物探是利用探测对象与周边介质的物理性质差异，运用适当的物理原理和相应的仪器设备，通过分析观测到的物理场，探查地质界限、地质构造及其他目的物或目标的勘探方法，或者是测定地质体或地下人工埋设物的物理性质或工程特性的探测方法，物探的无损探测特点使其在城市地下空间探测中得到了广泛应用。

城市地质条件复杂多变，城市活动会引起电场、地震波场、磁场、重力场、地热场、放射性等物理场的变化，在陆地、水域、地下（井中及坑道）等不同条件下使用电法、地震、磁法、重力、测温、放射性勘探等，不仅可以解决岩土工程问题，也可以在环境地质中发挥作用，包括对地下水、地质构造、滑坡、埋藏物、物理特性的探测等。随着物探技术的发展，利用物探手段解决与城市工程建设密切相关的问题，为城市规划、建设与管理提供探测成果，已经成为城市规划建设的重要组成部分。

物探具有经济高效、施工灵活、信息丰富和无损探测等优点，但是要想取得满意的效果，需要正确认识物探技术在城市探测中的难点：首先，尽管城市地下空间的探测深度比较浅，但城市地质环境被人类活动改造过，变得更加复杂，除了地层、构造等天然地质体，还有地下管网系统、地下轨道交通、地下储存库等综合体，使得城市物探的探测对象很特殊，既要探测岩性、地层等地质体，也要探测人造材料和空间。其次，城市地球物理场是动态演化的，其各种属性具有自身独特的时空分布规律，在不同城区，或者一天之中的不同时刻，都可能存在差异，甚至在城市化前后会发生天翻地覆的变化。

在城市物探中，为了克服单一方法的局限性和反演多解性，除了通过试验选择最佳的探测方案和工作参数，还需要加强城市条件下的物探理论与技术、仪器设备、数据处理解释等方面的研究，重视物探方法应用条件、方法试验，推行综合物探技术的应用创新，保证探测成果的质量和效果，进而推动城市物探技术发展进步。

铸鼎象物，探索地球。四川省地球物理调查研究所成立于 1956 年，现在已发展成能承担基础性、公益性、战略性和科研性地质勘查工作的综合性地勘单位，积累了大量的基础地质资料和丰富的技术经验，发现并验证了一大批重要矿产地，荣获地矿部授予的“全国地质勘查功勋单位”，获得地质部颁发的“勘查（找矿）成果一等奖”，荣获其他重要突出贡献奖共 20 余次。“武斌城市物探专家创新工作室”是目前所知国内唯一一家专注于城市物探的工作室，2021 年被命名为第五批“四川省劳模和工匠人才创新工作室”。工作室的总体目标与《工程地质手册》的要求一致，即经济、高效、无损地完成城市中的地质问题，解决地热勘查、新能源勘查物探关键性技术。城市物探核心问题就是解决精细化探测的问题，也是“武斌城市物探专家创新工作室”致力研究的问题。

成渝双城经济圈极核城市物探精细化探测是四川省地球物理调查研究所“武斌劳模及工匠人才创新工作室”“武斌城市物探专家创新工作室”研究的重点方向，研究区域主要选择成渝地区第四系覆盖层较深的成都市。本书研究以成都市地下空间资源调查城市地下空间物探精细化探测资料为主，以成都市多个工程物探项目为补充，并结合编者自身的实践经验，较为系统地总结了地球物理方法在城市精细化探测中的应用。成都市地貌类型包括平原、台地、丘陵等，地质条件较为复杂，城市地下空间利用需要重点防范富水松散砂砾卵石土、膨胀性黏土、软土、含膏盐（钙芒硝）泥岩和含瓦斯地层、活动性断层等多种地质问题。“武斌城市物探专家创新工作室”针对成都市城市复杂环境、特定目标探测的物探方法体进行深入研究，提出了不同干扰环境和不同地质问题的物探方法技术组合，对成都市 0～300 m 地层结构、含膏盐泥岩分布、芒硝矿采空区、隐伏断裂定位等四种特殊地质问题的数据采集、处理、解释工作优化提出合理的建议。本书阐述了在成都平原地区开展的大量物探方法试验和不同应用场景下不同尺度物探的应用实例，对我国红层分布区乃至全国城市开展地下空间资源探测具有良好的参考和借鉴价值。

中国工程院院士

2022 年 10 月 1 日

前　言

随着我国城市建设的发展，地球物理勘探在城市建设和发展中的地位越来越重要。城市是政治、经济、文化和信息中心。习近平总书记指出，“城市发展不能只考虑规模经济效益，必须把生态和安全放在更加突出的位置，统筹城市布局的经济需要、生活需要、生态需要、安全需要”。城市地质工作是城市发展和布局的重要基础，贯穿城市运行管理的全过程。做好城市地质工作，对于支撑国土空间优化布局、推进新型城镇化建设、建立高质量的城市生态系统和安全系统，具有非常重要的现实意义和战略意义。为贯彻落实中央和省委、省政府关于城市地质工作的有关要求，加快推进城市地质工作更好地服务于成渝地区双城经济圈建设、实现“碳达峰”“碳中和”目标、构建“一干多支、五区协同”区域发展新格局等重大决策部署。

国内外城市建设和规划设计工作表明，城市地质工作具有地域的独特性、工作的持久性、方法的多样性和学科的综合性等一系列特点。我国城市地质工作始于 20 世纪 50 年代，主要针对城市灾害等单一问题开展传统地质工作。党的十八大以来，以多要素综合调查、全过程支撑服务、多层级协调为主线的新时代城市地质工作迎来高峰，北京、福州、成都、厦门、咸阳等城市自 2017 年陆续开展试点示范，打造“数字城市”“透明城市”；湖北、江苏和山东等省于 2018 年逐步推进全省主要城市地质调查工作。作为我国多要素城市地质调查首个示范区，雄安新区是“城市建设、地质先行”的标杆。城市地质调查工作构建了“透明雄安”，为雄安新区规划建设、运行管理提供了全过程地质解决方案，建立了城市地质成果服务城市管理的制度和机制。

在新型城镇化、工业化建设速度加快的同时，我国城市建设面临的安全风险日益凸显。近年来，一些城市安全事故频发，充分暴露了个别地区城市地质工作存在的短板。四川省地质环境条件复杂，活动断裂、地质灾害、地面沉降塌陷、不良工程地质问题、水资源短缺、水土污染、洪涝等风险隐患对四川省城市安全造成威胁，亟须开展城市地质工作，查清城市地质安全风险底数，强力支撑城市安全发展，保障人民群众生命财产安全。通过系统的城市地质工作查明土地资源、地下水资源、地下空间资源、地质环境、地质灾害等情况，可为城市规划提供基础依据，为地下轨道交通、地下市政等重大地下空间开发利用项目的立项、设计和建设提供内容更广、工作更具体、精度更高的基础地质资料，为国土资源利用和管理、为城市地上地下综合发展提供全面、综合、高精度的城市地质信息数据支持。

2017 年以来，四川省有关部门在成都市系统开展了城市多要素地质调查、地下空间资源调查、典型地区地下空间综合评价等工作，调查区面积为 2859 km^2，北部、东部以五环路为界，西部以五环路、四川天府新区西部边界为界，西南部以成都第二绕城高速路为界，南部和西南部以天府新区核心区为界。行政区划涉及金牛区、锦江区、成华区、武侯区、青羊区全域和天府高新东区、龙泉驿区、新都区、双流区、郫都区、青白江区、温江区、新津市的部分区域。调查工作查明了成都市三维地质结构、地质资源和主要环境地质问题，综合评价了成都市城市资源环境承载能力，建立了多尺度、多精度三维地质模型，为国土空间规划、地质灾害防治、生态环境保护、地下空间利用提供了基础数据和决策支撑，有力推进了“数字成都”建设。

“成渝双城经济圈极核城市物探精细化探测研究”是四川省地球物理调查研究所“武斌劳模及工匠人才创新工作室”“武斌城市物探专家创新工作室”的重点研究方向，研究区域主要选择成渝地区第四系覆盖层较深的成都市。研究主要以成都市地下空间资源调查城市地下空间物探精细化探测资料为主，以成都市多个工程物探项目为补充，并结合作者自身的实践经验，较为系统地总结了地球物理方法在城市精细化探测中的应用。

本书第 1 章为绪言，介绍了选题依据、国内外研究现状、研究内容、拟解决的难点及相应技术措施、技术路线、完成实物工作量和取得成果的意义等。第 2 章为地质背景，介绍了地层、地质结构、断裂等。第 3 章为地球物理特征，介绍了以往成果收集整理、本书研究成果等。第 4 章为复杂地质环境下物探工作提高信号采集信噪比，介绍了城市复杂环境条件分析及针对性技术措施、针对复杂环境提高物探资料信噪比的方法和技术措施等。第 5 章为特定地质体物探精细识别，介绍了第四系物探方法精细识别、基岩物探方法精细识别、浅埋基底物探探测研究、成都浅埋（0～3 m）空洞探测研究、隐伏构造物探方法精细识别、含膏盐泥岩层物探方法精细识别成都市地下水探测、成都市域地热资源探测、芒硝矿采空区探测等。第 6 章为特定目标体探测的物探方法组合研究，介绍了不同干扰环境建议采用的物探方法组合、不同地质问题建议采用的物探方法组合等。第 7 章提出了几种特殊地质问题的物探采集、处理与解释工作的优化建议。第 8 章为结论与建议。

本书第 1 章、第 2 章、第 3 章和第 4 章由武斌、郑福龙、余舟完成，第 5 章由武斌、余舟、郑福龙、严迪、陈挺、冉中禹完成，第 6 章由武斌、余舟、冉中禹完成，第 7 章和第 8 章由武斌、余舟、郑福龙完成，书中的图片由冉中禹、陈挺、刘鹏绘制。感谢四川省地球物理调查研究所的领导和“武斌劳模及工匠人才创新工作室”“武斌城市物探专家创新工作室”的其他同事在本书编写时给予的无私帮助。尤其感谢何继善院士在百忙之中阅读本书，提出了许多宝贵意见，并为本书作序。本书的出版得到四川省重点研发项目“基于人工智能的龙门山南段深部精细结构特征和孕震机理研究”（23ZDYF2412）、四川省地质调查研究院科研项目“城市道路病害精细化探测及人工智能识别技术研究”（SCIGS-CYBXM-2023-007）和“川西地区典型地热成因机制与深部探测关键技术研究”（SCIGS-CYBXM-2023-008）、四川省自然资源厅科研项目“城市浅层地质结构地球物理精细化探测研究”（KJ-2023-46）的基金资助。

本书可供从事地球物理勘查专业，特别是地球物理勘查的科研人员学习和参考，还可作为地质院校教师和学生的参考材料，也可为从事城市开发和规划的科技人员和管理人员提供重要的技术信息和借鉴资料。

本书借鉴了本单位许多前辈的观点和认识，著者借此向他们深表谢意。同时，本书融进了我们新的观点和认识，修正了一些前人解释的不妥之处。由于编者水平所限，书中难免存在错误和不妥之处，恳请读者批评指正。

著 者
2022 年 9 月

目　　录

1 绪 言

1.1 选题依据

随着我国经济建设的高速发展，城市化进程不断加快，城市人口持续增长，城市规模不断扩大。由于地表面积的限制，城市只能向高空和地下发展。而现代城市建筑大多是高层、超高层设计，其结构受经济、技术条件的限制，一般建筑高程只能保持在一定范围内，不能满足城市发展的需求。因此有必要加强地下空间资源的探测与开发。部分发达国家已建成深度数十米甚至数百米的地下建筑，而我国在地下空间利用方面仅停留在地铁、地下停车场、购物中心、娱乐场所、蓄水池、地下管线等领域，尚未形成规模。因此，我国在地下空间的开发利用方面拥有巨大的潜力，有必要针对地下空间资源的地质特征开展调查研究，以了解制约城市地下空间开发的各种地质要素，为城市地下空间规划与建设提供地质依据。

另外，由于地下空间的开发利用而引发的各类地质问题日益突出，如路面塌陷、基坑坍塌等各类地质灾害事故。因此，在城市工程建设之初就需要对地下空间开发利用的地质条件做出勘探与评价工作，确保异常地质条件清晰、施工技术措施得当，以降低各项安全风险。

成都市为国家中心城市，按照“东进、西控、南拓、北改、中优”的总体布局，根据《成都市城市总体规划（2011—2020）说明书》，目前成都市城市地下空间开发的主要目标是建立依托地铁网络、以城市公共中心为枢纽的地下空间体系，未来成都市城市地下空间资源的开发利用规划和建设将逐步进入加速发展阶段，呈现出利用规模化和功能多样化的态势。为了精准支撑成都市城市地下空间资源的科学、综合开发利用与城市规划优化布局，根据成都市土地管理委员会第 36 次会议精神，2018—2022 年开展成都市城市地下空间资源地质调查工作。

地球物理勘探作为一种绿色勘探手段，具有探测速度快、信息损失小、数据丰富的特点，同时，能够弥补钻探、地表地质调查等方法手段在城市地质工作中受限的不足。在城市复杂的环境条件下，人文活动、电磁干扰错综复杂，对各种地球物理方法影响程度不同，且基于成都市地下空间独特的地质条件（如含膏盐泥岩、含钙芒硝泥岩、芒硝矿采空区、软土等特殊地质体探测对地球物理方法的深度、准确性以及精度有不同程度的需求），有必要探索各种地球物理勘探方法的适用性，以此提高地球物理勘探方法在精细化分层和特殊地质体识别方面的应用能力，并逐步形成针对不同地质问题的地球物理勘探方法标准及操作体系，为以后在成都市开展城市物探工作提供参考及建议。

1.2 国内外研究现状

1.2.1 城市地质调查

1.2.1.1 国外研究现状

城市地质工作是伴随着经济社会的发展而发展起来的。于1863年建成并投入使用的伦敦地铁是第一次工业革命后西欧城市化进程的产物，是近代地下空间开发的重要标志。19世纪末，德国的土壤地质填图是为支持城市规划服务开展的工作，也可以称为近代最早的城市地质工作。在此之后，德国继续开展相关工作。20世纪30年代末，德国国家地质研究所编制了不同类型的土地利用适用性图件——基于1∶10000和1∶5000的综合性地质图。在城市地质发展初期，其主要为城市规划与建设提供基础性地质资料。第二次世界大战后，经济复兴及人口增长，伴随着城市的扩张，欧洲和北美的城市地质活动明显增加。此时的城市地质工作主要研究城市水资源与地质灾害。到了20世纪70年代末，由于城市的工业化发展出现了工业污染问题，因此城市地质工作的重点转移到探测、固化和复原废物处置污染场地等领域。当时，美国的许多城市也制作了类似的城市地质图。

随着城市地质工作的开展，相关研究也得到积极推进，促进了城市地质作为一门学科的发展。1962年，Douglas R. Brown在*Geology and Urban Development*中阐述了地质工作在城市发展中的重要性，也由此打开了地质学家将城市地质作为一门学科的研究之路。1964年，美国地质学家John T. McGill编写了*Growing Importance of Urban Geology*一书。此时，城市地质的重要性已经受到地质学家的重视。随后一系列关于城市地质的书籍相继出版，包括1969年由地质学家C. A. Kaye所著的*Geology and Our City*、1973年由工程地质学家编著的*Cities and Geology*、1978年出版的*Geology in the Urban Environment*、1980年出版的*Geology and the Urban Environment*、1982年出版的*Urban Geology*等，这些书的问世使得城市地质学逐渐兴起，受到地质学者的广泛关注。

20世纪80年代以后，随着城市地质工作的逐步推进以及计算机技术的飞速发展，城市地质工作中的信息处理技术也得到很大提升。计算机在电子图件中的应用，让规划者、决策者和地质工作者可以更加容易地使用相关信息，极大地促进了城市地质工作的发展。20世纪80年代，美国纽约和华盛顿以及英国部分城市开展的城市地质工作采用了数字填图。20世纪80年代中期，在亚太经社会（ESCAP）的推动下，东南亚和太平洋地区启动了城市地质研究工作。1988年9月，第三届地下空间和掩土建筑国际学术会议首次提出城市地下空间的概念。大洋洲的斐济，东南亚的印度尼西亚、马来西亚等国开始了专门的城市地质研究工作。20世纪90年代，英国地质调查局取得城市地质学的重要进展，编制了基于数字化数据库的土地利用规划、土木工程建设和解决地质环境问题的各种主题图件。同一时期，加拿大也取得了城市地质研究的重要进展。1998年，Karrow等基于20世纪90年代初期加拿大23个城市的城市地质调查成果，编著了*Ur-*

ban Geology of Canadian Cities。此项工作包括基础地质、水文地质及地质灾害和土壤环境等多方面内容，体现了当时加拿大城市地质的最新成果。

进入21世纪，城市地质相关研究工作得到更大发展，许多国家针对城市的发展规划开展城市地质工作，并取得了重要成果。2000年，英国为了给城市的规划发展提供综合地质信息，部署开展了城市地球科学研究项目。2003年，新西兰和澳大利亚也开展了类似工作，并编写了《新西兰和澳大利亚东部城市与第四纪地质》。这项工作主要从城市地质条件和城市地质问题出发，研究分析城市地质在城市规划、防灾减灾以及土地利用中的作用。随后，越来越多的城市以为城市发展服务为目标开展城市地质工作。埃塞俄比亚北部的默格莱市在城市地质工作中分析了影响其可持续发展的工程地质、水文地质问题，在此基础上为城市建设提出规划建议。西班牙的格拉纳达市以及土耳其北安纳托利亚断层带附近的城市开展了城市工程地质环境研究，从城市建设适宜性方面为城市规划提出建议。与此同时，遥感和GIS技术的应用范围也越来越广。例如，埃及和希腊某些地区运用遥感和GIS技术，结合层次分析法，选用影响地质安全的重要指标并确定因素权重，开展对建设用地适宜性的评价。

城市地质的快速发展及其在人类经济社会中的重要作用，使得城市地质受到越来越多的重视。20世纪下半叶，世界范围的地下铁道网、大规模地下综合体、地下综合管线廊道和地下步行道路网等大量涌现，标志着国外开始对城市地下空间资源展开研究和大规模开发利用。芬兰等北欧国家，气候寒冷，地质条件良好，在城市地下空间规划和利用方面具有丰富经验；日本、新加坡国土面积狭小，经济发达，十分重视对城市地下空间的开发利用；美国、加拿大等北美国家，城市规模不断扩大，通过城市地下空间的开发利用解决了城市交通和环境污染问题。由此可知，国外地下空间的开发利用，从大型建筑物向下的自然延伸发展到复杂的地下综合体，进而发展成规模的庞大地下域，开发深度不断增大，综合效能持续提升。

国际地质大会上关于城市地质的内容逐渐增多，促进了城市地质研究的国际交流。例如，在2008年8月挪威举办的第33届国际地质大会上，挪威国家地质调查局介绍了其在奥斯陆地区开展的城市地质调查项目，工作涵盖与城市发展相关的氡灾害、地面沉降、城市土壤污染、地热、砂矿资源、地下水、矿产地质、基底稳定性与监测、地质教育等方面，引起了各国地质学家的广泛关注。

1.2.1.2 国内研究现状

与世界发达国家相比，我国城市地下空间资源开发利用起步较晚，但发展迅速。我国的城市地质工作开始于新中国成立初期，最初是为满足城市建设需要而开展的城市水文勘查工作。20世纪70年代末至80年代，受经济发展的影响，城市地质工作得到大力支持，发展迅速。这个时期的地质调查工作多以为城市寻找水源为目的，因此城市地质工作仍以水文地质调查为主。经初步统计，约有80多个城市的地下水供水水源地勘查工作在这一时期完成，而且北京、天津、上海等主要城市做了针对水资源的评价及预测。20世纪80年代以来，城市地质工作逐步由早期单一的工程地质转向综合性地质调查，先后在100多座城市中开展，为城市规划、建设和管理服务。这一时间城市地质工作的目的是进行城市综合地质勘查、地质论证、供水勘查、工程地质及环境地质勘查等。进入21世纪，以北京、上海、天津、广州、杭州和南京等城市为试点，城市地质工作进行了全面而系统的城市立体地质调查和综合评价，建立了城市三维地质模型和城市地质数据库，为城市规划建设和管理提供了重要的数据支撑。之后，该经验逐渐在其他一线城市乃至二、三线城市推广应用。

在城市地质工作的快速发展过程中，城市地质的理论研究也在不断创新与发展。冯小铭等（2003）指出，城市地质工作具有学科的综合性、地域的独特性、工作的持久性、方法的多样性等一系列特点，不同城市由于规模、资源承载力、地质环境特征不同，城市地质调查、评价的对象和内容也有所差异。在评价方法上不同地区也在不断做新的研究与尝试。蔡鹤生等（1998）利用层次分析定权法来评价城市地境。戴英、张晓晖（2003）在评价兰州市地质环境时也采用了层次分析法，并引入专家赋值，结合构建评价模型。王德伟（2006）采用加权指数法，在宜宾市开展了地质环境质量评价实例研究。加权指数法是将地质环境质量用地质环境条件基础性指数、地质灾害危险性指数和地球化学脆弱性指数来表示，之后进行加权计算得到综合评价值，进而综合评价总的环境质量。陈力等（2008）通过定性分析和类比方法，选取主要地质参数作为评价因子，对抚顺城市工程地质环境质量进行了综合评价分析。黄骁等（2008）采用系统聚类法对北京通州新城规划工程的地质环境质量进行了分区评价。黄义忠、杨世瑜（2013）提出地质环境脆弱性的概念，构建了相应的评价指标体系，并采用层次分析法与模糊综合评判相结合的方法对丽江市地质环境的脆弱性进行了评价。侯新文（2011）则对层次分析与专家赋值进行了两级划分，一级指标采用地质环境因子确定权重，二级指标依据专家打分结果来赋值，通过这种方式评价了环胶州湾地质环境的适宜性。陈雯等（2012）同样采用层次分析-专家打分法确定了评价因子的权重，并采用敏感因子-模糊综合评价模型对曹妃甸滨海新区建设用地的地质环境适宜性进行了评价。总的来看，以往采用的评价方法多以半定量为主，如前面提及的层次分析法、模糊综合评价法、聚类法、加权指数法及专家打分等。

此外，针对成都市中心城区地下空间开发利用地质环境制约因素的研究，李霞等（2019）分别从水文地质条件、工程地质条件和环境地质问题三个方面，系统研究了地下空间开发利用的影响制约因素。结果表明，研究区水文地质条件的制约因素有地下水水位、含水层厚度、岩土层透水性、地下水腐蚀性等，工程地质条件的主要制约因素为膨胀土和可液化砂土，地面沉降是影响中心城区地下空间开发利用的主要环境地质问题。

1.2.2 城市地球物理勘探

目前，由于城市的许多空间被道路、房屋等人为建筑物所覆盖，加上勘探经费等客观条件的限制，不宜进行大规模的钻探勘查。而地球物理方法具有成本低、施工速度快、对城市环境干扰小等特点，常被用来获取城市的地下空间信息，为地下空间的开发和利用提供参考。地球物理技术是利用先进的地球物理仪器来摄取地质目标体物理场的分布，并将其与均质条件下的物理场进行比较，找出其中的异常部分，分析与探测目标之间的对应关系，进而达到解决地质问题或工程问题的目的（刘传逢、张云霞，2015）。

因此，从本质上讲，地球物理探测技术是测量和研究地质目标体与周围介质的某一种或几种物理特征参数（如密度、弹性、磁性、电性、放射性、热物理性等）之间的差异的技术。在城市地下空间探测中的主要方法有浅层地震反射法、高密度电法和探地雷达等。应用领域包括城市管线探测、城市地下埋藏物探测、路面塌陷调查、人防工程探测、岩溶探测、断层探测等。

1.2.2.1 浅层地震反射法

浅层地震勘探具有精度高、分辨率高、探测深度大，且对场地要求较低的优点。根据地震波类型，可将地震勘探分为P波、S波及面波等方法，主要包括反射法勘探、折射法勘探和面波勘探，这里根据研究深度，主要介绍浅层地震反射法。其中，P波折射法在城市中经常用于揭示地下地层的结构特征。因为P波是通过水平方向进行传播的，而浅层地下空间的介质属性的侧向变化较快，所以P波对浅层探测的分辨率不足（李万伦等，2018）。有研究认为，S波的数据质量是不可预测的，且缺乏相关的处理经验，导致在地下浅层结构的研究中应用较少。虽然S波的穿透深度较P波小，但其波长较短，可获得高分辨率的地下浅层速度结构，特别适用于探测地下的精细结构。随着近年来地震设备的不断研发，陆地地震拖缆系统极大地促进了S波方法在城市浅层地下空间中的应用。Inazaki等使用S波陆上拖缆开展高分辨率的地震反射测量，对冲积层内的层状结构进行成像。Krawczyk等利用LIAG研发的地震拖缆系统对Gillenfeld、Hamburg等地区进行调查，获得了高精度的速度结构，揭示了地下浅层沉积物的结构与分层特征。

浅层地震反射法不仅可以提供地下图像资料，还可以获取所需的地下结构参数信息，对于城市地下空间探测具有极大的应用价值。但其存在较多的约束条件：①城市是一个人口密集和建筑物集中的区域，基于安全等因素考虑，在城市中进行浅层地震勘探不能使用爆炸性震源，产生的地震波不能对周围建筑物产生损害；②地震方法的检波器受施工场地的影响大，在噪声较大的地方无法开展工作；③与其他地球物理勘探法相比，浅层地震反射法的成本较高，极大地制约了其在城市地下空间探测中的应用。

1.2.2.2 高密度电法

高密度电法又称高密度电阻率法和高密度电阻率成像法，以目标体与周围介质之间的电性差异为基础，利用人工建立的稳定地下直流电场，可依据预先布设的若干道电极灵活选定装置排列方式进行扫描观测，旨在对丰富的空间电性特征进行研究，从而探明相关地质问题。高密度电法基于不同介质间的电性差异，采用仿反射地震勘探的阵列式布极方式，被广泛应用于岩溶区覆盖层结构和厚度、管道、溶洞以及地质构造等地下浅层空间结构的探测，具有浅层横向的分辨率高、成本低、勘查效率高等特点（严加永等，2012）。刘伟等（2019）利用高密度电阻率成像法，查明了广东省肇庆市高要区蛟塘镇塱下村岩土垂向及水平向电阻率的变化情况，联合微动谱比法和钻孔资料，进行综合地质解释，揭示了地下塌陷发育的地质背景。

高密度电法是基于不同介质之间存在的电性差异对地下的结构进行探测，但在城市地下空间探测中存在电网密布、建筑物中钢筋等诸多干扰因素，严重限制了高密度电法的野外工作开展，极大地降低了所采数据的精度。

1.2.2.3 探地雷达

探地雷达是利用高频无线电波来确定介质内部物质分布规律的一种地球物理方法。基于高频电磁波理论，探地雷达向地下介质发射一定强度的高频电磁脉冲信号，当遇到不同电性介质的分界面时即产生反射或散射。探地雷达接收并记录这些反射或散射信号，再经信号处理与解释，便可探知地下介质的分布情况（阿发友，2008）。作为一种高新技术，探地雷达的特点是分辨率高和信息反馈快捷，然而仍存在一定局限。比如，探地雷达极易受到地下水、地面建筑物、地表管线等的影响，进而影响探测深度或者出现信息反馈异常（吴奇等，2008）。

曲乐、张伟（2013）采用探地雷达发射天线和接收天线，以固定间隔距离，沿测线同步移动的剖面法进行探测，得到了金州断裂的走向、埋深、倾向、倾角和基岩面埋深的精确的图像结果。吴奇等（2008）分别采用探地雷达与五极纵轴测深方法探测九江某综合楼地基溶洞，结果表明，受场地环境的影响，探地雷达未发挥明显作用且探测深度有限，而五极纵轴测深取得了较好探测效果。

1.2.2.4 等值反磁通瞬变电磁法

瞬变电磁法（transient electromagnetic methods，TEM）又称时间域电磁法（time domain electromagnetic methods，TDEM），是一种利用不接回线向地下发射一次脉冲电磁场，并观测地下涡流场的方法（静恩杰等，1995；李貅等，2003；牛之琏，2007）。目前常用的瞬变电磁法普遍是由一个发射线圈和一个接收线圈组成的测量系统，由于发射线圈在发射电磁场的过程中会使接收线圈本身产生感应电动势，而这个感应电动势会和地下涡流场产生的感应电动势叠加，因此早期信号失真，形成浅层勘查盲区（薛国强，2004）。等值反磁通瞬变电磁法（opposing coils transient electromagnetic methods，OCTEM）采用微线圈发射和接收，收发天线一体设计，利于狭小工区野外施工，保障每个测点激发场的一致性，避免外业布线误差以及记录点位置原因引起的二次场测量误差（席振铢等，2016）。高远（2018）在房屋密布、接地条件不好、电磁波干扰大的村庄、城镇等区域开展岩溶（或破碎富水岩体）调查工作，利用等值反磁通瞬变电磁法发现了类似岩溶（或破碎富水岩体）及采空区。周超、赵思（2018）为针对山区城市轨道交通勘察中地形复杂和外界干扰强的特点，将等值反磁通瞬变电磁法应用于城市轨道交通中的岩溶探测和地质构造勘察。周磊等（2019）利用等值反磁通瞬变电磁法在湖南郴州市嘉禾县城镇开展了城市强干扰条件下的物探找水试验，与钻探验证吻合情况良好。

1.2.2.5 混合源面波和微动勘探

20 世纪 80—90 年代，有研究人员开始通过反演瑞雷波来获取近地表的 S 波速度，经过三十多年的发展，已成为城市浅层探测的一种重要手段，未来仍有很大的发展潜力。通过分析瑞雷波的频散曲线特征，我们不仅可以获得地下浅层 S 波的速度结构信息，而且可以为城区地下浅层成像与特征描述提供参考与辅助信息，以更全面地掌握地下地质情况。近年来，面波法领域的热点是利用城市环境噪声作为微震源，进而通过分析地震信号来提取有意义的信息。由于在传统的地震勘探过程中，对包括面波在内的干扰波都要进行压制，而最新的非传统地震勘探思想认为，各种地震波都可能包含大量有用信息，因此，以面波为代表的非传统地震勘探技术必然备受重视。

城市环境的特殊性对地震勘探仪器设备提出了相应要求。例如，震源应尽可能绿色、环保。因此，天然源（又叫“被动源”或“无源”“微动”）地震勘探受到重视。理论上，只要有足够的噪声存在，就有可能采用微动阵列法（MAM）来获得速度信息，而且它还具有可测量更大深度的速度的优点。在一般的微动震源中，比较常见的有正在通过的火车或重型车辆、加工厂或生产中的工厂机械、重型的建筑设备等。近年来，日本的微动台阵监测技术在观测地震方面处于国际领先地位。

美国勘萨斯州地调局的 Ivanov 等利用哈钦森市的火车通过时的振动作为被动震源，通过面波多道分析法（MASW），经过试验，获取了该市地下 S 波的速度信息，进而对深部岩溶洞穴的分布进行了评估，为建筑场址的选择提供了依据。

Craig 等在洛杉矶湾东部地区采用被动源（城市噪声）与主动源面波相结合的勘探方法，获取了该市地下 30 m 深度范围内的 S 波速度数据。研究结果表明，在浅部低频区，主动源 MASW 可获得相对准确的速度信息，而在深部高频区，被动源（城市噪声）MAM 可获得相对精确的速度信息。

微动台阵网络连续监测能获取大量数据，保证勘查结果的可靠性。日本的 Nakata 在关东地区群马县通过 300 个单分量检波器采集环境噪声（特别是交通噪声）数据，分别采用双波束成形法与地震干涉法进行处理，运用 MASW 估算出了近地表的二维 S 波速度。其原理是，面波的频散特征与地下弹性波（尤其是 S 波）速度的空间变化密切相关。双波束成形法可以从环境噪声中提取出高信噪比的面波数据。由于 Nakata 使用的检波器的水平分量垂直于勘探线，提取出的面波主要为勒夫波。该二维 S 波速度模型可以反映地下 80 m 深度范围内的详细信息。Nakata 使用的是连续 12 小时的交通噪声数据，但他认为，即使只用 1 小时的噪声数据，也能得到类似的速度模型。Nakata 给我们展示了面波中的勒夫波的应用潜力。

面波勘探技术是城市物探中非常重要的一种方法。有相关国外学者甚至认为，在其他城市物探方法无法发挥作用时，面波勘探能起到一定作用，相比于地震勘探中的横波与纵波，面波可以从不同的角度提供更丰富的浅层地质结构特征信息。而面波勘探又分为主动源面波（稳态面波或瞬态面波）勘探和被动源面波（微动）勘探。主动源面波勘探受到震源能量和排列长度的限制，深度较浅；被动源面波勘探由于可以利用长时间观测记录，深度更大。主动源和被动源面波勘探是可以独立使用的技术，但在浅层勘探中，两者可以联合起来使用，优势互补；混合源面波勘探主要是传统的主动源方法与被动源的 SPAC 的联合，它可以充分利用不同频段信息的分辨率，将得到的频散曲线拼接成一组，进行联合勘探（刘庆华等，2015）。目前，面波联合勘探已经成为一种趋势，并已经有了很多成功案例（张维等，2013；夏江海等，2015；丰赟等，2018）。

1.2.2.6 音频大地电磁法

由于受城市复杂地下管线及强电磁干扰的影响，天场音频大地电磁法在城市地质方面的应用较少，北京、上海等地仅在城市地质中开展过部分可控源音频大地电磁法的应用分析。自1994年起，北京市地质矿产局将该方法引入北京地区的地下水与地热资源勘查工作。2004年，北京市开展了“可控源音频大地电磁场法应用研究”，通过钻井资料与电磁法推断成果的对比，发现该方法对地层推断解释有较好的作用，但反演电阻率曲线质量会受到城区强干扰的影响。因此，该方法仅能在在建区取得一定效果。关艺晓等（2016）在镇江市利用可控源音频大地电磁场法（controlled source audio-frequency magneto tellurics，CSAMT）在城市及周边电磁干扰较大的地区开展了隐伏断裂位置、产状和基岩埋深的探测，通过远离高压电线、通信电缆等措施取得了一定效果。由于施工场地条件的限制，本书中的研究主要使用音频大地电磁测深法。

1.2.2.7 三分量谐振

利用地震频率谐振现象进行勘探的技术被称为地震频率谐振勘查技术。最早应用这种谐振原理对地下进行地质分析的勘查方法是“中村技术”，即西方学者所称的H/V或HVSR谱比技术。它的基本做法是将三分量检波器在一个点长时间观测得到的振动噪声进行频率分析，对水平分量振幅普与垂直分量振幅普进行比值分析，获得第四系卓越频率，进而推算第四系大致厚度。基于地震波传播函数工作原理和“中村技术”的实践，北京派特森科技股份有限公司应用主动源与被动源相结合的地震方法和叠加处理技术，形成了三分量频率谐振勘探方法。该方法的技术要点是利用波的传输特征，分别分析P波、S波以及面波的频率特性，分析地震勘探的多次叠加技术和微动的频率分析技术、主动源勘探场源与观测场源匹配技术，应用大能量信号源和多次叠加技术压制大量无用的非地质信号噪声来提高有用信号的信噪比，以此提高深层勘探能力和浅层分辨能力。

综合浅层地下空间探测方法的特点和实例，在进行城市地下空间探测时，需根据不同的场地条件和探测目标合理选择地球物理方法。虽然这些地球物理方法在城市溶洞、地下水、断层等探测中取得过较好的效果，但其深度有限，精度受外部环境的影响较大，尤其是城市中电网密布、楼宇众多、交通拥挤、路面硬化等。因此，我们需探索和研究不同地球物理方法对城市地下空间探测的适用性，通过开展方法对比试验及对特殊地质目标体的准确定位和精细分层，形成城市地下空间探测地球物理勘探方法标准体系，为本地区城市地球物理勘探提供作业依据和指导。

1.3 研究内容

本书研究内容分为以下三个方面。

1.3.1 第四系盖层和白垩系地层的地球物理特征

中心城区地下300 m深度范围内的空间主要分布第四系覆盖和下覆基岩。根据地质推测，下覆基岩主要是白垩系地层，包括灌口组、夹关组、天马山组。由于覆盖层较厚，下覆基岩主要是灌口组；受苏码头背斜西翼构造影响，夹关组和天马山组主要出露于研究区南东部。

对地层结构精细化的识别工作是建立在清晰认识地层不同地球物理参数的基础上的，根据其物性特征之间的差异，对各个层位的空间分布进行判别。

1.3.2 复杂地质环境下物探工作提高信号采集信噪比

复杂地质环境下的物探工作采用高分辨率数据采集手段，获取宽频带、高主频地震资料，通过合理设计观测系统、加大激发能量、错峰施工等手段压制干扰，优化数据处理方法及流程，提高地震记录信噪比、分辨率，为地质结构精细探测提供可靠、有效的依据；微动测量通过长时间观测、多次叠加、相关处理、合理协调组织等手段，获取高信噪比记录及可靠的面波频散，实现地下结构的精细探测。

1.3.3 特定地质体精细识别问题

这里的特定地质体包括地下水资源、采空区以及隐伏构造，在实际工作中，城市道路塌陷是城市发展过程中亟待解决的问题。此外，由于资料不完善，隐蔽的管线有可能给工程设计、工程施工带来影响，因此城市物探精细化探测需考虑道路地下病害体和隐蔽管线的识别技术。

1.4 拟解决的难点及相应技术措施

本书研究面临的几个难点及相应技术措施如下：

（1）难点 1：先期试验物探方法工作部署与待解决地质问题的结合。

技术措施：收集和消化研究区内区域、水文、工程、环境等地质资料，掌握研究区内的特殊地质构造及地层情况，了解研究区内亟需解决的地质问题，分区分段部署物探工作，在查阅文献和总结前人研究的基础上选择国内外较为先进的物探方法开展试验对比工作。拟开展的地面物探方法有探地雷达、高密度电法、等值反磁通瞬变电磁法、音频大地电磁法、混合源面波法、微动勘探和浅层地震反射法，井下物探方法包括测井、波速测试、孔内成像等。

（2）难点 2：针对特殊地质体的物探方法优选与组合。

技术措施：特殊地质体（如软土、含膏盐泥岩、采空区、隐伏构造等）分布规律差异较大，每种物探方法在探测深度、探测精度以及抗干扰能力等方面均有局限性。综合地质调查、钻探、分析化验等多种手段，首先利用物探资料划分区内地质结构及构造；其次根据埋深或高程情况将各类地质问题分区、分层处理，在各探测区内对各类物探方法开展敏感性分析以进行优选；最后根据探测深度、精度的差异组合物探方法。

（3）难点 3：城市特定环境条件下提高资料采集率和处理信噪比。

技术措施：通过现场调查与总结采集过程中遇到的问题，了解城市复杂环境条件并分析其对物探资料的影响；在采集和处理资料的过程中针对这些复杂环境条件提出抗干扰的采集措施或处理方法，为以后在城市复杂环境条件下开展物探工作提供依据。

1.5 技术路线

在工作开展前，首先收集研究区内区域地质、水文地质、工程地质、环境地质、前人物探成果和以往钻探成果等资料，分析区域地质规律，确定研究区可能存在的地质问题。关注研究区内芒硝矿采空区等特殊地质体的物探探测方法选择。

其次选择试验剖面开展物探方法对比试验，开展的地面物探方法主要有浅层地震反射法、高密度电法、音频大地电磁法、探地雷达、等值反磁通瞬变电磁法、混合源面波法和微动勘探。对特殊地质体芒硝矿采空区物探圈定研究使用浅层地震反射法、音频大地电磁法、高密度电法。同时对以往的电测深资料进行重新解译和利用。为获取钻孔地球物理资料、标定地面物探成果、辅助地层划分与相关地质问题解释，在研究区开展孔内物探方法。孔内物探主要采用综合测井、波速测试和孔内成像三种方法。

最后针对特定地质体进行物探方法的优选与组合，同时结合物探成果与钻探资料，研究隐伏构造、地层结构、采空区、含膏盐（钙芒硝层）特殊地质体的精细化识别方法，对浅层承压含水层、采空区气体异常等地质问题进行分析，得出相关地质问题的物探解译效果；根据研究的成果，建立物探-地质融合的三维空间模型。

对成都市城市地下空间特定地质问题的物探成果进行总结，形成本区域内城市物探标准体系，为以后地下空间勘探、开发和利用提供方法依据。本书采用的技术路线如图 1.5−1所示。

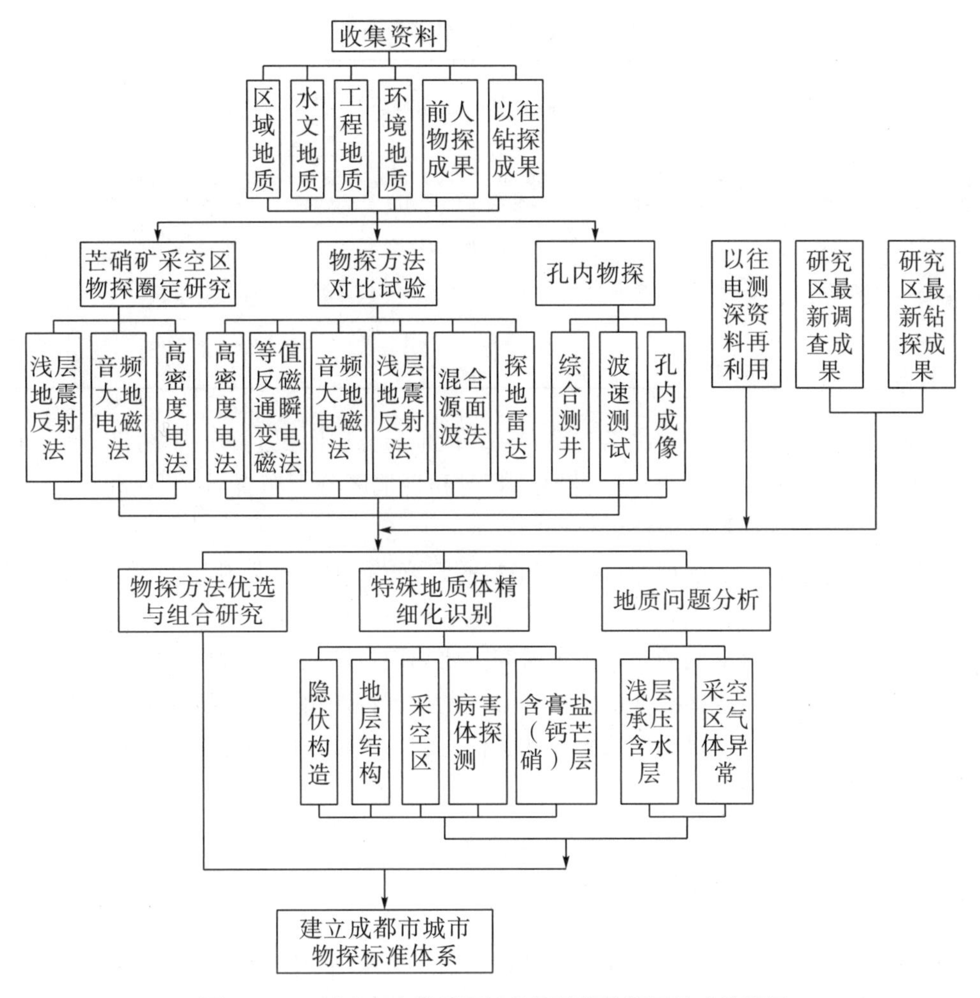

图 1.5−1 城市复杂地质环境物探精细化识别技术路线图

1.6 完成实物工作量

为支撑城市地下空间资源调查对深部探测的需求，物探方法在解决关键地质问题时的主要工作量见表 1.6−1。另外，为丰富研究成果，我们收集并增加了浅埋基底物探研究、成都浅埋（0~3 m）空洞探测研究、地热资源探测和芒硝矿采空区探测。这些工作将在第 5.3、5.4、5.8 和 5.9 节中详细介绍。

表 1.6-1 主要工作量统计表

研究方法	浅层地震反射法	高密度电法	音频大地电磁法	等值反磁通瞬变电磁法	微动勘探	混合源面波	探地雷达	测井	波速测试
物探方法对比试验	4.00 km/3 条测线	4.70 km/3 条测线	3.00 km/3 条测线	4.00 km/3 条测线	3.00 km/2 条测线	4.03 km/3 条测线	4.51 km/3 条测线	300 m/1 孔	298 m/1 孔
芒硝矿采空区物探圈定研究	20.66 km/5 条测线	8.75 km/7 条测线	6.67 km/3 条测线					410 m/2 孔	408 m/2 孔
浅层承压含水层研究		11.67 km/3 条测线						870 m/2 孔	859 m/2 孔

为探索不同物探方法在解决第四系和基岩段地质分层问题上的适应性和效果，在成都市中心城区西部平原区、平原—台地过渡区和台地区分别布置 S4、S6 和 S3 三条试验剖面，采用 6 种地面物探方法进行探测。

本次探测分别布设浅层地震反射法和高密度电法扫面，首先利用井-震联合法圈定芒硝矿采空区及其影响范围，再布设高密度电法扫面，精细划定采空区。

为建构成都市三维空间模型，本书研究主要利用浅层地震反射法。在浅层地震反射空白区域，采用等值反磁通瞬变电磁法和微动勘探。将四川省地球物理调查研究所（原四川省地质矿产勘查开发局物探队）以往工作得到的多项地球物理勘查资料作为本次研究工作的辅助、对比资料。

1.7 取得成果的意义

本书研究系统查明了成都市地质条件，识别了城市地质安全风险，为国土空间规划提供了决策依据，可支撑城市地质安全风险识别和管控；系统查明了主要规划区的基础地质条件，确定了重点断裂的活动性，评价了危险性和风险；系统查明了主要规划区的水文地质条件，研究了地下水系统及其类型，为城市规划的地下水资源保护和开发利用提供了基础资料；系统查明了主要规划区的工程地质条件，获取了不同工程岩组的工程地质参数，为城市建设和地下空间规划利用提供了基础资料。

本书研究成果推进了三维地质模型的构建工作，系统查明了制约城市地下空间开发利用的地质问题，科学评价了地下空间开发的适宜性和潜力，用以全面支撑城市地下空间开发利用，服务国土空间规划及用途管制；从区域、城市规划区、典型示范区三个层次构建了不同精度的三维地质结构模型；查明了制约城市地下空间开发利用的地质问题及其空间分布，研究了地下空间开发利用的制约机制和地质环境效应。

本书研究成果展示了成都市区域内各类自然资源禀赋条件，提出了高效协同利用和保护的建议，可有效支撑“双碳”目标和资源环境保护；查明了成都市地下水资源总量、优质地下水分布及数量，并提出了保护和开发利用建议。

本书研究成果展现了四川省地球物理调查研究所在成都市多次的物探工作成果，提出了针对成都市城市复杂环境对特定目标体探测的方法体系研究，并针对探明0～300 m

地层结构、含膏盐泥岩分布、芒硝矿采空区、隐伏断裂定位等问题对物探数据采集、处理、解释工作提出了优化建议；广泛研究了将物探方法作为城市绿色勘探手段的应用前景，积累了应对地质灾害的地质勘查（物探勘查）工作经验，为成都突发性的地质灾害抢险进行了演练；可支撑成都市城市地下空间资源的科学、综合开发利用与城市规划布局的优化。

2 地质背景

2.1 地层

2.1.1 第四系

成都地区的第四系地层受构造控制，较为复杂，构造-沉积地貌单元众多。根据最新的 1∶25 万区域地质调查成果，本地区的第四系地层可分为东部、南部的“出露型”第四系和西部的平原“埋藏型”第四系（见图 2.1−1、表 2.1−1～表 2.1−2）。

出露型 — 泯江水系

时代	组名	厚度(m)	岩性及地貌特征
全新世	资阳组 Qp^3-Qhz	10～20	褐灰、黄灰色亚砂土及砂砾石层。构成一级阶地及河漫滩。^{14}C测年2930±70a，OSL测年30.13±2.86ka
晚更新世	成都黏土 Qp^3cd	2～7	灰黄、棕黄色亚黏土，局部含钙质结核。覆盖于第四系阶地及中生代红层组成的浅丘之上。OSL测年18.60±0.33—74.67±9.59ka
晚更新世	广汉组 Qp^3g	20～30	下部为灰黄、褐黄色含砂泥质砂砾石层，上部为浅黄、褐黄色粉砂质黏土、黏质粉砂土。地貌上构成二级阶地。^{14}C测年13690±230—41975±6525a
中更新世	合江组 Qp^2hj	2.2～11.9	下部为紫红、灰黄色砾石层，中上部为紫红色亚黏土，发育浅灰白色网纹构造。地貌上为三级阶地。下部砾石层因地表侵蚀弱，一般不出露。ESR测年318±31ka、438±43ka
中更新世—早更新世	牧马山组 $Qp^{1-2}m$	7.6～11.8	下部为灰黄色砾石层，砾石成分以石英岩、石英砂岩为主；中上部为棕红色亚黏土，发育灰白色、黄棕色网纹构造。地貌上为四级阶地。ESR测年971±97ka
早更新世	磨盘山组 Qp^1mp	>6.5	棕黄-棕红色砾石层，砾石成分以石英岩、石英砂岩为主，局部见含砾亚砂土层或网纹红土。呈孤丘状分布于丘顶或第四系台地之上，构成五级阶地。ESR测年1064±106ka
上新世	大邑砾岩 N_2d	>100	灰黄色、黄灰色块状中-粗砾岩，夹少量含砾砂岩透镜体

出露型 — 沱江水系河谷区

时代	组名	厚度(m)	岩性及地貌特征
全新世	资阳组 Qp^3-Qhz		灰、褐灰、黄灰色黏砂土及砂砾石层。一级阶地及河漫滩。^{14}C测年2710±70—39300±26000ka
晚更新世	成都黏土 Qp^3cd	2.7	灰黄、棕黄色亚黏土，含钙质结核。覆盖于第四系阶地及中生代红层组成的浅丘之上。OSL测年18.60±0.33—74.67±9.59ka
晚更新世	蓝家坝组 Qp^3l	20～30	上部为黄褐色砂质亚黏土，下部为黄褐色砾石层，砾石成分以石英岩为主。地貌上构成二级阶地。ESR测年128±12ka
中更新世	黄鳝溪组 Qp^2hx	8.5	上部为棕黄色亚黏土，中下部为灰黄色砾石层，夹砂质透镜体，砾石成分以石英岩、石英砂岩为主，地貌上构成三级阶地，ESR测年172±17ka
中更新世	杨家坡组 Qp^2y	16.7	中上部为棕黄色亚黏土，下部为灰黄色砾石层，夹含泥质粉砂透镜体，砾石成分以石英岩、石英砂岩为主。零星分布于丘陵山脊之上，构成四级阶地。ESR测年205±20ka
中更新世	白塔山组 Qp^2b	6.9	灰黄色砾石层，砾石成分主要为石英岩、石英砂岩。残留于丘顶之上，构成五级阶地。ESR测年502±50ka
早更新世			缺失
上新世			缺失

出露型 — 古青衣江水系

时代	组名	厚度(m)	岩性及地貌特征
全新世	资阳组 Qp^3-Qhz		灰、褐灰、黄灰色黏砂土及砂砾石层。一级阶地及河漫滩
晚更新世	成都黏土 Qp^3cd	2～7	灰黄、棕黄色亚黏土，覆盖于第四系阶地之上。OSL测年18.60±0.33—74.67±9.59ka
晚更新世			缺失
中更新世	东馆组 Qp^2dg	3.1	上部为棕黄色亚黏土，发育密集浅黄色网纹构造，下部为黄褐色砾石层，含大量强风化火山岩砾石。地貌上构二级阶地。ESR测年329±32ka
中更新世	丹棱组 Qp^2dl	>6.1	上部为浅棕红色亚黏土，密集发育黄灰色网纹构造，下部为棕红色砾石层，含大量强风化火山岩、花岗岩砾石。地貌上构成三级阶地。ESR测年750±75ka
中更新世—早更新世	蒲江组 $Qp^{1-2}pj$	30～50	上部为棕红色亚黏土，发育大量黄灰色网纹构造，下部为棕黄、棕红色砾石层，含大量强风化的火山岩、花岗岩。地质上构成四级阶地
早更新世			缺失
上新世	大邑砾岩 N_2d	>100	

埋藏型 — 成都平原

时代	组名	厚度(m)	岩性特征
全新世—晚更新世	Qa^{al}～Qp^{3al}	20～30	成都平原均有分布，下部为灰黄、褐黄色含砂泥质砂砾石层，上部为浅黄、褐黄色粉砂质黏土、黏质粉砂土
中更新世	Qp^{2al}	20～30	成都平原均有分布，岩性为含泥砂砾石层
中更新世—早更新世	Qp^{1-2al}	30～90	分布于蒲江—新津—成都—新都断裂以西的中央凹陷及西部山前凹陷。岩性为褐黄色、灰黄色含砂泥质砾石层，夹砂质透镜体。砾石成分以石英岩、花岗岩、石英砂岩为主
早更新世	Qp^{1al}	20～120	分布于蒲江—新津—成都—新都断裂以西的中央凹陷及西部山前凹陷。岩性为灰黄、青灰色含泥粉细砂砾石层、杂色黏土泥砾层夹钙质砾岩，砾石成分以石英岩、花岗岩为主
上新世	大邑砾岩 N_2d	6～196	分布于山前凹陷的灌县深陷、中央凹陷的竹瓦深陷和庆集贤深陷之中，岩性为黄灰色砂砾石夹多层钙质胶结砾岩，砾石成分以石英岩、石英砂岩为主，次为花岗岩、闪长岩、辉长岩及火山岩、脉石英等

图 2.1−1 上新世-第四纪地层对比图

表 2.1—1 成都平原“出露型”第四系简表

时代	地质代号	组名	标准地层编号	岩性	接触关系	分布
全新世	Qp^3-Qhz	资阳组	4	二元结构：上部为黄棕色亚黏土，下部为黄褐色、灰黄色砾石层	覆于上更新统砂砾石层或中生代红层之上	成都平原
晚更新世	Qp^3cd	成都黏土	5	灰黄色、褐黄色亚黏土，夹灰—灰黑色亚黏土层，底部为棕黄色含砾亚黏土	覆于早、中更新世网纹红土之上，或直接覆于中生代红层上	在龙泉山西侧第四系阶地、中生代基岩之上分布最广泛
	Qp^3g	广汉组	6	二元结构：上部为黏土层，下部为灰黄、褐黄色含砂泥质砂砾石层		广泛分布在广汉、青白江一带，中心城区在二环与三环之间，西北侧及西侧零星出露
中更新世	Qp^2hj	合江组	8	二元结构：中、上部为棕红色网纹红土，下部为黄棕色、灰黄色、紫红色砾石	局部不整合于白垩纪红层之上，顶部一般为上更新统成都黏土覆盖	中心城区主要分布在成都平原以东、龙泉山以西的合江—西河场—龙潭寺一带
中–早更新世	$Qp^{1-2}m$	牧马山组	13	二元结构：中、上部为棕红色网纹红土，下部为黄棕色、灰黄色砾石层，局部砾石层上分布棕黄–褐黄色细–粉砂层	局部不整合于白垩纪红层之上，顶部一般为上更新统成都黏土覆盖	中心城区主要在台地区零星分布
早更新世	Qp^1mp	磨盘山组	16	棕黄色、棕红色砾石，局部残留网纹红土	不整合于白垩纪红层之上，或顶部为上更新统成都黏土覆盖	中心城区零星分布于凤凰山和成都东客站附近

表 2.1−2　成都平原“埋藏型”第四系简表

时代	地质代号	标准地层编号	岩性	接触关系	分布
晚更新世−全新世	Qp^{3al}-Qh^{al}	4	二元结构：上部为浅黄、褐黄色粉砂质黏土、黏质粉砂土，下部为灰黄、褐黄色含砂泥质砂砾石层	覆于中新统砂砾石层或中生代红层之上	广泛分布于成都平原（凹陷区）全区，构成平原上部地层的主体
中更新世	Qp^{2al}	12	含泥砂砾石层	覆于中−下新统砂砾石层之上	广泛分布于中央凹陷、沉积厚度大的区域，其他地区相对较少，郫都区一带约为30 m厚
中−早更新世	Qp^{1-2al}	15	褐黄色、灰黄色含砂泥质砾石层，夹砂质透镜体	覆于下新统砂砾石层之上	分布于中央凹陷及西部山前凹陷之中，蒲江—新津—成都—新都断裂以东未见分布
早更新世	Qp^{1al}	17	灰黄、青灰色含泥粉细砂砾石层、杂色黏土泥砾夹钙质砾岩	覆于大邑砾岩或中生代红层之上	分布于中央凹陷及西部山前凹陷之中，蒲江—新津—成都—新都断裂以东地区未见分布

2.1.2　基岩

成都市市区及周边地区的基岩地层以中生代地层为主，在龙泉山及苏码头背斜一带出露为侏罗系地层，在龙泉山以西的广大区域主要为白垩系地层。局部的凹陷一带有新生界古近系和新近系地层。本书的研究区位于龙泉山以东，涉及的地层主要为上侏罗统遂宁组、蓬莱镇组，白垩系下统天马山组、中下统夹关组、中统灌口组、上新统大邑砾岩等（见图 2.1−2、表 2.1−3）。

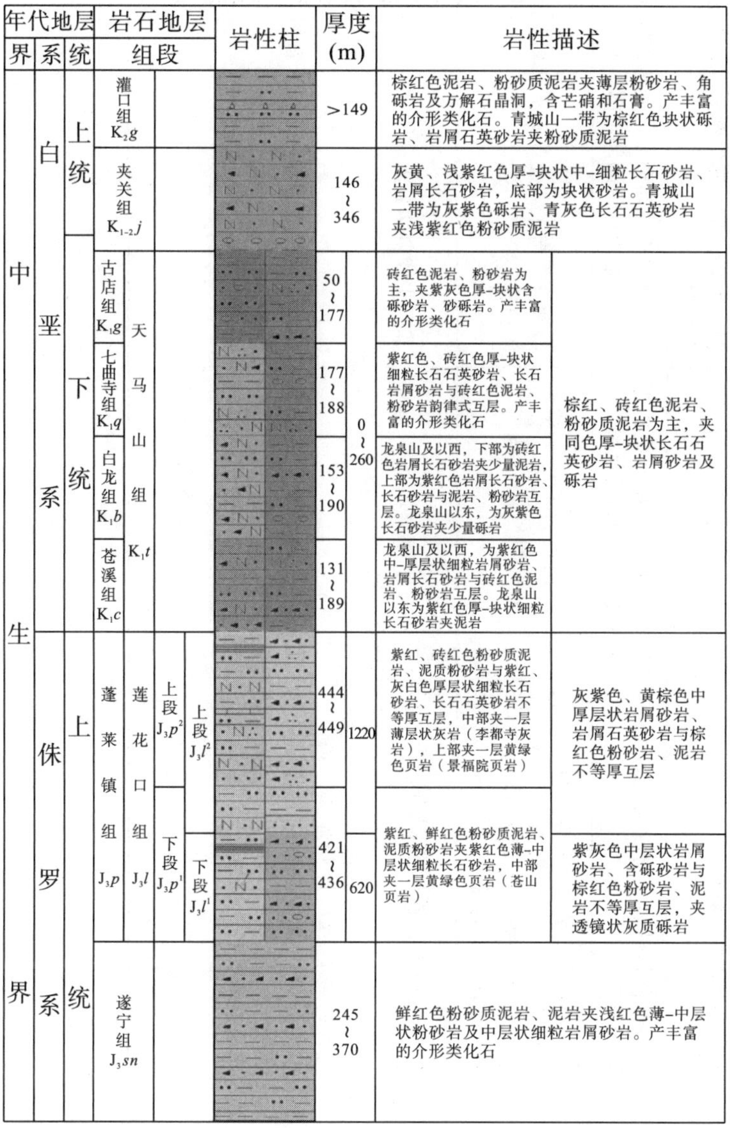

年代地层			岩石地层				岩性柱	厚度(m)		岩性描述	
界	系	统	组段								
中生界	白垩系	上统	灌口组 K_2g					>149		棕红色泥岩、粉砂质泥岩夹薄层粉砂岩、角砾岩及方解石晶洞，含芒硝和石膏。产丰富的介形类化石。青城山一带为棕红色块状砾岩、岩屑石英砂岩夹粉砂质泥岩	
			夹关组 $K_{1-2}j$					146~346		灰黄、浅紫红色厚-块状中-细粒长石砂岩、岩屑长石砂岩，底部为块状砂岩。青城山一带为灰紫色砾岩、青灰色长石石英砂岩夹浅紫红色粉砂质泥岩	
		下统	古店组 K_1g		天马山组 K_1t			50~177	0~260	砖红色泥岩、粉砂岩为主，夹紫灰色厚-块状含砾砂岩、砂砾岩。产丰富的介形类化石	棕红、砖红色泥岩、粉砂质泥岩为主，夹同色厚-块状长石石英砂岩、岩屑砂岩及砾岩
			七曲寺组 K_1q					177~188		紫红色、砖红色厚-块状细粒长石石英砂岩、长石岩屑砂岩与砖红色泥岩、粉砂岩韵律式互层。产丰富的介形类化石	
			白龙组 K_1b					153~190		龙泉山及以西，下部为砖红色岩屑长石砂岩夹少量泥岩，上部为紫红色岩屑长石砂岩、长石砂岩与泥岩、粉砂岩互层。龙泉山以东，为灰紫色长石砂岩夹少量砾岩	
			苍溪组 K_1c					131~189		龙泉山及以西，为紫红色中-厚层状细粒岩屑砂岩、岩屑长石砂岩与砖红色泥岩、粉砂岩互层。龙泉山以东为紫红色厚-块状细粒长石砂岩夹泥岩	
	侏罗系	上统	蓬莱镇组 J_3p	上段 J_3p^2	莲花口组 J_3l	上段 J_3l^2		444~449	1220	紫红、砖红色粉砂质泥岩、泥质粉砂岩与紫红、灰白色厚层状细粒长石砂岩、长石石英砂岩不等厚互层，中部夹一层薄层状灰岩（李都寺灰岩），上部夹一层黄绿色页岩（景福院页岩）	灰紫色、黄棕色中厚层状岩屑砂岩、岩屑石英砂岩与棕红色粉砂岩、泥岩不等厚互层
				下段 J_3p^1		下段 J_3l^1		421~436	620	紫红、鲜红色粉砂质泥岩、泥质粉砂岩夹紫红色薄-中层状细粒长石砂岩，中部夹一层黄绿色页岩（苍山页岩）	紫灰色中层状岩屑砂岩、含砾砂岩与棕红色粉砂岩、泥岩不等厚互层，夹透镜状灰质砾岩
			遂宁组 J_3sn					245~370		鲜红色粉砂质泥岩、泥岩夹浅红色薄-中层状粉砂岩及中层状细粒岩屑砂岩。产丰富的介形类化石	

图 2.1-2 工作区基岩地层结构图

表 2.1−3　成都平原基岩地层简表

时代	地质代号	组名	标准地层编号	岩性	接触关系	分布
上新世	N_2d	大邑砾岩	18	灰黄色块状中-粗砾岩	—	分布在龙门山断裂带前缘，钻孔揭露新津—德阳隐伏断裂以西均有分布
晚白垩世	K_2g	灌口组	22	以棕红色粉砂岩、粉砂质泥岩、泥岩类为主	与下伏夹关组地层及上覆古近系名山组地层均为整合接触	广泛分布于成都平原，成都市区附近凤凰山一带局部出露
早-晚白垩世	$K_{1-2}j$	夹关组	23	紫红-棕红色厚层-块状长石石英砂岩，中、上部夹有含砾砂岩、岩屑砂岩、泥质粉砂岩、粉砂质泥岩等岩类	与下伏天马山组为平行不整合接触，与上覆灌口组岩性整合过渡	熊坡背斜南东翼及苏码头背斜两翼出露
早白垩世	K_1t	天马山组	24	棕红色泥岩、粉砂质泥岩、粉砂岩	与上覆下-中白垩统夹关组及下伏层上侏罗统蓬莱镇组均为平行不整合接触	苏码头背斜两翼出露
晚侏罗世	J_3p	蓬莱镇组	29	以棕红等色厚层块状泥岩、粉砂岩为主，夹有不稳定的黄绿色砂岩，局部夹有厚度不大、常呈透镜状产出的细砾岩	与上覆地层之间呈平行不整合状接触	苏码头—仁寿一带，分布于背斜核部
	J_3sn	遂宁组	31	以棕红色泥质岩类为主，夹厚度不大的粉砂岩	与下伏沙溪庙组及上覆蓬莱镇组均为整合接触	—

2.2 地质结构

2.2.1 区域地质结构

成都平原为一断陷坳陷盆地，位于龙门山冲断带山前江油—灌县区域性断裂和龙泉山褶皱带之间。该断陷坳陷盆地可分为东部边缘、中央凹陷和西部边缘三条构造带，其由东部的蒲江—新津—成都—广汉与西部的大邑—彭县—什邡两条隐伏断裂分割而成。成都市地势地貌与主要断裂分布情况如图 2.2−1 所示。

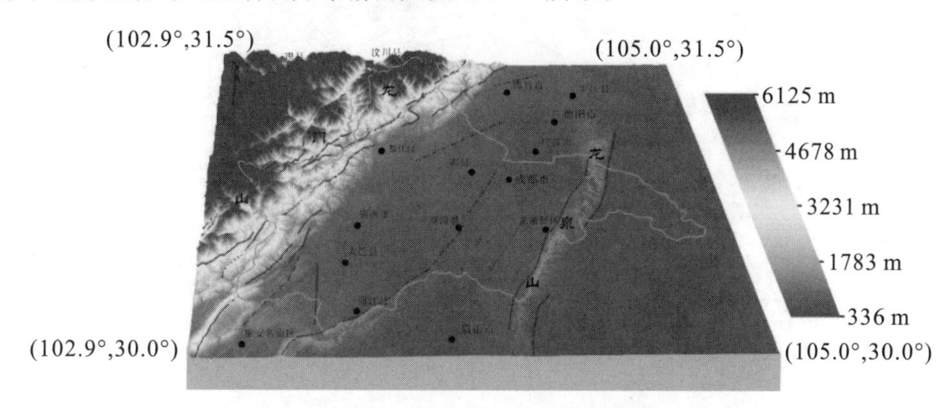

图 2.2−1　成都市地势地貌与主要断裂分布图

对成都平原影响最大的为西侧的龙门山滑脱逆冲推复构造带，该带经青川、都江堰至二郎山，绵亘超过 500 km，宽 25～40 km。这是一个经历了多次强烈变动的规模巨大、结构异常复杂的北东向构造带（见图 2.2−2）。位于成都平原东侧的龙泉山褶断带是龙门冲断带的扩展变形带，展布于中江、龙泉驿、仁寿一带，长约 200 km，宽 15 km 左右，为一系列压扭性的逆（掩）断层组成，呈北东走向，构造形态狭而长，现今时期断裂活动标志少。

控制龙门山冲断带向前陆盆地的龙泉山褶断带扩展的地层为中、下三叠统膏岩层，该层控制了上、下地层的变形差异。龙门山由北西向南东的逆冲作用形成了川西坳陷和成都平原巨厚的第四系沉积物。

研究区地处青藏高原东缘，北东（NE）走向的龙门山构造带为该地区的主体构造（见图 2.2−3），主要表现为由西向东的冲断作用，并具一定的右旋走滑运动分量。而龙门山构造带以东的四川盆地，地表主要表现一系列 NE 走向的逆断层-褶皱构造，是地壳水平缩短作用所致。

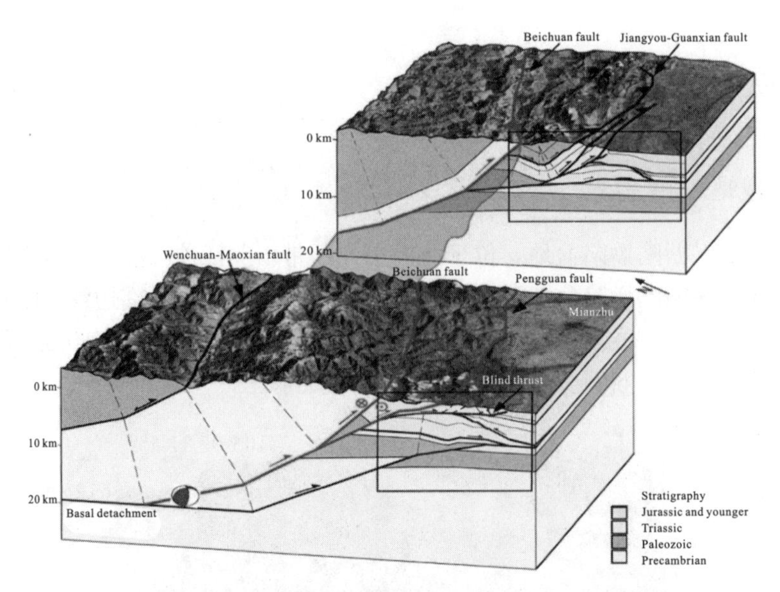

图 2.2−2　影响中心城区的龙门山地质结构三维模型

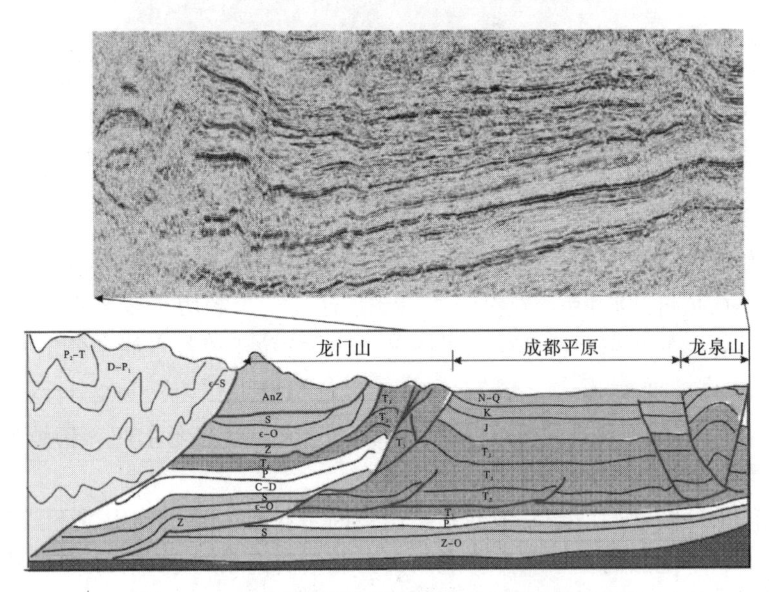

图 2.2−3　成都平原深部地质结构地震解译剖面

综合深部地球物理勘探、石油人工地震反射解译成果、天然地震地壳速度结构反演、地震精定位、地面地质调查结果以及 GPS 测量数据，建立中心城区地震构造模型（见图 2.2−4）。青藏高原东缘的川青块体（巴颜喀拉块体）向 SEE 方向的侧向逸出，于龙门山地区主要表现为龙门山构造带的冲断隆升作用，并具一定的右旋走滑运动分量。龙门山构造带由数条主干断裂近于平行展布组合而成，北中段和南段稍有差异：南段由盐井—五龙断裂、大川—双石断裂和大邑断裂组成，在剖面上呈“犁形”或“铲形”结构，断面倾角较陡；北中段由茂汶—汶川断裂、北川—映秀断裂、彭灌断裂（都江堰—安县断裂）、洛水—都江堰断裂和什邡—竹瓦铺断裂等组成，其中茂汶—汶川断裂和北川—映秀断裂的倾角较陡，剖面上呈“犁形”或“铲形”结构，另几条断裂的倾角相对较缓，应为龙门山构造带前展式扩展的产物。这数条主干断裂向下延伸，最终归并于地下约 20 km 的深部拆离带，表明龙门山构造带的构造变形系水平运动转化为垂直运动的结果。

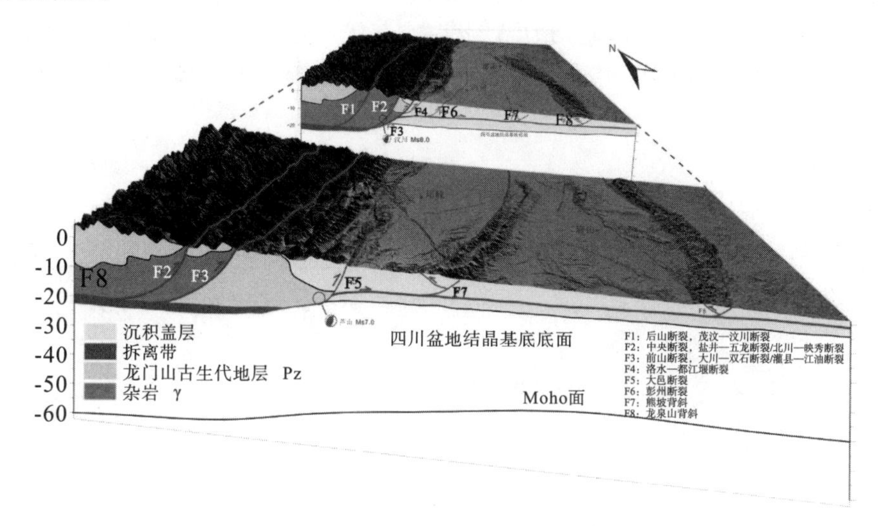

图 2.2-4 中心城区地震构造模型

受川青块体持续向 SSE 方向蠕散和四川盆地西缘加载的影响，盆地内部沿沉积盖层中的软弱层也发生由西向东的滑脱，于一些特殊的构造部位（如障碍体）形成逆断层-褶皱构造，如蒲江—新津、苏码头、龙泉山和大塘断裂与褶皱构造的组合，在地貌上表现为浅丘或低山地貌。这些断裂通常切割深度不大，仅为 3～7 km，最终消失于沉积盖层中的水平滑脱层。

东缘地区的最新构造变形组合样式对地震的发生具有重要的控制作用。7 级以上大地震通常发生在切割深度较大的龙门山构造带范围内，震源位于深部水平拆离带向上转折的断坡翘起处。例如，2008 年汶川 Ms8.0 级地震发生在北川—映秀断裂上、震源深度为 14 km（周荣军等，2008），2013 年芦山 Ms7.0 级地震发生在大邑断裂上、震源深度为 15～16 km（徐锡伟等，2013；周荣军等，2013），震源均位于“犁形”断裂的转折处。而四川盆地内部的逆断层-褶皱构造，由于断裂切割深度较小，不太可能积累更大的应变能，发震能力通常为 5～6 级，震源亦位于水平滑脱层向上翘起的逆断层断坡处。这就是青藏高原东缘地区最新构造变形与地震活动总貌。

2.2.2 成都市及周边地质结构

成都市中心城区及周边的地质结构主要表现为北东走向的构造，新生代以来形成的褶皱、断裂及沉积凹陷，总体显示了不均匀沉降和隆升的过程。

从构造单元上看，主要位于龙门山陆内复合造山带前缘的川西前陆盆地内，部分区域紧邻前陆盆地前缘的龙泉山褶断带西部。因此，整个城市规划区及周边区域可分为西侧的凹陷平原区和东侧的龙泉山褶断带两大构造形迹。

2.2.2.1 川西前陆盆地坳陷区

川西前陆盆地坳陷区主要位于成都市中心城区及成都市中心城区以西的区域，总体表现为中生代地层在此构成一宽缓向斜构造。中心城区（大面镇—郫都区）位于该向斜的南东翼，下部的中生界地层表现为北西缓倾，构成向斜的地层主要为白垩系地层。受新津—成都—新都隐伏断裂、安县—灌县断裂、聚源断裂、竹瓦铺—彭州—什邡隐伏断裂、大邑—崇州隐伏断裂的影响，地层产状略有起伏，且控制了坳陷内新生代地层的沉积，形成了西部边缘凹陷带、中央凹陷带和东部边缘带等三个沉降沉积带（见图 2.2－5）。

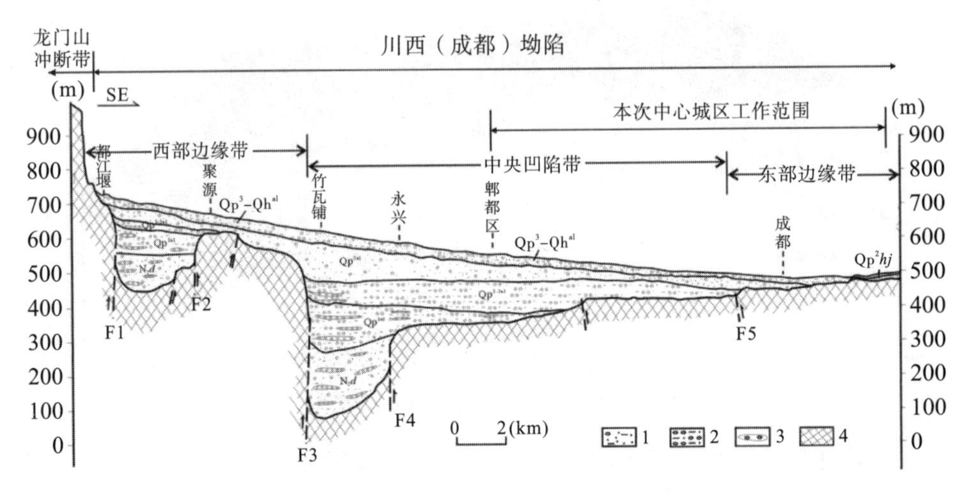

图 2.2－5 中心城区成都平原埋藏型（凹陷区）堆积物厚度变化剖面图

1—含泥砂质砾石；2—含砂泥质砾石；3—泥岩透镜体；4—基岩；Q_3-Qh^{al}—上更新统-全新统冲积物；Qp^{2al}—中更新统冲积物；Qp^{1-2al}—下中更新统冲积；Qp^{1al}—下中更新统冲积；N_2d—上新统大邑砾岩；F1—安县—灌县断裂；F2—聚源断裂；F3—竹瓦铺—彭州—什邡隐伏断裂；F4—大邑—崇州隐伏断裂；F5—新津—成都—新都隐伏断裂

在川西坳陷内，上部沉积了厚度超过 500 m 的新生界沉积物，尤其在聚源一带，首先沉积了厚度超过 20 m 的新近系大邑砾岩（N_2d）（见图 2.2－6），之后陆续在第四纪沉积了近 300 m 的松散堆积物。其中，早更新世早期主要沉积在竹瓦铺至永兴一带，中更新世沉积物逐渐向成都中心城区一带扩展，基本接近现今的中心城区，另外在西部的边缘带亦有沉积。晚更新世坳陷内的堆积物已经逐渐东扩至现在的中心城区西部地区（见图 2.2－7）。

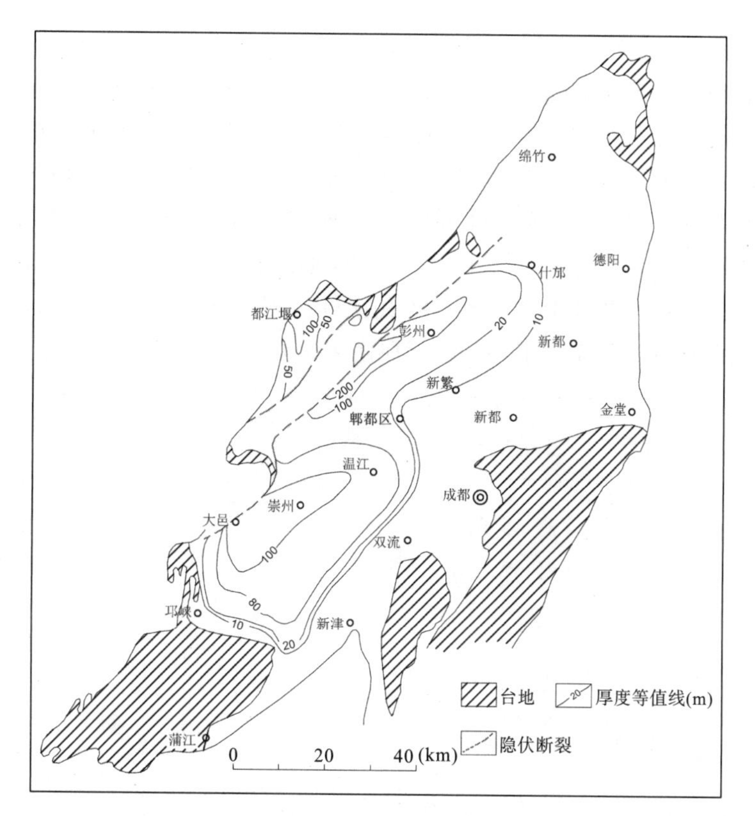

图 2.2−6 中心城区成都坳陷上新世大邑砾岩（N_2d）沉积范围及等值线图

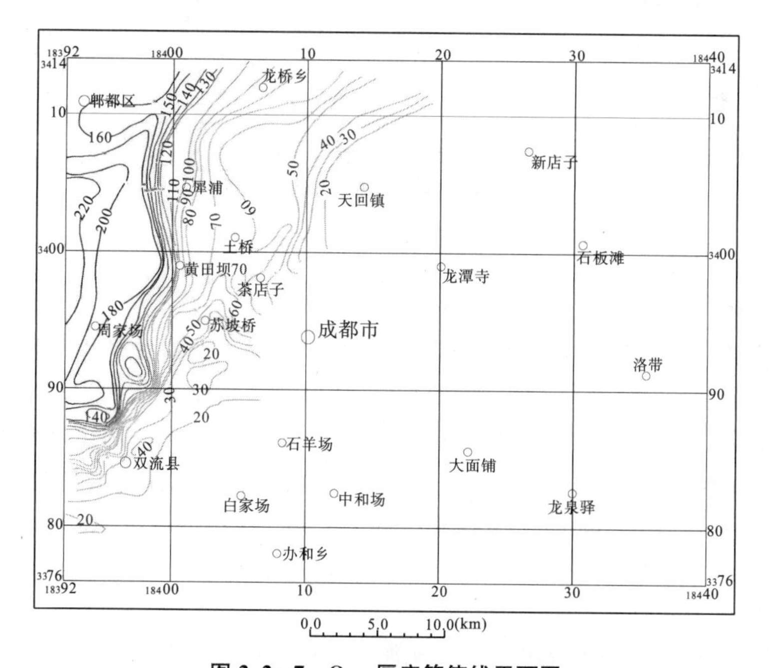

图 2.2−7 Q_{1+2}厚度等值线平面图

中下更新统弱含水层组，电测深揭示出的中、下更新统含砂泥砾、泥砾层，主要分布在洞子口、簇桥以西。依据 Q_{1+2}厚度，将中下更新统弱含水层划分为四个含水地段，即 100～180 m、40～100 m、20～40 m 及小于 20 m 地段。

有资料表明，成都西部的川西前陆盆地的堆积物受控于断裂构造，在断裂两侧会出现堆积物厚度的差异。例如，西侧边缘带受控于安县—灌县断裂及聚源断裂，形成了聚源一带两侧堆积物的厚度极大的差异。再如，成都平原最厚的堆积区位于竹瓦铺南东侧，受控于竹瓦铺—彭州—什邡隐伏断裂和大邑—崇州隐伏断裂（见图 2.2−8）。地球物理勘探结果亦表明，竹瓦铺—彭州—什邡隐伏断裂和新津—成都—新都隐伏断裂经过之处，两侧沉积物存在厚度上的差异。竹瓦铺处堆积物厚度最深为 541.09 m。这条剖面成为研究成都及成都平原的重要剖面，在诸多研究文章中都有引用。

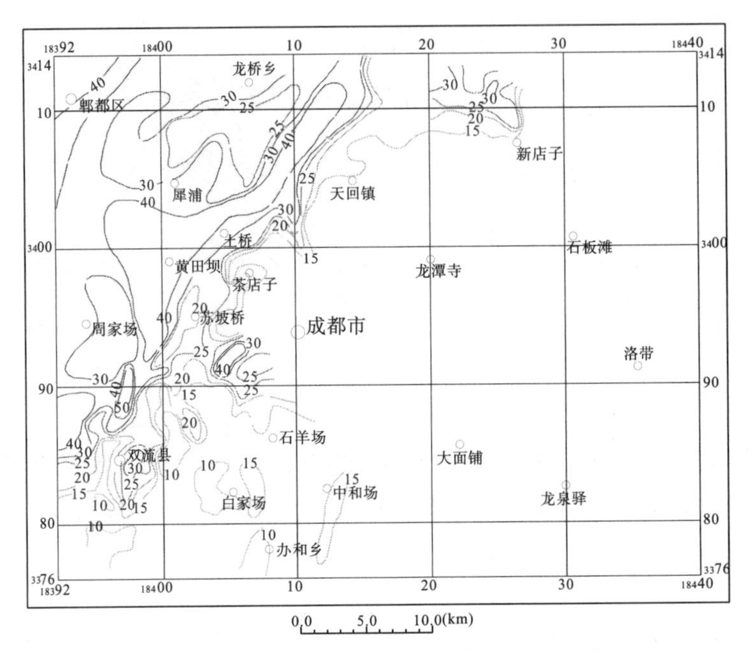

图 2.2−8 Q_{1+2} 厚度等值线平面图

2.2.2.2 东部边缘带

东部边缘带是川西坳陷与龙泉山褶断带的过渡带。

龙泉山褶断带是川西前陆盆地（成都坳陷）与川中陆内坳陷盆地之间的分区界线，也是川西前陆盆地的前缘隆起带。龙泉山褶断带北起中江，南经金堂、龙泉驿、久隆场、仁寿，直达乐山新桥镇附近，总体走向北东 20°～30°，全长 230 km，宽 15～20 km。

龙泉山褶断带由龙泉山复背斜及其东、西两侧相对倾斜的龙泉山断裂带组成（龙泉山东坡断裂、龙泉山西坡断裂），其西侧控制了成都平原第四系沉积的东界。本书的研究工作区无论是中心城区还是生物城，均位于龙泉山复背斜的西翼，地层总体上缓倾西，但存在数个宽缓褶皱。

成都地铁 2 号线经过区域的地质结构剖面显示，从春熙路至书房站一带，地层以白垩系为主；在大面铺一带，白垩系地层变成背斜构造，核部出露天马山组（K_1t）地层，两翼出露夹关组（$K_{1-2}j$）和灌口组（K_2g）地层；整体上地层南东翼陡于北西翼，同时在该背斜的西翼发育了 2 条与龙泉山西坡断裂产状一致（走向北东、倾向南西）的断裂构造，断层性质均为逆冲断裂。这显示了龙泉山构造的褶断性质。表层地表覆盖高阶地的第四系沉积物，多呈零星状分布，厚度一般不大；靠近中心城区一带，第四系沉积物逐渐变厚，且较为连续（见图 2.2－7）。

2.3 断裂

成都平原为一继承性断陷盆地，由于多次受来自龙门山和龙泉山两个方向的挤压力，形成东、西两侧的逆掩和中部下陷。平原西部和东部也产生了一系列北东走向的断裂。

中心城区由西向东主要分布 5 条（隐伏）断裂，编号为 F1～F5（见图 2.3－1）。

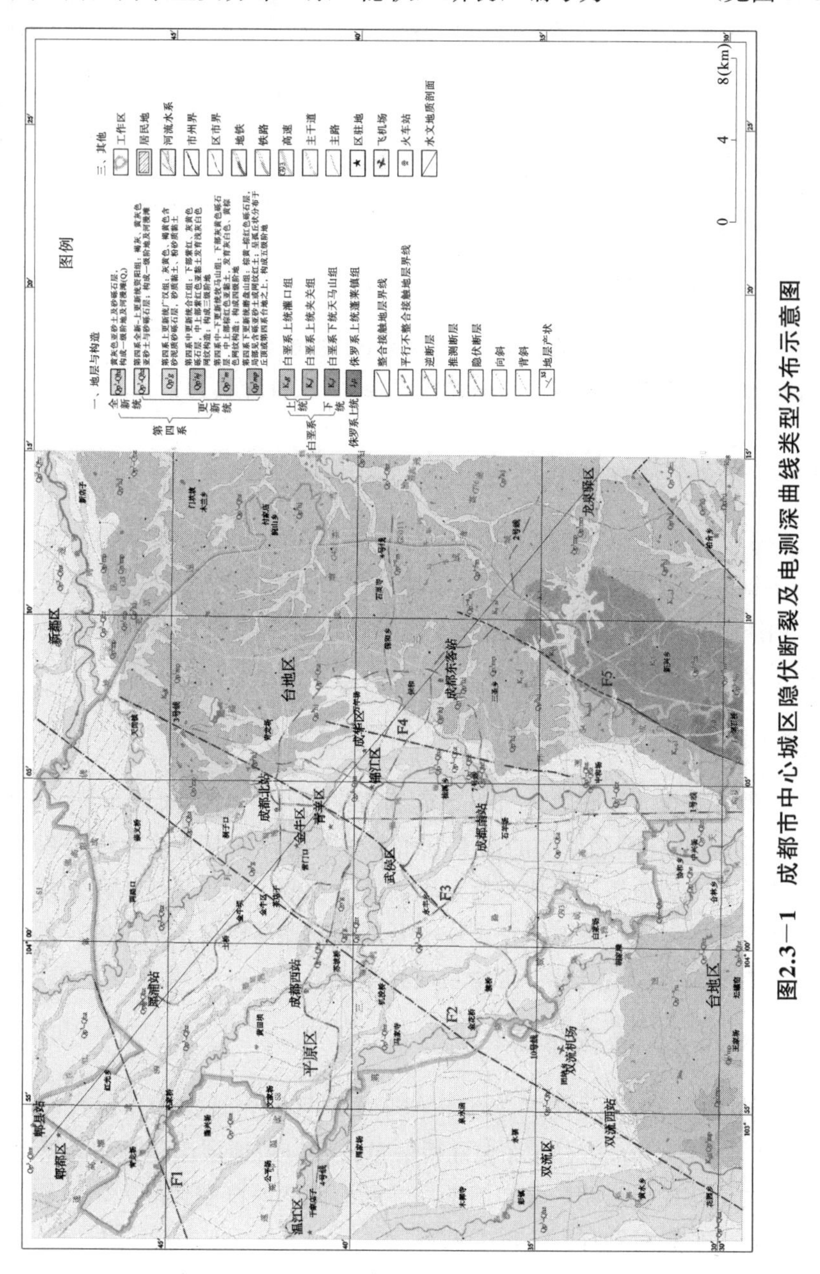

图2.3－1 成都市中心城区隐伏断裂及电测深曲线类型分布示意图

2.3.1 F1

F1断裂位于高新西区，根据于1990年开展的“成都市水文地质、工程地质、环境地质综合勘察”项目的成果，该断裂（见图2.3－2）位于白垩系上统灌口组内，地层无明显错动，断裂两侧基岩标高变化较大，断裂西侧基岩标高350 m左右，向南东方向至犀浦镇一带基岩标高达450 m，抬升近100 m。而犀浦镇一带，由于灌口组地层上隆，使得埋藏型Q^{1al}地层剥蚀，灌口组不整合于Q^{1-2al}。

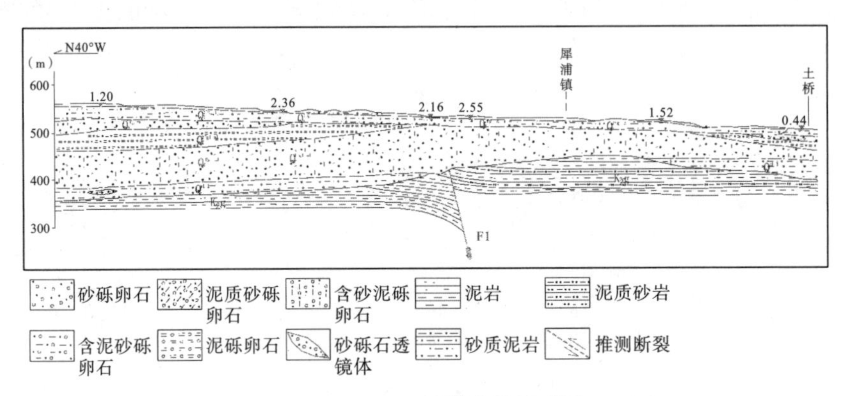

图2.3－2　F1断裂地质剖面图

注：根据四川省地矿局成都水文地质工程地质队资料绘制。

2.3.2 F2（新津—德阳隐伏断裂）

新津—德阳隐伏断裂（见图2.3－3）为贯穿全区的一条隐伏断裂，走向方位角约为34°，长43 km，南北两端延伸出图。以往工作中开展的物探静电α卡法证实了该断裂的存在。由图2.3－3可以看出，新津—德阳隐伏断裂控制了埋藏型下更新统地层的发育，构造以东，下更新统地层缺失。

2.3.3 F3（新都—磨盘山断裂）

新都—磨盘山断裂（见图2.3－3）北起新都三河场，南至永丰一带，全长21 km，走向方位角约为32°。在断裂两侧的凤凰山和磨盘山均有下更新统冰水堆积，而断裂附近则缺失该地层。水文地质剖面成果显示，该断裂控制了中更新统下段地层发育，断裂以东，中更新统下段地层缺失。以往工作中开展的物探静电α卡法证实，天回镇、动物园、西北桥、蜀都大道、高升桥一带均发现异常。

2.3.4 F4（双桥子—包江桥断裂）

双桥子—包江桥断裂（见图2.3－3）位于平原区和台地区的接触过渡带上，走向方位角约为12°，长13 km左右，在包江桥一带，灌口组地层出露地表，产状变陡。以往工作中开展的钻探成果表明，灌口组地层在断裂两侧厚度变化较大，西侧灌口组地层厚度大于300 m，东侧则只有162 m左右。

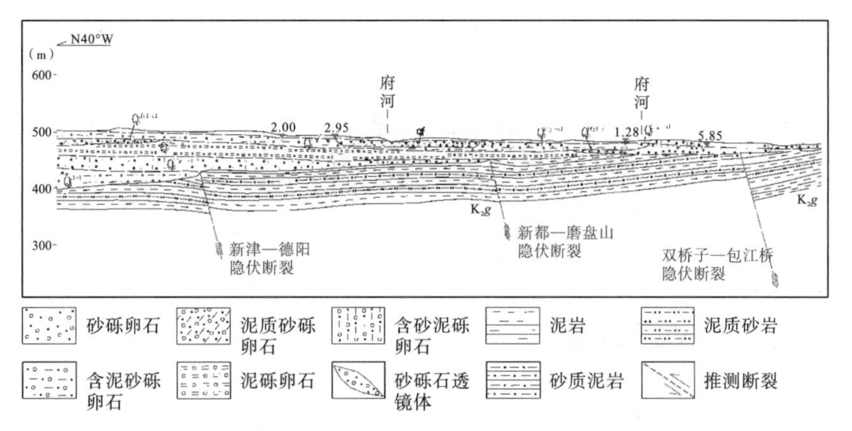

图 2.3−3　F2～F4 断裂地质剖面图

注：根据四川省地矿局成都水文地质工程地质队资料绘制。

2.2.5　F5（苏码头背斜西翼断裂）

苏码头背斜西翼断裂（见图 2.3−4）位于本书研究区范围高新南区一带，走向方位角约为 27°。在研究区南端新通大道一带，断距较大，侏罗系蓬莱镇组地层出露地表，断裂上盘主要出露上白垩统天马山组、上下白垩统夹关组，形成背斜核部，岩层倾角平缓，断裂下盘地层成直立或倒转产出。向北岩层倾角逐渐变缓，至洪河一带消失。

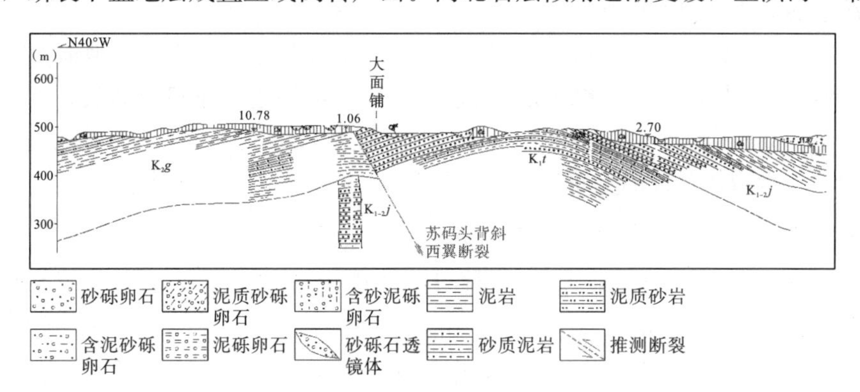

图 2.3−4　F5 断裂地质剖面图

注：根据四川省地矿局成都水文地质工程地质队资料绘制。

3 地球物理特征

3.1 以往成果收集整理

3.1.1 以往物探工作成果

3.1.1.1 区域重力、区域航磁工作

1954 年，西南石油勘探处 301、302 队完成了针对四川盆地成都广元一带的重磁力普查；1955 年，中华人民共和国石油工业部四川勘探局完成了针对四川盆地成都平原的重力磁力详查。区域重力、区域航磁调查结果表明，成都平原及周边各时代地层从新到老存在四个较明显的密度界面：白垩系与侏罗系之间、三叠系中统与上统之间、寒武系下统的上界面与下界面、古生界与上元古界之间。这些区域重力和区域航磁调查工作主要解决区域大构造分布问题。

1972 年，国家计委地质局航空物探大队九〇九队编写了《四川盆地航空物探结果报告》，利用航磁成果推断了多条断裂构造。但成都市周边的龙泉山断裂、苏码头断裂等，展布走向与航磁异常走向具有明显差异。小比例尺的航磁异常并不能很好地分辨盆地中的隐伏、半隐伏断裂的分布。

3.1.1.2 电法和浅层地震测量工作

1982—1984 年，四川省地质矿产勘查开发局物探队在成都平原开展了系统性面积性电测深工作，工作比例尺为 1∶10 万，测网密度为 4 km×1 km，控制面积为 7771 km^2。工作实测面积为 6400 km^2，电测深点为 1504 个，范围几乎覆盖整个成都平原。结果共圈出大小 12 个深陷、凹陷（或凹槽），4 个凸起，23 条断裂，基本上查明了成都平原区第四系松散岩层厚度、结构和含水层的空间分布，基底起伏形态和主要断裂构造的位置，并推断出上部含水层地下水远景储量，指出富水地段，为成都平原区地下水资源的开发利用提供了重要依据。贯穿中心城区的测深剖面有 1 条。

1991 年，四川省地质矿产勘查开发局物探队开展了“成都市城市物探工作”，工作比例尺为 1∶5 万，测网密度为 1 km×1 km，控制面积为 1201 km^2。其中完成的电测深点为 1260 个，浅层地震折射法剖面长 23.17 km，以及少量岩土力学参数测试工作。工作覆盖整个成都市中心城区，以及双流、新都、龙泉大部分范围。该项工作研究了不同地貌、地质条件下电测深曲线类型的异同；基于电测深曲线类型，结合钻探成果推测第四系厚度的变化规律，划分了全新统-上更新统厚度以及中-下更新统弱含水层的厚度，根据全新统-上更新统的厚度划分了 3 个含水地段，根据中-下更新统的厚度划分了 4 个

含水地段。此外，根据电测深曲线的异变和拐折等特征，按岩石电阻率的变化规律，在台地区大体上判明红层基岩的裂隙、孔隙的发育程度，近似地确定含水层段的厚度和埋深。电测深曲线的变化可以表征下伏地层的缺失或尖灭，根据这一特征，结合波速以及放射性特征，推断成都市区6条隐伏断裂。

此外，四川省地质矿产勘查开发局物探队在成都市区以及周边还开展了小面积电测深、工程物探、科研性质物探工作，石油系统和地震局等单位开展了地震深反射法剖面测量等工作。如于1959年开展的“四川省成都钢管厂厂址区电测工作”，解决了四川省成都牛市口钢管厂区砂卵石层顶底板埋深问题。于1996年开展的天府广场附近工地空洞，利用浅层地震多次叠加法，通过同相轴错断和下凹来确定地下防空洞的具体位置和埋深。

3.1.1.3 核地球物理工作

1991年，四川省地质矿产勘查开发局物探队开展了“成都市城市物探工作”，完成α卡法放射性剖面测量23.17 km。根据α射线强弱程度，确定了6条隐伏断层的具体位置。

3.1.2 以往物探成果整理

从表3.1－1的数据来看，第四系上更新统上段的含泥砂砾卵石层及白垩系富含膏岩层泥岩电阻率幅值最高，影响其电性差异的因素主要是颗粒大小和松散程度；中深部的泥质砂砾卵石层由于泥质含量增大，密实程度加大，导电性有所上升，电阻率略呈下降趋势。基岩中风化层的电阻率较低，且随风化程度不同，幅值有所上升。

在收集成都平原第四系以往物性资料的基础上，开展对研究区各层位电阻率、波速特征、自然伽马值的统计工作（见表3.1－2～表3.1－4），发现部分层位有所缺失。其中，电阻率参数来源于以往资料的孔旁电测深、电测井、电测深曲线平坦段的渐近线值，以及电性特征明显的电测深曲线的定量解释成果。统计从上述途径获得的电参数值，得到各岩性层电阻率均值及常见变化范围值。波速特征表明，随着深度增加，波速整体呈逐渐上升的趋势，只有中下更新统地层波速略有下降，但该层位的标本取自地表附近，当其处于埋藏型且上覆第四系厚度较大时，结构的密实程度与地表有较大区别，波速可能较大。由此推测，第四系的波速特征整体呈随深度增加逐渐升高的趋势。

表 3.1−1　以往资料物性特征统计表

地层		岩性	电阻率范围（Ω·m）	横波速度（v_S）（m/s）	纵波速度（v_P）（m/s）	自然伽马（API）	备注
Q_4	上部	黏土	27～54	110～350	630	61～156	
	下部	砂砾卵石层	—	500～520	2130	60～120	
Q_3		成都黏土	9～18	280～460	—	—	
Q_3^2		含泥砂砾卵石层	148～267	500～520	—	76～107	
Q_3^1		泥质砂砾卵石层	—	300～750（近地表测得）	—	—	
Q_2^2		泥砾卵石层，结构密实	74～112	283～500（近地表测得）	—	—	以往工作未区分开中下更新统地层
Q_2^1		含砂泥砾卵石层			—	76～139	
Q_1		含泥砂砾卵石层			—	—	
K_2g		强风化砂岩	13～18	—	—	7～160	
		弱风化泥岩	20～29	—	2460	32～180	
		砂岩	36～69	—	3060	—	
		富含膏岩层泥岩	220～386	—	4530	—	

表 3.1－2　岩土力学参数成果表

地层	孔号	岩性描述	层厚（m）	纵波速度（v_P）（m/s）	横波速度（v_S）（m/s）	横波经验参考值（v_S）（m/s）	密度（ρ）（g/cm^3）	动泊松比（σ）	动弹性模量（E_d）（$\times 10^4 kg/cm^2$）	动剪切模量（G_d）（$\times 10^4 kg/cm^2$）	静弹性模量（E_s）（$\times 10^4 kg/cm^2$）	极限抗压强度（R_c）（kg/cm^2）	允许承载力（R）（t/m^2）	卓越周期（T）（s）
表层土	ZK33	耕植土	0.60	182	121	110～200	1.93	0.104	0.62	0.28	0.03	18.0	3.00	0.49
	ZK14	耕植土	0.79	357	111	110～200	1.96	0.446	0.70	0.24	0.03	18.0	2.80	0.43
	B175	砂纸黏土	3.50	331	141	110～200	1.96	0.383	1.08	0.39	0.05	25.0	7.20	0.27
	ZK16	腐植土	0.79	286	57	60～80	2.00	0.479	0.19	0.07	0.01	7.6	0.56	0.16
黏土层	ZK33	含粉砂黏土	2.00	1000	171	150～350	2.07	0.485	1.80	0.61	0.09	27.0	12.00	—
	ZK14	中细砂	3.00	818	227	150～350	2.04	0.458	3.07	1.05	0.17	34.0	20.00	—
	ZK14	中细砂含泥	3.55	2000	308	150～350	2.25	0.488	6.35	2.13	0.47	47.0	50.00	—
	ZK14	砂砾岩												
	B175	中细砂	1.50	1200	335	150～350	2.11	0.458	6.91	2.37	0.53	53.0	60.00	—
	ZK16	砂质黏土	7.71	1600	235	150～350	2.18	0.489	3.59	1.20	0.21	42.0	27.87	—
砂砾卵石层	ZK33	含粉砂砾卵石	—	2118	500	500～520	2.27	0.470	16.69	5.88	2.06	103.0	—	—
	ZK14	含泥砂砾岩	—	2200	524	500～520	2.28	0.470	18.41	6.26	2.26	113.0	—	—
	B175	砂砾卵石层	—	2250	524	500～520	2.29	0.471	18.50	6.29	2.28	114.0	—	—

续表3.1-2

地层	孔号	岩性描述	层厚（m）	纵波速度（v_P）（m/s）	横波速度（v_S）（m/s）	横波经验参考值（v_S）（m/s）	密度（ρ）（g/cm³）	动泊松比（σ）	动弹性模量（E_d）（×10⁴ kg/cm²）	动剪切模量（G_d）（×10⁴ kg/cm²）	静弹性模量（E_s）（×10⁴ kg/cm²）	极限抗压强度（R_c）（kg/cm²）	允许承载力（R）（t/m²）	卓越周期（T）（s）
基岩	ZK16	弱风化泥质粉砂岩	14.61	2576	717	≥700	2.35	0.458	35.20	12.08	5.20	208.0	—	—
	ZK16	泥质粉砂岩	0.60	2900	980	≥700	2.40	0.440	66.40	23.05	15.90	393.0	—	—

表3.1-3　力学参数测定值与经验值对比表

参数 层位	横波速度（v_S）（m/s）		动弹性模量（E_d）（×10⁴ kg/cm²）		静弹性模量（E_s）（×10⁴ kg/cm²）		极限抗压强度（R_c）（kg/cm²）		允许承载力（R）（t/m²）	
	测定值	经验值	测定值	经验值	测定值	经验值	测定值	经验值	测定值	经验值
表土层	57～141	60～200	0.19～1.08	0.052～0.115	0.01～0.05	0.030～0.044	7.6～25.0	—	0.56～7.20	2.3～3.8
黏土层	171～335	150～350	1.80～6.91	—	0.09～0.53	0.083～0.295	27～53	—	12～60	10～66
砂卵石层	500～524	500	16.7～18.5	—	2.06～2.28	—	103～114	—	—	—
弱风化泥质粉砂岩	717	—	35.2	37～91	5.2	1.1～4.5	208	50～450	—	—
泥质粉砂岩	980	—	66.4	37～91	15.9	—	393	50～450	—	—

表 3.1-4　使用横波对地基级别的划分

岩性描述	场地岩土类别	地基划分（横波波速）		地基划分（卓越周期）		最后确定地基类别
		v_S（m/s）	级别	T（s）	级别	
表层耕植土	软弱场地	≤121	Ⅳ	—	—	Ⅳ
黏土层	较软弱场地	$140 \leqslant v_S \leqslant 230$	Ⅲ	—	—	Ⅳ
砂砾卵石层	较坚硬场地	$500 \leqslant v_S \leqslant 524$	Ⅱ	0.43～0.49	Ⅲ	Ⅲ
基岩	坚硬场地	>700	Ⅰ	0.16	Ⅰ	Ⅱ

3.2　本书研究成果

3.2.1　物性资料统计分析

提取收集到的钻孔测井数据，按不同地层、岩性对自然伽马（γ）、纵波波速（v_P）、电阻率（ρ_z）、密度（ρ）四组参数进行正态分布统计分析。钻孔套管对密度、电阻率、纵波波速影响较大；由于钻孔套管中测得的物性数据不是岩土体的真实数据，因此不参与统计。

从表 3.2-1 的数据可以看出，第四系地层和下覆基岩物性差异明显，第四系地层主要表现为相对低速、高阻、低自然伽马的特征，下覆基岩地层主要表现为相对高速、低阻、高自然伽马的特征。

第四系地层主要岩性为填土、黏土、粉土、砂土、碎石土。下覆基岩地层岩性主要为泥岩、泥质粉砂岩（粉砂质泥岩）、砂岩、砾岩、含膏岩泥质粉砂岩（粉砂质泥岩）、钙芒硝、膏盐岩。

物质密度的大小与物质的密实度最相关，由图 3.2-1、表 3.2-2 可知，砾岩的平均密度最高，为 2.60 g/cm^3；碎石土密度受其密实度的影响较大，整体上低于砾岩、高于其他岩性体，平均密度为 2.58 g/cm^3。基岩地层中其他岩性密度由小到大依次为：泥岩<泥质粉砂岩（粉砂质泥岩）<砂岩<膏岩层。其中，膏岩层的平均密度为 2.53 g/cm^3。

自然伽马主要反应岩体泥质含量的高低，泥质含量越高、自然伽马值越大。从自然伽马特征来看（见图 3.2-2、表 3.2-2），第四系地层岩性主要为填土、黏土、粉土、砂土、碎石土。填土的平均自然伽马最低，为 31.12 API，黏土的平均自然伽马最高，为 41.85 API。粉土、砂土、碎石土的自然伽马值依次降低范围为 32.15～39.81 API。基岩层岩性主要为泥岩、泥质粉砂岩（粉砂质泥岩）、砂岩、膏岩层和砾岩。泥岩相对于第四系地层岩性和基岩层其他岩性，自然伽马最高。膏岩层主要位于灌口组地层，且多夹杂在含泥质围岩中，相对围岩，基本表现为低自然伽马的物性特征，均值为 31.95 API，砾岩均值最低，为 26.92 API。

填土、黏土层主要位于地表，最大埋深为 19.91 m。由于套管的影响，未测到填土、黏土层有效的电性数据。电阻率主要跟岩性层物质成分、结构和含水情况有关，根据统计结果（见图 3.2−3、表 3.2−2）可知，表土层中砂土的电阻率小于碎石土，且碎石土电阻率平均值最高，为 68.36 Ω·m。基岩层中电阻率的平均值由低到高依次为：泥岩<泥质粉砂岩（粉砂质泥岩）<砂岩<砾岩。泥岩的电阻率最低，其平均值为 11.97 Ω·m。砾岩主要位于夹关组、天马山组地层中，其电阻率相较于基岩层其他岩性层，表现为高阻的电性特征，平均值为 80.37 Ω·m。膏岩层电阻率的平均值为 31.35 Ω·m，与围岩相比表现为相对高阻的电性特征，为泥岩、泥质粉砂岩（粉砂质泥岩）的两倍以上。

波速是划分岩性、定量解释的主要参数。波速的垂向变化，主要受各岩土层物质成分、结构、构造含水饱和度、风化破碎程度等因素的控制。由图 3.2−4、表 3.2−2 可知，表土层中砂土纵波波速的平均值为 1493.33 m/s，碎石土纵波波速的平均值为 1552.81 m/s。基岩层纵波波速集中在 2433.75～3138.24 m/s。基岩层相较于表土层含水量低、风化程度低、结构密实，纵波波速统计值与岩性层物理特征相符。基岩层中砾岩纵波波速的平均值最高，为 3138.24 m/s，膏岩层相较于泥岩、泥质粉砂岩（粉砂质泥岩）、砂岩表现为高速的特征，平均值为 2808.33 m/s。

表 3.2－1 地层岩性物性特征统计表

序号	地层年代	岩性代码	岩性	密度（ρ）（g/cm³）			自然伽马（γ）（API）			电阻率（ρ_z）（Ω·m）			纵波速度（v_P）（m/s）		
				最小值	最大值	平均值	最小值	最大值	平均值	最小值	最大值	平均值	最小值	最大值	平均值
1	人工堆积（Qh^ml^）	1－1－2	杂填土	—	—	—	37.96	46.38	42.14	—	—	—	—	—	—
2		1－1－2	素填土	—	—	—	27.32	29.56	28.50	—	—	—	—	—	—
3		1－1－3	素填土	—	—	—	35.90	42.84	38.85	—	—	—	—	—	—
4		1－1－3	素填土	—	—	—	17.00	24.42	19.83	—	—	—	—	—	—
5		1－1－3	素填土	—	—	—	24.99	39.27	32.07	—	—	—	—	—	—
6		1－1－3	素填土	—	—	—	20.23	36.89	31.01	—	—	—	—	—	—
7		1－1－3	人工填土	—	—	—	22.61	30.94	26.78	—	—	—	—	—	—
8		1－1－3	人工填土	—	—	—	26.18	35.90	30.99	—	—	—	—	—	—
9	残积、坡积、洪积（Qh^pl^）	2－2－1	粉质黏土	—	—	—	42.84	46.41	44.71	—	—	—	—	—	—
10		2－2－1	粉质黏土	—	—	—	30.32	44.82	40.41	—	—	—	—	—	—
11		2－2－1	粉质黏土	—	—	—	41.91	49.98	45.51	—	—	—	—	—	—
12	全新统冲洪积物（Qh^apl^）	3－1－1	粉土	—	—	—	37.36	48.90	43.91	—	—	—	—	—	—
13		3－1－1	稍密粉土	—	—	—	38.88	52.34	45.25	—	—	—	—	—	—
14		3－4－2	细砂	—	—	—	23.80	30.94	26.18	—	—	—	—	—	—
15		3－5－2	松散卵石	—	—	—	16.66	20.23	18.57	—	—	—	—	—	—
16		3－5－2	稍密卵石	2.38	2.60	2.51	24.99	28.56	26.54	53.20	63.88	58.65	1210.00	1940.00	1474.46
17		3－5－2	中密卵石	2.55	2.67	2.61	26.19	39.77	33.74	37.03	51.25	44.63	1330.00	1980.00	1606.80
18		3－5－2	中密卵石	2.45	2.68	2.60	26.80	33.58	30.08	60.63	74.55	66.94	1430.00	1840.00	1682.81
19		3－5－2	密实卵石	—	—	—	30.94	35.90	33.02	—	—	—	—	—	—

续表3.2－1

序号	地层年代	岩性代码	岩性	密度（ρ）（g/cm³）			自然伽马（γ）（API）			电阻率（ρ_z）（Ω·m）			纵波速度（v_P）（m/s）		
				最小值	最大值	平均值	最小值	最大值	平均值	最小值	最大值	平均值	最小值	最大值	平均值
20	资阳组（Qp^3-Qhz）	4－1－1	粉土	—	—	—	26.18	39.27	33.06	—	—	—	—	—	—
21		4－1－1	粉土	—	—	—	30.94	39.26	35.90	—	—	—	—	—	—
22		4－2－1	粉质黏土	—	—	—	26.18	32.13	30.26	—	—	—	—	—	—
23		4－2－1	粉质黏土	—	—	—	49.95	53.97	52.08	—	—	—	—	—	—
24		4－4－1	粉砂	—	—	—	26.18	36.89	30.68	—	—	—	—	—	—
25		4－4－2	细砂	—	—	—	32.13	39.27	35.94	—	—	—	—	—	—
26		4－4－2	细砂	—	—	—	24.99	35.90	29.99	49.22	56.44	53.10	1460.00	1980.00	1728.24
27		4－5－2	密实卵石	2.60	2.68	2.63	23.80	33.32	27.58	59.16	70.38	65.64	1150.00	1540.00	1314.38
28		4－5－2	卵石	2.13	2.67	2.45	39.75	68.70	51.10	—	—	—	—	—	—
29		4－5－2	卵石	1.65	2.11	1.95	28.66	32.23	30.34	70.87	120.37	94.82	1120.00	1450.00	1266.00
30		4－5－2	卵石	2.35	2.43	2.39	30.69	37.28	34.81	—	—	—	1150.00	1350.00	1269.71
31		4－5－2	卵石	2.16	2.32	2.23	34.16	40.77	37.71	89.88	101.40	96.98	1240.00	1550.00	1340.53
32		4－5－2	卵石	2.18	2.54	2.35	23.92	35.97	27.43	67.50	74.96	71.48	1240.00	1310.00	1265.00
33		4－5－2	卵石	2.64	2.88	2.77	30.56	56.23	49.08	38.50	57.75	50.47	1060.00	1420.00	1254.50
34		4－5－2	卵石土	2.31	2.91	2.61	21.42	36.89	29.01	58.73	76.27	66.18	1460.00	1740.00	1561.77
35		4－5－2	卵石	2.39	3.18	2.77	29.75	34.51	32.39	65.03	85.92	70.16	1390.00	1960.00	1670.00
36		4－5－2	卵石	2.04	2.86	2.71	26.53	30.82	28.20	37.62	47.42	42.04	1690.00	2090.00	1842.97
37		4－5－2	密实卵石	2.53	2.74	2.65	26.18	33.32	28.56	89.22	105.25	96.86	1360.00	1960.00	1622.50
38		4－5－2	卵石土	2.61	2.69	2.64	32.13	38.08	35.11	44.03	51.77	46.60	1710.00	1890.00	1802.50

续表3.2-1

序号	地层年代	岩性代码	岩性	密度（ρ）（g/cm³）			自然伽马（γ）（API）			电阻率（ρ_z）（Ω·m）			纵波速度（v_P）（m/s）		
				最小值	最大值	平均值	最小值	最大值	平均值	最小值	最大值	平均值	最小值	最大值	平均值
39	资阳组（Qp^3-Qhz）	4-5-2	中密卵石	—	—	—	22.63	32.45	26.56	—	—	—	—	—	—
40		4-5-2	密实卵石	2.56	2.87	2.69	23.80	30.94	27.01	124.99	151.93	138.52	1260.00	1840.00	1453.95
41		4-5-2	中密卵石	2.62	2.75	2.66	18.24	22.94	20.98	36.24	41.38	38.86	2020.00	2780.00	2265.00
42		4-5-2	密实卵石	2.28	2.69	2.52	19.04	26.18	22.21	53.72	85.92	65.20	1080.00	2170.00	1516.57
43		4-5-2	稍密卵石	2.23	2.72	2.63	19.04	24.99	22.44	45.83	56.68	51.81	1110.00	1650.00	1333.60
44		4-5-2	密实卵石	2.48	2.68	2.58	22.61	30.94	26.65	60.17	67.85	63.23	1380.00	1640.00	1489.20
45		4-5-2	密实卵石	2.55	2.87	2.76	32.03	42.29	36.20	61.16	81.70	72.99	1460.00	1770.00	1596.46
46		4-5-2	中密卵石	2.28	2.88	2.80	24.99	34.51	29.82	63.22	76.76	68.63	1500.00	1880.00	1664.29
47		4-5-2	稍密卵石	2.28	2.91	2.83	27.37	36.89	30.70	68.21	86.28	73.60	1540.00	2200.00	1841.38
48	埋藏型（中更新统）（Qp^{2al}）	12-1-1	粉土	—	—	—	40.02	44.97	43.00	—	—	—	—	—	—
49		12-2-2	细砂	—	—	—	49.98	66.64	56.58	57.57	71.79	66.08	1070.00	1850.00	1297.35
50		12-2-2	细砂	—	—	—	27.37	41.65	33.08	39.21	49.19	45.88	1150.00	1450.00	1267.33
51		12-3-1	密实卵石	2.56	2.80	2.73	24.99	34.51	29.91	53.30	70.38	63.83	1320.00	1560.00	1437.87
52		12-3-1	密实卵石	2.38	2.88	2.67	24.99	46.41	35.69	68.90	79.11	72.60	1090.00	1530.00	1380.34
53		12-3-1	密实卵石	2.56	3.07	2.84	24.08	29.10	26.42	55.97	71.96	64.98	1150.00	1650.00	1363.10
54		12-3-1	密实卵石	2.39	2.79	2.51	38.08	55.93	47.95	103.02	147.52	120.09	1060.00	1450.00	1159.57
55		12-3-1	密实卵石	2.42	2.76	2.61	34.51	44.03	38.98	40.28	59.18	49.32	1060.00	1890.00	1300.97
56		12-3-1	密实卵石	2.52	2.71	2.63	29.75	44.03	36.63	38.61	57.57	48.54	1060.00	1490.00	1274.66
57		12-3-1	密实卵石	2.54	2.67	2.62	29.75	40.46	33.96	49.55	58.46	52.46	1080.00	1930.00	1331.78

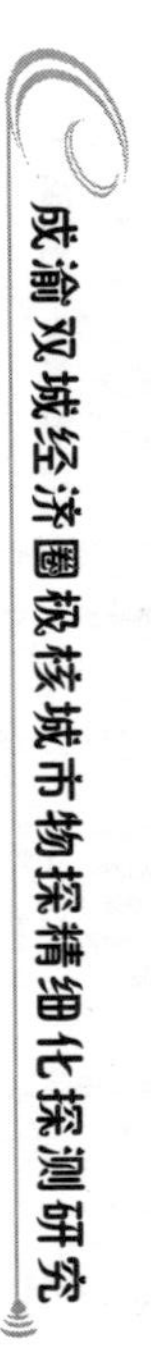

续表3.2-1

序号	地层年代	岩性代码	岩性	密度（ρ）（g/cm^3）			自然伽马（γ）（API）			电阻率（ρ_z）（$\Omega \cdot m$）			纵波速度（v_P）（m/s）		
				最小值	最大值	平均值	最小值	最大值	平均值	最小值	最大值	平均值	最小值	最大值	平均值
58	埋藏型（中更新统）（Qp^{2al}）	12－3－1	密实卵石	2.46	2.75	2.62	33.32	45.22	37.45	59.22	68.69	63.70	1440.00	1710.00	1531.79
59		12－3－1	密实卵石	2.78	2.86	2.81	29.75	36.89	33.56	51.48	70.94	60.48	1470.00	1940.00	1684.96
60		12－3－1	密实卵石	2.77	2.86	2.83	26.18	41.65	32.20	49.33	70.28	53.91	1460.00	2200.00	1848.13
61	灌口组（K_2g）	22－1－1	泥岩	2.41	2.52	2.47	62.98	69.38	66.34	9.01	12.35	10.11	2150.00	2450.00	2311.33
62		22－2－4	泥岩	2.48	2.48	2.48	47.08	47.08	47.08	12.54	17.79	14.79	2240.00	2800.00	2435.94
63		22－1－2	粉砂质泥岩	2.28	2.39	2.33	72.17	113.21	85.99	7.61	15.28	11.51	2820.00	3060.00	2920.63
64		22－1－2	粉砂质泥岩夹泥质粉砂岩	2.31	2.33	2.32	87.98	99.37	92.50	5.80	6.83	6.22	2720.00	2870.00	2805.28
65		22－1－2	粉砂质泥岩	—	—	—	57.12	70.35	64.72	2.98	4.63	3.63	2620.00	2890.00	2750.69
66		22－1－2	粉砂质泥岩	—	—	—	55.89	73.10	64.93	4.21	9.34	6.02	1589.00	1890.00	1779.76
67		22－1－2	粉砂质泥岩	2.10	2.24	2.17	68.07	81.25	74.68	2.24	5.64	4.15	2050.00	2630.00	2264.80
68		22－1－2	粉砂质泥岩	—	—	—	92.66	128.13	100.71	5.79	15.90	12.80	1820.00	2530.00	2120.44
69		22－1－2	粉砂质泥岩	2.54	2.60	2.58	77.35	101.15	85.12	5.55	14.62	11.02	2430.00	3120.00	2834.71
70		22－1－2	粉砂质泥岩	2.15	2.44	2.32	70.21	90.44	78.99	2.03	5.08	3.44	2940.00	3630.00	3210.87
71		22－1－2	粉砂质泥岩	2.42	2.53	2.46	56.14	64.05	60.07	2.98	5.19	4.31	2290.00	2520.00	2421.00
72		22－1－2	粉砂质泥岩	2.43	2.65	2.51	47.60	54.74	51.47	12.19	20.32	16.78	3200.00	3500.00	3315.00
73		22－1－2	粉砂质泥岩	2.46	2.48	2.47	57.50	64.51	62.01	7.04	8.03	7.45	3060.00	3130.00	3100.00
74		22－1－2	粉砂质泥岩	2.38	2.54	2.47	58.31	83.30	70.95	2.03	8.34	5.07	3270.00	3530.00	3384.17
75		22－1－2	粉砂质泥岩	2.50	2.55	2.52	60.69	67.83	64.26	2.37	3.04	2.71	3440.00	3580.00	3487.50

续表3.2-1

序号	地层年代	岩性代码	岩性	密度（ρ）（g/cm^3）			自然伽马（γ）（API）			电阻率（ρ_z）（Ω·m）			纵波速度（v_P）（m/s）		
				最小值	最大值	平均值	最小值	最大值	平均值	最小值	最大值	平均值	最小值	最大值	平均值
76	灌口组（K_2g）	22－1－2	粉砂质泥岩	2.43	2.54	2.49	59.02	68.51	62.13	10.19	19.34	13.37	2050.00	3280.00	2482.10
77		22－1－2	粉砂质泥岩夹薄层状泥岩	2.35	2.50	2.43	44.77	55.97	51.02	8.17	17.40	12.32	1940.00	2320.00	2120.44
78		22－1－2	粉砂质泥岩	2.43	2.54	2.47	58.53	79.90	63.16	8.91	20.67	14.05	2210.00	2910.00	2412.06
79		22－1－2	粉砂质泥岩	2.49	2.59	2.55	65.65	89.25	75.89	5.55	7.13	6.06	2620.00	3230.00	2860.00
80		22－2－1	粉细砂夹泥质岩石	2.46	2.53	2.50	40.91	57.54	50.88	13.22	21.57	16.70	2830.00	3290.00	3031.82
81		22－2－2	泥质粉砂岩	2.21	2.38	2.30	80.69	102.70	92.10	6.35	10.82	8.27	2500.00	2710.00	2606.47
82		22－2－2	泥质粉砂岩	—	—	—	45.76	59.36	52.55	2.30	5.73	3.93	2120.00	2290.00	2177.08
83		22－2－2	泥质粉砂岩	2.04	2.19	2.12	48.59	61.27	54.63	4.55	8.04	6.24	2040.00	2530.00	2267.93
84		22－2－2	泥质粉砂岩	—	—	—	59.14	72.78	64.09	13.62	16.75	14.87	2190.00	2600.00	2324.79
85		22－2－2	泥质粉砂岩	—	—	—	62.14	86.00	73.28	5.26	17.46	11.25	2070.00	2690.00	2377.59
86		22－2－2	泥质粉砂岩	2.51	2.73	2.63	74.97	90.44	79.53	8.13	12.87	10.32	2210.00	3190.00	2834.52
87		22－2－2	泥质粉砂岩	2.22	2.56	2.44	66.64	80.92	74.23	1.00	6.10	3.35	2880.00	3630.00	3250.40
88		22－2－2	泥质粉砂岩	2.30	2.76	2.54	60.69	75.96	66.04	5.55	9.10	6.80	2250.00	3270.00	2724.60
89		22－2－2	泥质粉砂岩	2.36	2.62	2.55	60.69	82.11	70.84	6.10	10.84	7.79	2190.00	3500.00	2935.93
90		22－2－2	泥质粉砂岩	2.46	2.61	2.53	74.97	90.44	80.04	7.45	11.51	8.65	2850.00	3350.00	3129.87
91		22－2－2	泥质粉砂岩	2.48	2.58	2.54	60.99	71.44	64.93	2.00	7.12	4.25	2700.00	3420.00	3008.05
92		22－2－2	泥质粉砂岩	2.44	2.59	2.53	74.97	90.44	79.70	2.03	11.29	5.19	2350.00	3680.00	3239.67

续表3.2-1

序号	地层年代	岩性代码	岩性	密度（ρ）（g/cm³）			自然伽马（γ）（API）			电阻率（ρ_z）（Ω·m）			纵波速度（v_P）（m/s）		
				最小值	最大值	平均值	最小值	最大值	平均值	最小值	最大值	平均值	最小值	最大值	平均值
93	灌口组（K_2g）	22－2－2	泥质粉砂岩	2.41	2.66	2.53	60.69	63.07	61.92	4.74	8.81	6.18	3010.00	3900.00	3375.00
94		22－2－2	泥质粉砂岩	2.53	2.53	2.53	50.51	51.49	50.97	22.25	23.49	22.85	3830.00	3910.00	3877.50
95		22－2－2	泥质粉砂岩	2.37	2.52	2.48	61.88	83.30	68.51	3.92	15.89	9.14	2010.00	2480.00	2180.32
96		22－2－2	泥质粉砂岩	2.42	2.58	2.51	62.26	86.87	71.80	9.63	18.63	13.92	2850.00	3490.00	3147.50
97		22－2－2	泥质粉砂岩	2.49	2.59	2.53	64.26	85.88	71.41	12.48	25.87	18.53	3120.00	3530.00	3249.03
98		22－2－2	泥质粉砂岩	2.14	2.64	2.46	63.07	79.73	70.18	3.89	11.51	7.04	2280.00	2620.00	2402.26
99		22－2－2	泥质粉砂岩	2.54	2.69	2.60	66.64	92.82	74.17	4.47	15.87	8.88	2700.00	3530.00	2974.58
100		22－2－2	泥质粉砂岩	2.58	2.79	2.74	61.88	96.39	71.76	6.77	12.12	9.25	2090.00	3350.00	2925.94
101		22－5－1	泥质粉砂岩、粉砂质泥岩互层	2.42	2.52	2.47	76.16	97.58	82.55	4.23	6.10	4.94	2850.00	3630.00	3091.47
102		22－5－1	泥质粉砂岩夹粉砂质泥岩	2.42	2.51	2.48	56.99	69.48	62.55	2.37	4.04	3.25	3080.00	3540.00	3256.77
103		22－5－1	粉砂质泥岩、泥质粉砂岩互层	2.40	2.56	2.47	62.23	87.77	68.70	12.83	16.03	14.24	2040.00	2570.00	2237.14
104		22－5－2	粉砂质泥岩夹泥质粉砂岩	2.48	2.62	2.51	63.23	69.33	65.96	2.00	4.96	3.69	2710.00	3540.00	3002.50
105		22－5－2	粉砂质泥岩、泥质粉砂岩互层	2.39	2.54	2.50	67.83	96.39	73.82	6.25	20.85	11.36	2790.00	3400.00	3086.15

续表3.2－1

序号	地层年代	岩性代码	岩性	密度（ρ）（g/cm³）			自然伽马（γ）（API）			电阻率（ρ_z）（Ω·m）			纵波速度（v_P）（m/s）		
				最小值	最大值	平均值	最小值	最大值	平均值	最小值	最大值	平均值	最小值	最大值	平均值
106	灌口组（K_2g）	22－5－2	泥质粉砂岩夹泥质条带	2.46	2.53	2.50	68.89	76.80	71.51	11.05	14.97	12.19	2200.00	2640.00	2480.00
107		22－2－1	粉砂岩	2.57	2.68	2.64	57.12	74.97	63.90	25.51	45.55	32.51	2829.00	3680.00	3264.48
108		22－3－1	含膏岩粉砂质泥岩	2.51	2.65	2.61	39.27	39.27	39.27	20.32	30.65	24.59	2700.00	3900.00	3345.91
109		22－3－1	含膏岩泥质粉砂岩	2.52	2.66	2.61	33.92	49.98	42.84	31.73	44.92	40.46	3190.00	3530.00	3365.88
110		22－3－1	含膏岩泥质粉砂岩	2.63	2.70	2.67	38.08	64.26	49.58	32.08	35.85	33.83	3190.00	3580.00	3405.76
111		22－3－4	泥质粉砂岩含钙芒硝	2.30	2.33	2.32	23.80	36.89	29.70	18.29	19.64	18.96	2940.00	3120.00	3030.00
112		22－3－4	钙芒硝	2.57	2.57	2.57	19.04	33.32	27.71	25.94	25.94	25.94	1990.00	2260.00	2177.50
113		22－3－1	膏盐岩	2.66	2.74	2.70	15.57	40.45	24.78	26.40	32.85	29.41	2630.00	2700.00	2671.58
114		22－3－4	膏盐岩	—	—	—	25.54	34.28	28.73	19.53	22.22	20.83	2210.00	2640.00	2448.26
115		22－3－4	膏盐岩	2.22	2.30	2.24	16.35	25.92	19.67	20.90	26.90	24.52	2360.00	2550.00	2445.66
116		22－3－4	膏盐岩	—	—	—	11.30	28.50	19.32	58.50	72.30	63.51	2250.00	2810.00	2517.99
117	夹关组（$K_{1-2}j$）	23－1－3	泥质粉砂岩	2.49	2.68	2.54	41.66	57.12	47.58	8.55	26.77	17.36	3090.00	3340.00	3245.66
118		23－1－3	泥质粉砂岩	2.31	2.61	2.42	66.47	75.93	69.16	8.91	13.90	10.76	2350.00	2600.00	2466.36
119		23－2－1	粉砂质泥岩	2.43	2.55	2.49	56.36	64.23	59.48	12.97	18.37	15.91	2750.00	3250.00	2995.88
120		23－2－1	粉砂质泥岩	2.37	2.43	2.41	57.14	67.75	61.32	11.89	15.05	13.53	1610.00	1970.00	1838.00
121		23－2－2	泥岩	2.52	2.54	2.53	53.55	61.88	57.72	10.00	10.70	10.35	2430.00	2520.00	2475.00

续表3.2—1

序号	地层年代	岩性代码	岩性	密度（ρ）（g/cm³）			自然伽马（γ）（API）			电阻率（ρ_z）（Ω·m）			纵波速度（v_P）（m/s）		
				最小值	最大值	平均值	最小值	最大值	平均值	最小值	最大值	平均值	最小值	最大值	平均值
122	夹关组（$K_{1-2}j$）	23－3－2	薄层状细砂岩与泥岩互层	2.55	2.68	2.61	70.26	82.23	75.67	12.83	18.89	15.91	2730.00	3050.00	2905.66
123		23－4－1	砾岩	2.53	2.75	2.64	21.42	36.76	27.45	35.80	74.10	49.64	2730	3440	3073.66
124		23－4－1	砾岩	2.62	2.74	2.64	22.18	36.76	27.73	41.51	61.36	49.81	2650.00	3440.00	2998.33
125	天马山组（K_1t）	24－1－1	泥岩夹粉砂岩	2.23	2.32	2.27	64.17	73.45	68.61	13.90	23.89	17.20	2040.00	2910.00	2466.90
126		24－1－2	粉砂质泥岩	2.48	2.57	2.52	60.69	74.97	66.27	14.61	23.84	19.16	1450.00	1860.00	1601.54
127		24－1－2	粉砂质泥岩夹泥质条带	2.46	2.60	2.53	65.65	85.88	72.37	6.77	10.33	9.13	2100.00	2940.00	2456.00
128		24－1－2	粉砂质泥岩夹砂质条带	2.46	2.60	2.53	65.65	85.88	72.37	6.77	10.33	9.13	2100.00	2940.00	2456.00
129		24－1－2	粉砂质泥岩	2.14	2.21	2.19	44.32	49.06	46.79	18.89	22.82	20.39	2520.00	2580.00	2550.00
130		24－1－2	粉砂质泥岩	2.33	2.46	2.40	67.99	73.44	70.84	8.20	14.26	10.52	2530.00	3240.00	2973.57
131		24－2－1	泥质粉砂岩	2.43	2.60	2.51	59.85	69.35	63.61	16.26	19.60	17.42	1800.00	2190.00	1914.00
132		24－2－1	泥质粉砂岩夹泥质条带	2.50	2.64	2.56	78.54	92.82	84.03	12.12	24.94	17.73	2430.00	3440.00	2787.33
133		24－2－1	泥质粉砂岩	2.35	2.40	2.37	47.09	54.91	49.93	18.89	27.45	22.54	2490.00	2990.00	2834.00
134		24－2－1	泥质粉砂岩	2.40	2.58	2.45	63.91	71.53	67.77	15.53	32.08	22.33	2760.00	3410.00	3085.88
135		24－2－2	泥质砂岩	2.53	2.66	2.61	59.50	77.35	64.11	13.50	21.00	17.53	2650.00	3520.00	3046.43

续表3.2−1

序号	地层年代	岩性代码	岩性	密度（ρ）（g/cm³）			自然伽马（γ）（API）			电阻率（ρ_z）（Ω·m）			纵波速度（v_P）（m/s）		
				最小值	最大值	平均值	最小值	最大值	平均值	最小值	最大值	平均值	最小值	最大值	平均值
136	天马山组（K_1t）	24−3−1	泥岩、粉细砂岩、泥质砂岩互层	2.46	2.64	2.54	72.59	92.82	79.30	11.80	17.80	14.71	2370.00	2810.00	2638.93
137		24−3−1	泥岩夹粉细砂岩、泥质砂岩	2.51	2.68	2.59	65.65	91.63	73.58	9.30	21.70	15.53	2310.00	3180.00	2815.91
138		24−3−1	粉砂岩、泥质粉砂岩互层	2.52	2.64	2.57	66.64	88.20	72.66	15.25	23.05	19.39	2100.00	2520.00	2278.33
139		24−3−1	粉砂岩夹粉砂质泥岩	2.52	2.64	2.57	66.64	88.20	72.66	15.25	23.05	19.39	2100.00	2520.00	2278.33
140		24−3−1	泥质粉砂岩、泥岩互层	2.52	2.64	2.57	66.64	88.20	72.66	15.25	23.05	19.39	2100.00	2520.00	2278.33
141		24−3−1	泥质粉砂岩夹粉砂质泥岩	2.50	2.64	2.56	78.54	92.82	84.03	12.12	24.94	17.73	2430.00	3440.00	2787.33
142		24−3−1	泥岩、砂岩互层	2.24	2.42	2.32	55.09	74.30	63.83	12.12	25.51	17.58	2170.00	3040.00	2552.63
143		24−3−1	泥岩、泥质粉砂岩、砂岩互层	2.24	2.42	2.32	55.09	74.30	63.83	12.12	25.51	17.58	2170.00	3040.00	2552.63
144		24−3−1	泥质粉砂岩夹粉砂质泥岩	2.42	2.57	2.49	48.33	69.55	58.85	19.25	29.59	24.00	2140.00	2430.00	2239.13

续表3.2-1

序号	地层年代	岩性代码	岩性	密度（ρ）（g/cm³）			自然伽马（γ）（API）			电阻率（ρ_z）（Ω·m）			纵波速度（v_P）（m/s）		
				最小值	最大值	平均值	最小值	最大值	平均值	最小值	最大值	平均值	最小值	最大值	平均值
145	天马山组（K_1t）	24－3－1	泥质粉砂岩夹泥岩	2.42	2.57	2.49	48.33	69.55	58.85	19.25	29.59	24.00	2140.00	2430.00	2239.13
146		24－3－2	泥质粉砂岩、粉砂质泥岩互层	2.42	2.57	2.49	48.33	69.55	58.85	19.25	29.59	24.00	2140.00	2430.00	2239.13
147		24－3－2	粉细砂岩夹泥质粉砂岩	2.51	2.57	2.53	55.20	72.05	62.97	—	—	—	—	—	—
148		24－1－1	泥岩	2.25	2.34	2.30	59.10	75.68	64.88	6.00	17.38	11.69	2190.00	2690.00	2533.03
149		24－2－1	细砂岩夹砾砂岩	2.25	2.37	2.32	18.24	29.75	22.88	44.56	67.02	56.14	2140.00	3100.00	2348.64
150		24－2－1	粉砂岩	2.49	2.68	2.58	41.65	52.36	46.39	29.93	40.26	36.01	1790.00	2730.00	2168.67
151		24－2－1	粉砂岩	2.38	2.55	2.47	47.68	54.94	51.77	45.83	57.40	52.21	2780.00	3590.00	3175.00
152		24－2－1	粉细砂岩	2.27	2.35	2.31	36.91	43.63	40.00	45.83	52.41	48.83	2590.00	2820.00	2080.37
153		24－2－1	粉细砂岩	2.45	2.68	2.57	37.73	47.04	42.11	52.41	73.44	64.94	2330.00	3120.00	2684.19
154		24－2－2	细砂岩	2.53	2.67	2.60	26.18	49.98	36.42	36.70	46.68	42.53	1930.00	2800.00	3274.60
155		24－2－2	细砂岩	2.46	2.74	2.54	26.57	45.64	34.61	67.38	77.00	72.25	2470.00	3200.00	2953.33
156		24－4－1	砾岩	2.39	2.43	2.41	23.7	26.16	24.77	201.7	215.24	206.36	2720	4280	3403

表 3.2−2 岩性物性特征统计表

岩性	密度（ρ）（g/cm^3）		自然伽马（γ）（API）		电阻率（ρ_z）（Ω·m）		纵波速度（v_P）（m/s）	
	变化范围	平均值	变化范围	平均值	变化范围	平均值	变化范围	平均值
填土	—	—	17.00～46.38	31.12	—	—	—	—
黏土	—	—	26.18～53.97	41.85	—	—	—	—
粉土	—	—	26.18～52.34	39.81	—	—	—	—
砂土	—	—	23.80～66.64	36.30	39.212～71.794	53.90	1070～1980	1493.33
碎石土	1.65～3.18	2.58	16.66～68.70	32.15	36.24～151.93	68.36	1060～2780	1552.81
泥岩	2.25～2.54	2.43	53.55～75.68	63.73	6.00～17.79	11.97	2150～2800	2433.75
泥质粉砂岩（粉砂质泥岩）	2.04～2.79	2.48	40.91～128.13	70.50	1.00～32.08	12.47	1450～3910	2724.43
砂岩	2.25～2.74	2.51	18.24～74.97	43.14	25.51～77.00	50.44	1790～3680	2743.69
膏岩层	2.22～2.74	2.53	11.30～64.26	31.95	18.29～72.30	31.35	1990～3900	2808.33
砾岩	2.39～2.75	2.60	21.42～36.76	26.92	35.80～215.24	80.37	2720～4280	3138.24

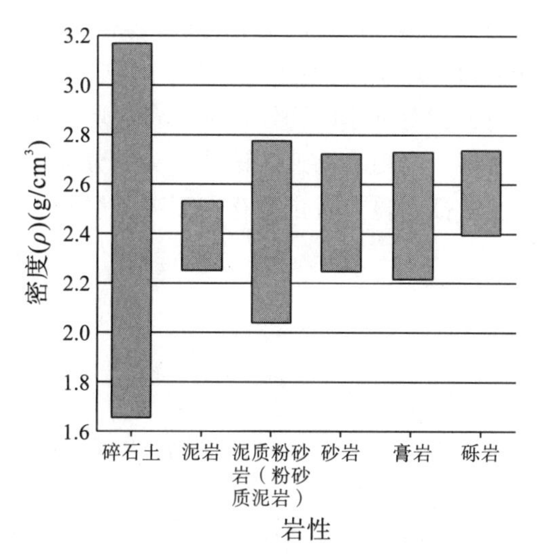

图 3.2−1 主要地层岩性密度特征

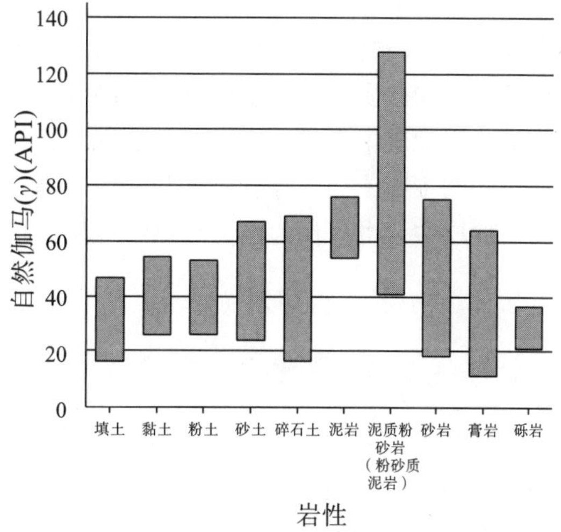

图 3.2−2 主要地层岩性自然伽马特征

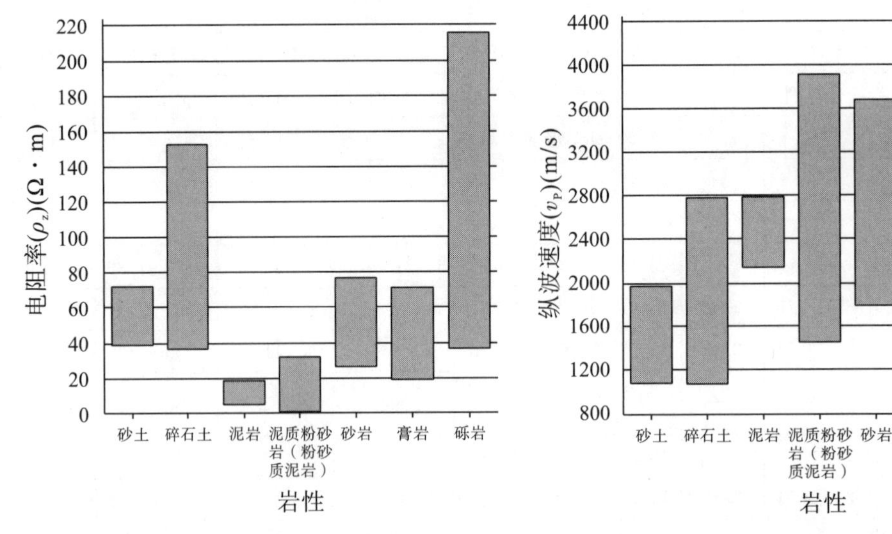

图 3.2－3　主要地层岩性电阻率特征　　　　**图 3.2－4　主要地层岩性波速特征**

表土层中碎石土基本表现为高密度、低伽马、高阻、低速的物性特征，黏土层自然伽马值相对较高。这些特征可以作为细致划分第四系地层的依据。基岩层中泥岩、泥质粉砂岩（粉砂质泥岩）主要表现为高伽马、低阻、相对低速的物性特征；膏岩层主要位于灌口组地层中，相较于围岩，表现为相对低伽马、高阻、高速，该特征为划分地层中病害体的主要依据。砾岩密度和波速最高，物性特征明显，且主要存在于夹关组和天马山组地层中，可以作为区分灌口组地层的依据。

3.2.2　物性标志层划分

3.2.2.1　物性标志层

在收集整理钻孔资料的基础上，分析地层主要岩性与密度、自然伽马、电阻率、纵波波速间的对应关系，划分出 8 个标准层位，见表 3.2－3。

第一到第五层为第四系地层，整体表现为低速、低伽马、高阻的物性特征，可以很好地与白垩系地层区分开来。第一层为人工堆积（Qh^{ml}），该层位于地表 0～5 m 范围内，相较于黏土，表现为相对低伽马的特性。第二层为残积、坡积、洪积（Qh^{pl}），以黏土为主，自然伽马值域范围较整个第四系地层其他岩性层最高，区分度明显。第三、四、五层岩性主要为碎石土，相较于第一、二层，表现为相对高阻的特征，且各层差异明显。其中以资阳组（Qp^3－Qhz）地层的电阻率最高，埋藏型中更新统（Qp^{2al}）密度最高，全新统冲洪积物（Qh^{apl}）纵波波速最高。

白垩系地层整体表现为高速、高伽马、中低阻的物性特征，划分为第六、七、八三个标准层位。第六层为灌口组（K_2g），以泥岩、泥质粉砂岩（粉砂质泥岩）为主。相较于第七、八层，纵波波速最低，且表现为低阻、高伽马的物性特征。第七层夹关组（$K_{1-2}j$）、第八层天马山组（K_1t）在白垩系地层中表现为高阻、高速、低伽马的物性特征。其中，马山组（K_1t）砾岩的电阻率最高，可以很好地与夹关组（$K_{1-2}j$）区分开来。

3.2−3 岩性物性标志层位统计表

地层	物性特征	层位	主要岩性	物性依据	密度（ρ）（g/cm^3）	自然伽马（γ）（API）	电阻率（ρ_z）（Ω·m）	纵波速度（v_P）（m/s）
					变化范围	变化范围	变化范围	变化范围
第四系	低速、高阻、低伽玛	第一层 人工堆积（Qh^{ml}）	填土	低伽马	—	17.00～46.38	—	—
		第二层 残积、坡积、洪积（Qh^{pl}）	黏土	高伽马	—	26.18～53.97	—	—
		第三层 全新统冲洪积物（Qh^{apl}）	碎石土	低密度、低伽马、低阻、高速	2.51～2.61	18.57～33.74	44.63～66.94	1474.46～1682.81
		第四层 资阳组（Qp^3-Qhz）	碎石土	中密度、中伽马、高阻、中速	1.95～2.83	20.98～51.10	38.86～138.52	1254.50～2265.00
		第五层 埋藏型中更新统（Qp^{2al}）	碎石土	高密度、高伽马、中阻、低速	2.51～2.84	2.69～26.42	48.54～120.09	1159.57～1848.13
白垩系	高速、中低阻、高伽马	第六层 灌口组（K_2g）	泥岩	低密度、高伽马、低阻、低速	2.25～2.54	53.55～75.68	6.00～17.79	2150.00～2800.00
			泥质粉砂岩（粉砂质泥岩）		2.04～2.79	40.91～128.13	1.00～32.08	1450.00～3910.00
		第七层 夹关组（$K_{1-2}j$）	砾岩	高密度、低伽马、高阻、高速	2.53～2.75	21.42～36.76	35.80～74.10	2730～3440
		第八层 天马山组（K_1t）	砾岩	中密度、高伽马、中阻、中速	2.39～2.43	23.70～26.16	201.70～215.24	2720～4280

3.2.2.2 特定地质体物性特征

灌口组钙芒硝（石膏）层呈多层分布，与泥岩多为互层关系。钙芒硝（石膏）层电阻率为 18.29～72.30 Ω·m，相对围岩表现为高阻的物性特征；纵波波速为 1990～3900 m/s，相对围岩表现为高速的物性特征；自然伽马值域范围为 11.30～64.26 API，相对围岩表现为低伽马的物性特征。因此，在探测钙芒硝（石膏）层时可依据灌口组钙芒硝（石膏）层与围岩表现出的电阻率、纵波波速、自然伽马差异精细分层，对层位进行连续追踪，重点对含膏岩地层进行层位对比及追踪。依据含膏岩导致地层电阻率变大、纵波波速明显增高、自然伽马降低的特征，结合电阻率反演结果和地震波属性分析层位性质及变化，为膏岩层的划分及性质判别提供依据。

综上所述，密度、自然伽马、电阻率、纵波波速不同组合的探测结果，可以帮助区分各地层和特定地质体，为下一步资料解释提供物性依据。

4　复杂地质环境下物探工作提高信号采集信噪比

4.1　城市复杂环境条件分析及针对性技术措施

4.1.1　复杂环境条件分析

城市地球物理勘探主要服务于城市规划和建设，致力于解决水文地质、工程地质以及环境地质方面的相关问题。但由于城市环境复杂，使城市地球物理精细探测的实用性受到限制。城市的复杂环境包括外部环境和地质环境，其中，外部环境是影响城市地球物理勘探工作的一个重要因素。

4.1.1.1　外部环境

成都市城市地球物理勘探的外部环境总体上与国内大多数城市一样，即施工过程中面临强干扰，包括城市建筑物密集分布（见图 4.1−1），人文活动频繁、复杂，影响原始资料采集的干扰源多等。

图 4.1−1　城市建筑物密集分布

（1）城市建筑物密集分布延长了资料采集过程，给测线布设带来困难。

城市勘探区可分为在建区和建成区。在建区一般位于城市繁华地段，商业楼盘林立，住宅小区众多，高架桥横跨道路，建筑物较为密集，这些都给野外施工带来极大的困难。

影响结果分析：测线无法按照直线布设，给后期的处理和解释带来极大挑战。

传统物探测线布设一般按照直线开展，这样能够保证物探异常解释推断的精细定位。但由于城市高楼林立，立交桥、跨河大桥、大型公路（如天府国际生物城立交桥等）等大型建筑物，物探测线不能完全按照直线布设，这就使得物探资料必须按照弯线来采集，因此在处理过程中也必须按照弯线甚至折线来进行，无疑增加了资料处理的难度。同时，在浅层地震反射资料的采集过程中，由于大型建筑物的影响，观测系统不得不频繁做出改变，这也大大降低了现场施工效率，拖延了进度。

（2）人文活动频繁、复杂。

城市建成区人文活动较为频繁和复杂，市区内分布有众多商业区和居民聚集区，过往车辆、行人众多，这些都给物探施工带来较大的安全隐患。此外，物探夜间施工在城市作业中较为常见，可能会衍生出噪音扰民等问题，因此物探现场须做好沟通协调工作。同时，夜间运渣车辆的往来也是现场施工的安全隐患之一。

影响结果分析：频繁、复杂的人文活动会给物探施工带来安全隐患，同时物探夜间施工过程中产生的噪音可能会增加协调工作的难度。

（3）影响原始资料采集的干扰源。

城市地球物理勘探的干扰源主要分为电磁波和震动两类。

①电磁波干扰源。

工作区电磁波干扰源有地上和地下两种。地上干扰源主要包括当地民用380 V高压线（见图4.1−2）及配电站（见图4.1−3）、路灯电线等输变电装置所产生的电磁波信号。这类电磁波干扰信号的特点是强度较小，频率稳定，但干扰的持续时间长。地下干扰源主要为市区的地下管线，包括雨水管线、燃气管线、污水管线等，这些管线频率不定，或多或少会影响电磁法物探工作的数据采集。地下管线涉及的管理部门较多，分布位置复杂，埋设时间不一，总体呈现出杂乱无章的分布规律。因此，这些管线对物探方法有较大影响，除开管线探测需求，管线的存在（见图4.1−4）也大大降低了物探方法对地层的探测精度。因此，在进行物探测线布设时，应尽量避开地下管线，以获取更多地层信息。

图4.1−2　高压线

图4.1−3　配电站

(a) 雨水、污水管线

(b) 燃气管线

图 4.1−4 城市地下管线错综分布

影响结果分析：电磁波干扰源主要影响高密度电法、音频大地电磁法、探地雷达、等值反磁通瞬变电磁法等电磁法物探资料，如导致原始资料品质变差、物探资料解释成果不准确（见图 4.1−5）。此外，电磁波干扰源还会影响浅层地震反射法采集的检波器震动信号到电信号的转化，在地震记录上形成频率一定的电磁干扰信号。尤其是城市地下管线往往存在一个尺寸不一的空洞，影响地震资料反射能量。浅层地震反射法施工时，如果无法避开高压线、地下管线等干扰源，则需要依据干扰源频率明显高于有效波频率的特点，在后期资料处理阶段采用频率域滤波等方法对该种干扰源进行压制。

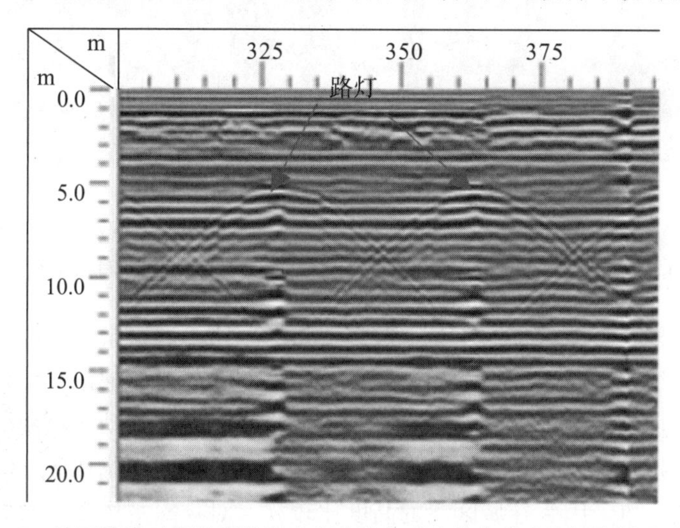

图 4.1−5 地下管线对探地雷达和音频大地电磁法等电磁法物探资料品质的影响

②震动干扰源。

城市地球物理勘探工作中，往往会遇到车辆行驶震动、工地施工、厂房生产以及行人走动等产生的震动干扰源（见图 4.1−6～图 4.1−7）。震动干扰源主要会对面波、浅层地震反射、微动等地震方法带来噪声信号，其中，声波、车辆行驶、行人走动产生的震动干扰具有持续时间短、随机、能量变化大等特点，而工地施工、厂房生产等产生的震动干扰具有持续时间长且有规律、能量较强等特点。

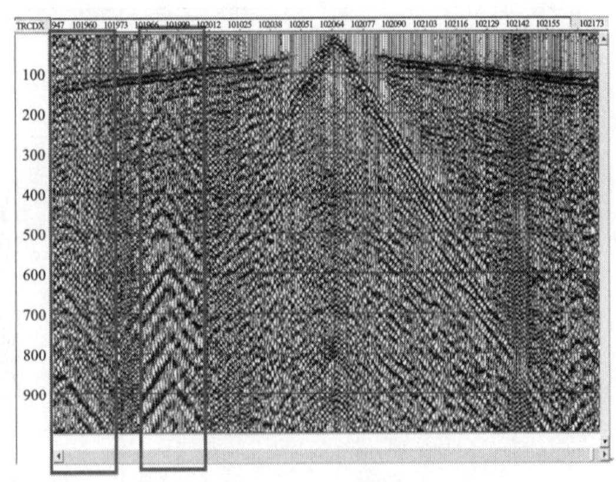

（a）车辆行驶　　（b）对应原始单炮记录

图 4.1－6　车辆行驶产生的震动干扰及其对应的浅层地震原始单炮记录

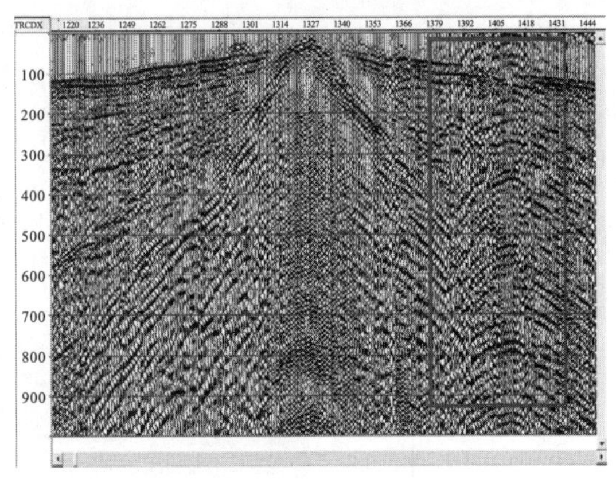

（a）工地施工　　（b）对应原始单炮记录

图 4.1－7　工地施工产生的震动干扰及其对应的浅层地震原始单炮记录

影响结果分析：震动干扰往往会在地震资料的原始单炮记录上形成一个能量较大的新震源，使得单炮记录质量下降。如车辆行驶产生的震动对单炮记录中附近的几道带来低频干扰，在叠加剖面上表现为随机干扰；工地施工产生的震动在原始单炮记录上表现为远道低频强干扰信号，且在整个排列上每一接收道均存在干扰现象。

空中飞行的飞机，因为在城区飞的高度比较高，对物探工作没有太大的影响。对于行人走动产生的震动干扰问题，施工时避开白天时段就可以解决。

4.1.1.2　地质环境

城市地球物理勘探的地质环境包括水文地质条件、活动断裂、地面沉降、地温场变化，以及有害气体、软土分布等会对地球物理资料带来影响的环境，尤其是第四系内部物质条件组成会对地球物理资料产生较大的影响。

成都市主城区范围内地质结构较为复杂，西部平原区第四系沉积厚度较大，随着新津—德阳隐伏断裂的改造作用，中部过渡区第四系埋深逐渐变浅，厚度变薄，到东部台地区有灌口组基岩出露。已建城区内可开展工作的地段一般为硬化路面，其下是素填土、杂填土之类，地表横向不均匀，加上硬化路面，不仅会影响探测设备（如检波器、电极等）的耦合效果，同时还会影响地震波的吸收衰减、电阻率供电效果，使得物探成像结果出现偏差。另外，由于灌口组岩性变化较小，膏岩层厚度较薄，地下水分布多样（包括第四系松散孔隙水、红层裂隙水等），地层内部物性差异不明显，物探资料对中深层的地质结构分辨率大大降低。

成都南部出露第四系磨盘山组黏土和砂卵砾石层、第四系磨盘山组黏土及泥砂卵砾石层，另少量出露白垩系灌口组粉砂质泥岩层，岩土体间物性差异不明显，物探采集的地质环境一般。

物探工作主要是分析特殊地质体的分布，而城市地下空间资源调查需要解决的一个重要问题就是探测地层结构，当特殊地质体（如空洞、采空区）以及特定地质结构（如冲洪积层）等存在时，可能会大大降低物探资料在地层结构探测方面的识别能力。因此，需要针对相应地质问题和地质环境条件，选择合适的地球物理探测方法。

综上所述，总结形成成都市城区物探野外资料采集主要影响因素及其对施工和数据质量的影响统计表（见表 4.1－1）。

表 4.1-1　成都市城区物探野外资料采集主要影响因素及其对施工和数据质量的影响统计表

物探方法	管线		障碍物			交通		地表条件		
	空中输电线与电缆	地下管道与管线	建筑物	在建工地	鱼塘	十字路口、铁路、高速路	车辆	地形	激发/接收条件	覆盖层松散程度
探地雷达	电磁干扰	含水地下水管道吸收屏蔽电磁法，地下空洞或其他管道产生干扰	测线布设障碍		—	—	金属构架造成强反射干扰	—	天线与地面耦合不良	—
高密度电法	—	造成低阻异常假象	测线布设障碍				—	电阻率异常的形态位置改变	影响接地电阻	—
混合源面波法	—	—	测线布设障碍	施工产生的地面震动干扰	—	—	行驶车辆产生的震动干扰	—	检波器与地面耦合不良	—
等值反磁通瞬变电磁法	强电磁场干扰		测线布设障碍	测线布设障碍及电磁干扰	—	—	行驶车辆产生的电磁场干扰	—	—	—
音频大地电磁法	强电磁场干扰		测线布设障碍及电磁场干扰		测线布设障碍		行驶车辆产生的电磁场干扰	地形倾斜影响掩盖或改变异常体响应	影响接地电阻	—
微动勘探	—	—	观测台阵布设障碍	施工产生的地面震动干扰	—	—	行驶车辆产生的震动干扰	—	检波器与地面耦合不良	—

续表4.1－1

物探方法	管线		障碍物			交通		地表条件		
	空中输电线与电缆	地下管道与管线	建筑物	在建工地	鱼塘	十字路口、铁路、高速路	车辆	地形	激发/接收条件	覆盖层松散程度
浅层地震反射法	电磁干扰	电磁干扰及反射干扰	测线布设障碍	测线布设障碍及施工产生的地面震动干扰	测线布设障碍		行驶车辆产生的震动干扰	地形起伏较大影响观测系统设计与测线布设	检波器与地面耦合不良	—
综合测井	—	游离电场影响自然电位曲线	—	—	—	—	—	—	—	松散程度高导致井壁易垮塌
波速测试	—	—	—	—	—	—	—	—	—	松散程度高导致井壁易垮塌
孔内成像	—	—	—	—	—	—	—	—	—	松散程度高导致井壁易垮塌

4.1.2 针对性措施

4.1.2.1 城市外部环境针对性措施

(1) 针对建筑物分布密集，测线布设困难的措施。

城市工作区内高楼林立，不可能参照一般矿山勘查或者工程勘察布设一定网度的剖面，需要充分考虑道路、楼房的影响。其改进方法及思路如下：

①测线无法按照直线布设时，采用折线或弯线布设。

当密集建筑物使测线无法按照直线布设时，采用折线和弯线布设的方法。按照《浅层地震勘查技术规范》(DZ/T 0170—1997) 布设折线，最大转折角不超过 8°。当测线转折影响叠加效果时，采用弯线叠加的方法布设观测系统（见图 4.1—8)。

图 4.1—8 物探弯线工作布设图

②见缝插针、因地制宜地变换观测系统。

研究区内主要开展的地球物理勘探手段为浅层地震反射法，它对于地物变化大的测线段，如遇到建筑物密集、跨大型公路和立交桥时，需要因地制宜地改变观测系统，具体如下：

见缝插针——在大型建筑物的中间位置选择震源车能够进入的区域，恢复炮点。

就近恢复——在大型建筑物或者大型公路、立交桥的两端就近位置恢复炮点，尽量保证覆盖次数。

(2) 针对人文活动干扰的措施。

改进方法及思路：

①夜间施工时段普遍为 22:00 至次日 6:00，施工过程中所有工作人员均应穿反光背心，施工现场设立安全警示牌。

②现场应设有专职安全人员，随时观察来往车辆情况，遇到危险及时提醒。

③所有人都要配备对讲机，以便及时沟通。

④及时做好来往人员的协调事宜，减少当地群众对物探工作的干扰。同时做好沟通

解释工作，避免因物探工作供电导致的电击事故的发生。

⑤加强夜间施工安全管理。测线布设完成后，技术人员要加强来回巡查，并认真观察过往行人与车辆情况。

⑥做好工作标识，引起行人、车辆的注意。

⑦由于工作时间段跨度比较大，在寒冬时节夜间气温低的情况下，为保障工作人员的身体健康，要配备保暖衣物、热水、热食物等；在酷暑时分，要配备防中暑的药品，实时不间断供应矿泉水、饮料等。

⑧涉及夜间施工时，物探负责人必须向公司负责人报备，及时、准确地汇报工作时间、工作地点、人员数量等。

⑨加强巡查，减少因物探施工给来往群众带来的影响。

（3）针对影响原始资料的干扰源的措施。

城市地球物理勘探的干扰源主要有电磁波和震动两类。

①电磁波干扰源。

改进方法及思路：在设计测线阶段，必须提前进行实地踏勘，尽量避开工业用超高压线，避开或远离地下管线网路，尽可能减小测线与管线的接触面积。在高电磁波信号干扰的环境下，应以浅层地震、测井资料为参考基准对电磁法数据进行及时检测和校验。

地震施工时，如果无法避开高压线、地下管线等干扰源，应依据干扰源频率明显高于有效波频率的特点，在资料处理阶段采用频率域滤波等方式对其进行压制。

②震动干扰源。

改进方法及思路：在开展浅层地震、面波、微动等工作时，应尽可能避开飞机飞行、车辆行驶、人们活动较为频繁、剧烈的时段，以最大限度地减少非有效声波信号对测量数据的干扰。在强干扰信号条件下，可多次叠加压制车辆行驶、行人走动等产生的随机干扰，同时在解释过程中采用高密度电法和测井资料作为参考基准，及时检测和校验浅层地震和微动台阵数据。

4.1.2.2 复杂地质环境的针对性措施

针对本书研究工作面临的复杂地质环境，我们采取的措施（见表4.1-2）如下：

（1）充分利用以往地质、物探、钻探成果，以“旧数新用，新旧结合”的方式开展综合研究。

（2）充分利用钻孔的测井资料，以同一岩土体的多种地球物理参数为基础，分析其差异性，指导物探资料的解译工作。

表 4.1－2　成都市城区物探野外资料采集主要影响因素应对措施总结表

<table>
<tr><th rowspan="2">物探方法</th><th colspan="2">管线</th><th colspan="3">障碍物</th><th colspan="2">交通</th><th colspan="3">地表条件</th></tr>
<tr><th>空中输电线与电缆</th><th>地下管道与管线</th><th>建筑物</th><th>在建工地</th><th>鱼塘</th><th>十字路口、铁路、高速路</th><th>车辆</th><th>地形</th><th>激发/接收条件</th><th>覆盖层松散程度</th></tr>
<tr><td>探地雷达</td><td>详细记录，避免误认为有效波</td><td>详细记录，后期去噪处理</td><td colspan="2">天线极化方向与建筑物走向垂直</td><td>—</td><td>—</td><td>车辆远离后继续采集</td><td>—</td><td>天线垂直离开地面一定距离</td><td>—</td></tr>
<tr><td>高密度电法</td><td>—</td><td>可适当偏离测线，远离地下金属管道</td><td colspan="4">可适当偏离测线</td><td>—</td><td>合理布设测线、采集数据进行地形校正</td><td>向电极处浇灌盐水</td><td>—</td></tr>
<tr><td>混合源面波法</td><td>—</td><td>—</td><td>适当偏离测线</td><td>建筑工地停止施工的时间段快速采集</td><td>—</td><td>—</td><td>待车辆驶离后快速采集</td><td>—</td><td>采取相应的检波器埋置措施（垫片+石膏等）</td><td>—</td></tr>
<tr><td>等值反磁通瞬变电磁法</td><td colspan="2">适当偏移测点并详细记录或调整参数</td><td>适当偏移测点并详细记录或调整参数</td><td>适当偏移测点并详细记录或调整参数</td><td>—</td><td>—</td><td>待车辆驶离后采集，做好安全措施</td><td>—</td><td>—</td><td>—</td></tr>
<tr><td>音频大地电磁法</td><td colspan="2">适当偏移测点并详细记录或调整参数且实测测区电磁干扰情况</td><td colspan="2">改变观测装置可避开障碍，调整参数可压制干扰</td><td colspan="2">适当偏移测点并详细记录</td><td>错峰施工，并延长观测时间压制随机干扰</td><td>合理布设测点（资料处理时带地形反演或数值模拟校正）</td><td>向极坑内浇灌盐水</td><td>—</td></tr>
</table>

续表4.1－2

物探方法	管线		障碍物			交通		地表条件		
	空中输电线与电缆	地下管道与管线	建筑物	在建工地	鱼塘	十字路口、铁路、高速路	车辆	地形	激发/接收条件	覆盖层松散程度
微动勘探	—	—	改变观测台阵的布设或适当偏离测点	建筑工地停止施工的时间段快速采集	—	—	用多次叠加来压制车辆震动产生的随机干扰	—	采取相应的检波器埋置措施（垫片+石膏等）	—
浅层地震反射法	尽量避开，无法避开的应在后期做去噪处理	尽量避开，无法避开的应在后期做去噪处理	合理设计观测系统，加长排列加密炮点以保证覆盖次数	错峰施工，夜间施工	合理设计观测系统，加长排列加密炮点以保证覆盖次数		错峰施工，夜间施工	合理设计观测系统，可适当偏离测线	采取相应的检波器埋置措施（埋置于泥饼中）	—
综合测井	—	后期自然电位曲线修正	—	—	—	—	—	—	—	通孔、洗孔
波速测试	—	—	—	—	—	—	—	—	—	通孔、洗孔
孔内成像	—	—	—	—	—	—	—	—	—	通孔、洗孔

4.2 针对复杂环境提高物探资料信噪比的方法和技术措施

4.2.1 探地雷达

探地雷达主要通过背景剔除及数据滤波来提高信噪比，本节就以这两种处理方法的结果进行对比分析，观察效果。

4.2.1.1 背景剔除

背景剔除的目的是剔除直达波等水平背景，以 3 号试验剖面 0～365 道一段为例，如图 4.2−1 所示。

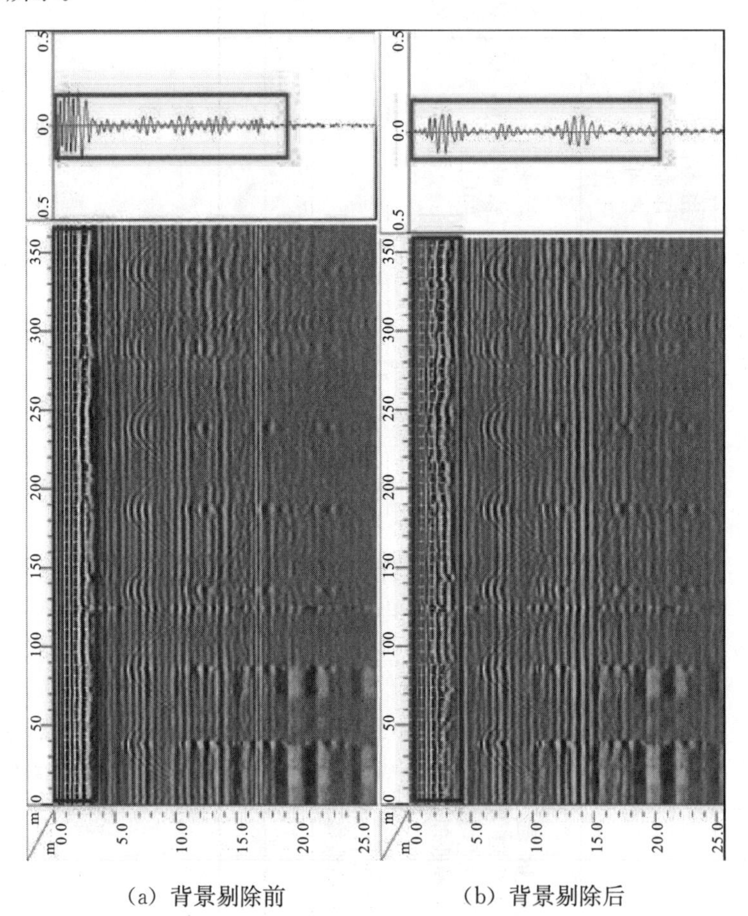

(a) 背景剔除前　　(b) 背景剔除后

图 4.2−1　背景剔除前后对比图

由图 4.2−1 可知，经背景剔除后，直达波等水平背景被有效压制，波形更清晰，对于层位的划分也更为直观。特别是 17 m 深度处的一条水平向异常，通过背景剔除，此处的层位划分趋于准确。

4.2.1.2 数据滤波

对 3 号试验剖面 0～365 道做背景剔除后再做数据滤波，突出有效异常，如图 4.2−2 所示。

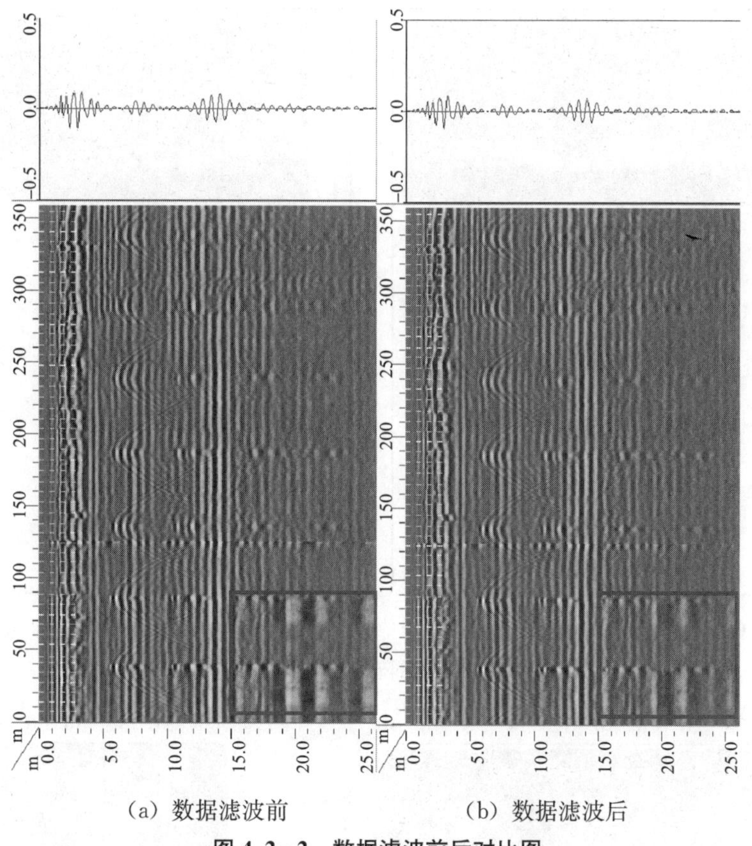

（a）数据滤波前　　（b）数据滤波后

图 4.2－2　数据滤波前后对比图

由图 4.2－2 可知，数据滤波可进一步突出有效信号并压制干扰信号。此外，在经过一系列数据滤波后，目的层可被明显划分出来，结合波形图以及波形曲线，按需求将层位做进一步区分。需要指出的是，增益的调节是整体的体现，可以根据目的及要求得到成果。但为了突出波形而增大增益，往往会导致干扰波显现，不利于资料成果的最终解译。

4.2.2　微动勘探法

微动勘探法台阵布设的方式有环形、线性等，不同的台阵各有优劣，有效探测深度各不相同。环形台阵有效勘探深度大约为环形台阵最大半径的 3 倍左右，线性台阵有效勘探深度为排列长度的 0.7～1.0 倍；两者频率带宽相差无几，主频为 20 Hz 左右（见图 4.2－3）。在增加人工震源后，主频提升至 40 Hz 左右。对比不同台阵的微动，环形台阵频散曲线的高频部分收敛性更佳；线性台阵反之，其低频部分更加收敛。这一特征也使得微动勘探法线性台阵的探测结果能反映出深部更多的细节，而环形台阵的探测结果则反映浅表细节（见图 4.2－4）。开展试验时，受场地条件限制，环形台阵布设相对困难，致使剖面长度较短；线性台阵则更加适应于在城区开展微动勘探。

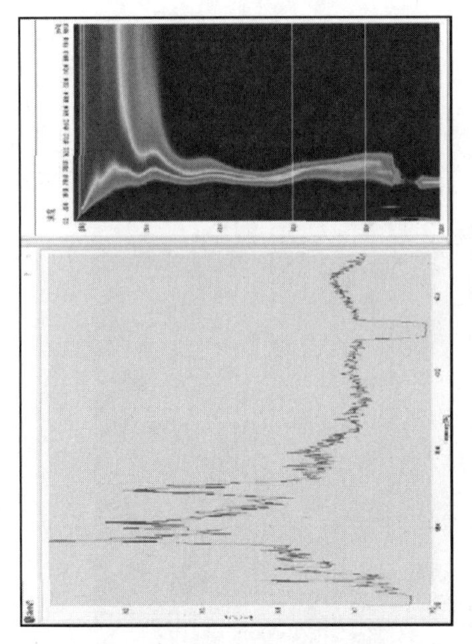

(a) 线性台阵频谱及频散曲线

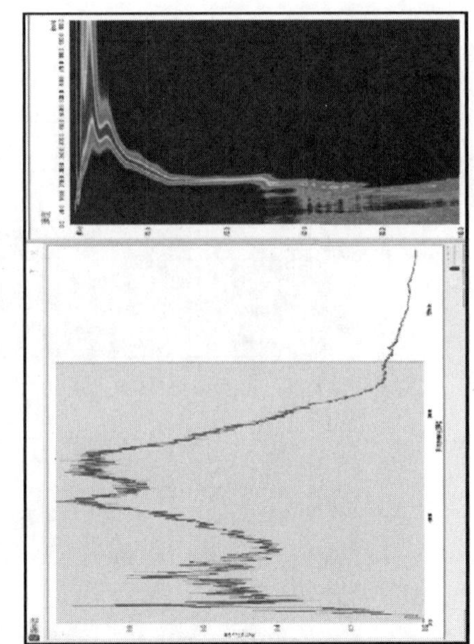

(b) 环形台阵频谱及频散曲线

图 4.2−3　不同台阵的频谱及频散曲线图

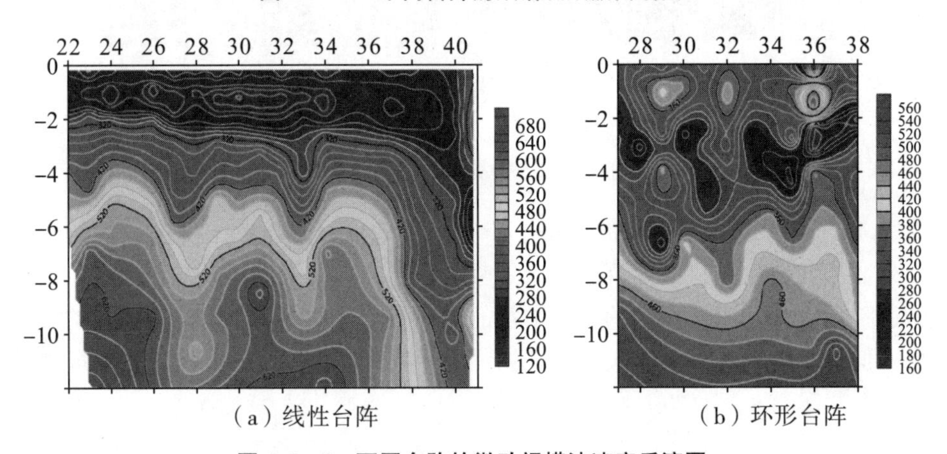

(a) 线性台阵　　(b) 环形台阵

图 4.2−4　不同台阵的微动视横波速度反演图

在实际开展微动勘探工作时，可以增加人工震源，以加强高频信号。这时，微动勘探法演变为混合源面波法。

4.2.3　混合源面波法

混合源面波法主要通过震源与检波器处理措施，现场道、炮监控处理方法来提高信噪比。

4.2.3.1　震源与检波器处理措施

混合源面波法震源采用锤击法。但锤击法用于硬化路面时，铁锤与铁板接触常会产生铁板反弹，造成震源二次触发（见图 4.2−5）。

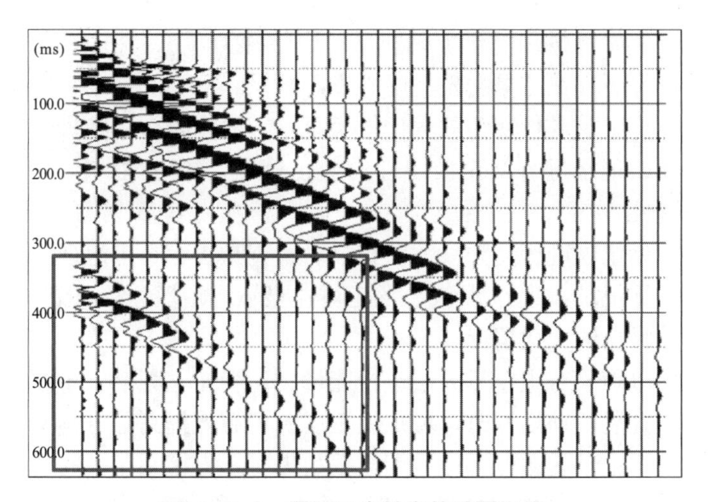

图 4.2−5 震源二次触发的地震记录

针对这种干扰，应采用在铁板下垫厚胶垫以及尽可能在路边绿化带上进行震源触发等措施，保证采集到的数据质量。

检波器是多道瞬态面波勘探中的重要组成部分。在实际工作中，检波器与地表应牢固耦合。图 4.2−6 中方框内部分为检波器未与地下介质完全耦合所采集到的地震记录，导致这一道信号杂乱的原因是该检波器位于松散的土层中，与地下土层未完全耦合；此外，中心城区 S6 号试验段剖面主要位于全硬化路面，尖锥型检波器已不适用。

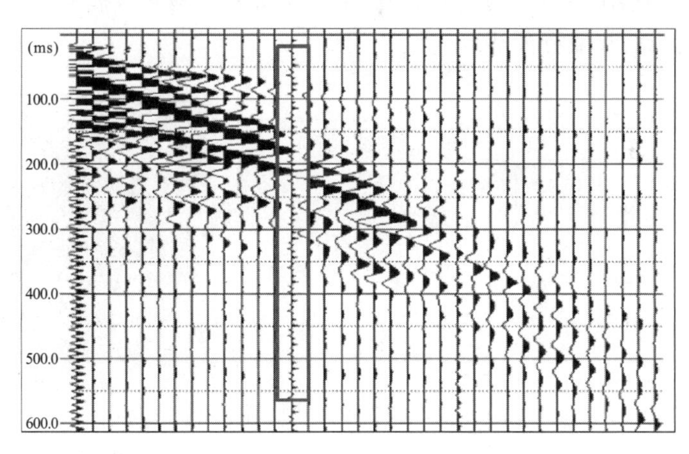

图 4.2−6 检波器与地表未完全耦合的地震记录

针对检波器的耦合问题，主要采用配重、深埋的方法来解决；在硬化路面上，应使用尾椎改装后的检波器，以配重、加装检波器垫片+石膏粘贴等方式来增强检波器与地表的耦合程度，保证数据质量。

4.2.3.2 现场道、炮监控处理方法

现场道、炮监控处理方法可以保证瑞雷面波波组的获取。

(1) 充分利用仪器采集监控处理系统对所有原始资料进行质量监控。当天资料当天处理，以便有关采集质量信息得到及时反馈，指导野外生产。

(2) 检查当天原始资料是否同步触发，每炮的时钟 TB、验证时钟 TB 集中进行放大比例尺显示，确保不存在“早触发、晚触发”记录。

(3) 选取原始炮记录进行初至放大比例尺显示，检查是否存在极性反转道。

(4) 对全部原始记录进行初至波线性动校正处理，检查炮、检点位置的准确性和炮、检关系的正确性。

(5) 对全部原始记录进行高频段滤波扫描，检查是否存在串感现象。

(6) 抽取原始炮记录，进行 AGC、固定增益显示，定性分析所记录能量的一致性、资料的连续性和信噪比的变化情况。

(7) 抽取原始单炮，对主要目的层进行能量、信噪比、频谱、子波的定量分析。

如前所述，当开展微动勘探时，增加人工震源可有效提高信号频率，增加浅层分辨率；激震时，可不用记录震源位置；后期数据处理时，直接利用空间自相关算法提取频散。这种施工手段可以避免数据处理阶段不同源低频段和高频段的频散曲线的拼接问题，适用于小道距的浅部勘探。深部勘探时，由于检波距大，人工震源能量较弱，达不到增强高频信号的作用。

图 4.2−7 是在同一测点分别检测到的不同震源混合源面波频谱及频散曲线。图 4.2−7 (a)为没有增加人工震源，信号主频集中在 20 Hz 左右，频散曲线在频率大于 30 Hz 后已无能量团显示；增加人工震源后，高频信号得到有效加强，除自身 20 Hz 左右的主频外，在频率 40～50 Hz 的范围信号增强，相应的高频部分的频散曲线能量团收敛。由图 4.2−7 (b) (c) 可以看出，加了尼龙头的大锤和金属激震均能有效增加高频信号，频散曲线的收敛特征基本一致。

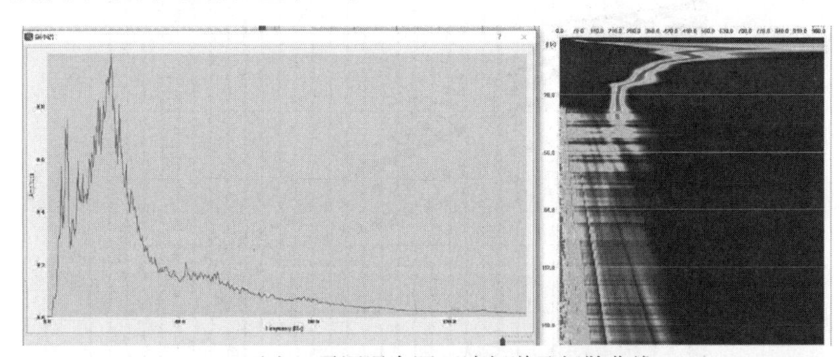

(a) 无人工震源混合源面波频谱及频散曲线

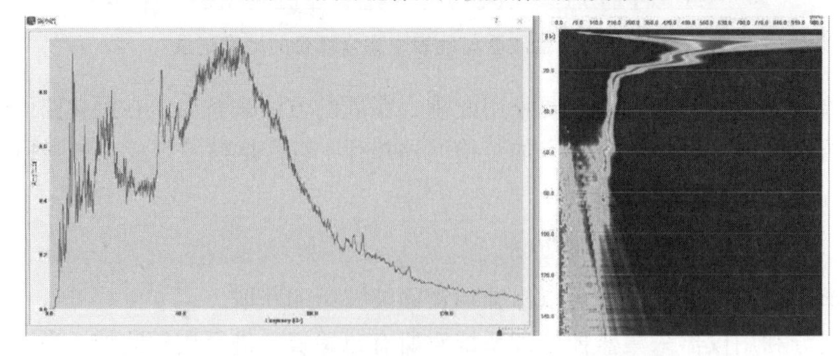

(b) 尼龙头震源混合源面波频谱及频散曲线

图 4.2−7　不同震源混合源面波频谱及频散曲线图

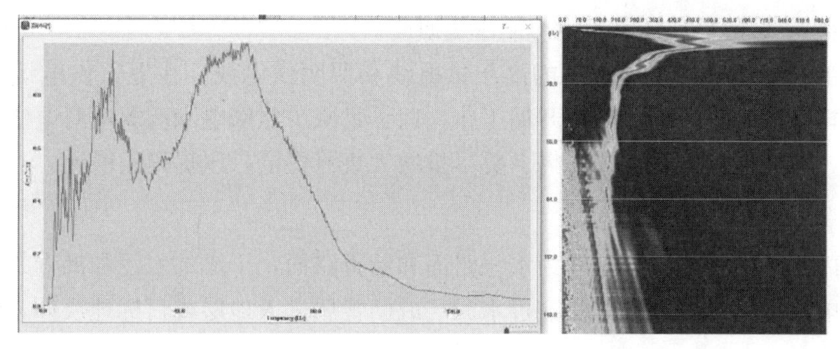

（c）金属震源混合源面波频谱及频散曲线

图 4.2－7（续）

图 4.2－8 是同一测点两次检测到的不同震源混合源面波频散曲线。由图 4.2－8 可知，无人工震源时，频率集中在 10～20 Hz 范围；添加人工震源后，频率大于 40 Hz 的信号有所增加。利用空间自相关算法分析频散曲线，两个测点的所有参数设置一致，最大频率扫描至 180 Hz。由图 4.2－8（b）可以看出，增加人工震源后，高频部分的频散曲线形态比较完整，提取高频段频散曲线进行反演，得到的反演模型可以达到近地表 1～2 m埋深处，0～1 m 深度范围仍然是混合源面波法的盲区。

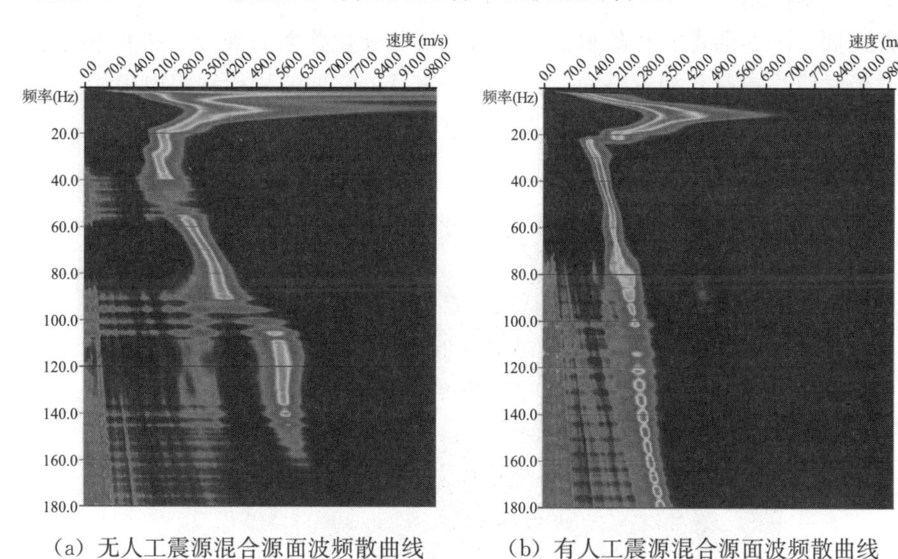

（a）无人工震源混合源面波频散曲线　　（b）有人工震源混合源面波频散曲线

图 4.2－8　不同震源混合源面波频散曲线对比图

4.2.4　高密度电法

高密度电法主要通过选择干扰小的观测时段、改善接地条件、合理布设观测系统避开干扰源来提高信噪比。

4.2.4.1　选择干扰小的观测时段

照明电和高压电为 50 Hz 的交流电，其地下供电线的周围会产生较强的交变电场和磁场，如果这些电场产生的电势差在测量过程中被 MN 电极接收，势必影响一次场电位U_1的观测，导致最后计算出的电阻率失真。

实际工作中应尽力避开地下的高压供电线和照明供电线。在地下供电线密集的地段，可选择在凌晨等用电低峰期开展工作，以尽量减少照明电和高压电对电法测量的影响。同时，在保证仪器安全的前提下要尽量增大直流供电，以提高信噪比。

4.2.4.2 改善接地条件

城区内常见的硬化路面基本为水泥路面和沥青路面，干燥的水泥和沥青是良好的绝缘体。做电法测量时，电流无法穿过水泥层或沥青层进入地层或目标地质体，影响探测效果。

布设电极时，应尽可能避开硬化路面；有原始地貌的地方，应尽量布设于原始地貌之上；花坛土壤下方充填物的性质不明，部分会铺设地下管线，无法确定电流是否能有效地穿透浅部地层，因此电极尽量不要布设于花坛之中。由前所述布设于花坛和硬化路面的电极，所采集的数据有一定的相似性，因此在没有绿化带的情况下可将电极布设在水泥路面上，使用黏土拌和饱和食盐水制成的锥形土块作为电极与水泥路面间的耦合介质（见图4.2−9）。布设电极时，应在每个电极上浇灌大量的饱和食盐水，饱和食盐水会通过水泥的孔隙渗入地下，这样电流就可以通过水泥内的食盐水浸润带进入地下，从而达到减小接地电阻的目的。但在后期数据处理时要注意有效探测深度可能有所减小。对于沥青路面，因为沥青的孔隙很少，针对花坛和硬化路面的处理方法并不适用。因此在布设电极时应注意避开沥青路面；实在无法避开的，要使用引线将电极接至绿化带或水泥路面上，或在必要时进行钻孔作业，将电极插入孔内，让电极直接与沥青层下的土壤或地层接触。

图4.2−9 电极在水泥路面上的接地情况

实际工作中，由于S6试验剖面的715～1135段和1225～1520段绿化带较少，其电极大部分布设在硬化路面上，通过湿泥团接地。为验证电极接地情况对测量结果的影响，我们对270～690段进行了两次对比测量。第一次测量时，大部分电极布设于绿化带内；第二次测量时，全部电极布设于硬化路面上，通过湿泥团接地，结果如图4.2−10。

可知浅部的电阻率反演异常形态大体相似，证明接地情况对浅部的测量结果的影响不大。但是在中深部，第二次测量中部的高电阻率异常，在纵向上有不正常的拉伸，因此在硬化路面上布设电极对地下高阻体下界面的探测有较大影响。综合比较270～690段两次测量结果，电极布设于绿化带内接地条件较好，接收电极（MN）接收到的一次场较强，由此可以推断，将电极布设于绿化带内测量结果更为可靠、可信；而电极布设于硬化路面上的测量结果显示浅部成果真实，对于向下延伸的中深部中高阻异常应做甄别性使用。

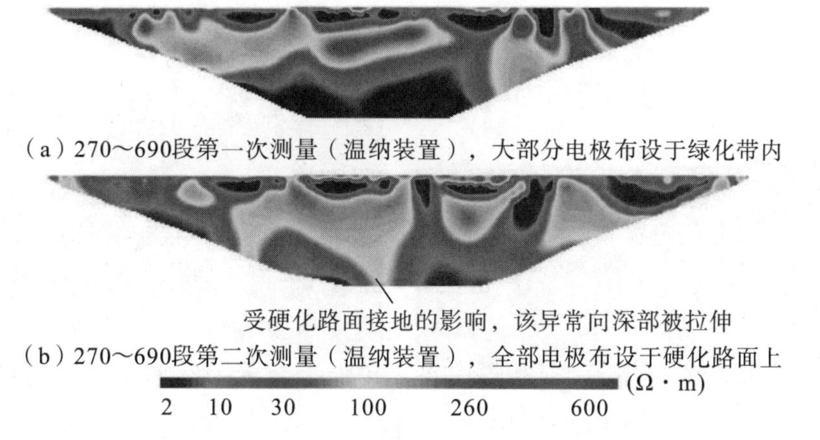

图4.2－10　S6试验剖面270～690段绿化带内和硬化路面上高密度电法反演成果对比

4.2.4.3　合理布设观测系统避开干扰源

地下的金属制成的管线和供排水管内的水等均为良导体，当地下存在金属管线或充满水的供排水管时，电流大部分被金属管线和水吸引、吸收，进入地层的很少，从而影响探测效果。工作前，应收集工作地段的地下管线资料，尽量避开金属管线和供排水管等。

实际工作中，S4试验剖面第一次测量位置为路中的绿化带内（见图4.2－11），沿绿化带铺设有雨水、污水排水管道，这些沿绿化带延伸的空洞对电法测量的影响很大。同时，绿化带的填土与地下的原始土壤之间有较厚的水泥隔板，水泥隔板内的钢筋网对电流有屏蔽作用，使仪器发出的电流无法穿过隔板进入更深的地下。这样，电流只局限于绿化带内的填土内，对地下的地质体没有探测效果，导致地下大片的极低阻假异常。而第二次测量位置处于荒地（见图4.2－12），地表虽有人工填土，但是人工填土已经被压实，且较为湿润，并直接与原生土壤接触，电流可直接扩散进入地下，对地下的地质体的电法探测效果较好。

图 4.2−11　S4 试验剖面第一次测量时绿化带内的雨水、污水排水管道

图 4.2−12　S4 试验剖面第二次测量时所在荒地

S4 试验剖面高密度电法第一次测量反演成果如图 4.2−13 所示，该剖面浅表为一高阻层，且呈团块状分布，电阻率可达 400 Ω·m 以上；深部为一极低阻层，电阻率在 10 Ω·m 以下。结合该地区的地质资料，该剖面位于郫都区深覆盖区域，第四系地层较齐全。根据以往电测深工作取得的成果和经验，在成都平原深覆盖区，$AB/2$ 达到 1000～1500 m 时，电测深曲线形态一般表现为 K 型。电阻率极大值一般位于 $AB/2$ 为 100～300 m 时，高阻一般表征 Q_4 地层和 Q_3 地层中的砂砾卵石层，且这两层厚度可达数十米；深部的 Q_1 地层、Q_2 地层泥质含量增多，电阻率幅值有所下降。由在花坛中开展的高密度电法工作得到的成果可知，高阻异常体出现在地表，呈薄层状，下方为数十米厚的低阻异常条带体，深部为未封闭的高阻异常体，不符合预期的地质情况。分析原因，可能是花坛中充填物性质不明，浅部高阻层使接地电阻过大，供电电流过小；当供电极距增大时，电场难以穿透低阻层，未达到有效勘探深度，从而在垂向方向上放大了低阻异常，使低阻异常变形走样。

S4 试验剖面高密度电法第二次测量反演成果如图 4.2−14 所示，电阻率异常形态从浅到深为低-高-低三层，结合该区地质资料，认为该异常形态更符合该区的地质特征，其测量结果更为可靠、可信。

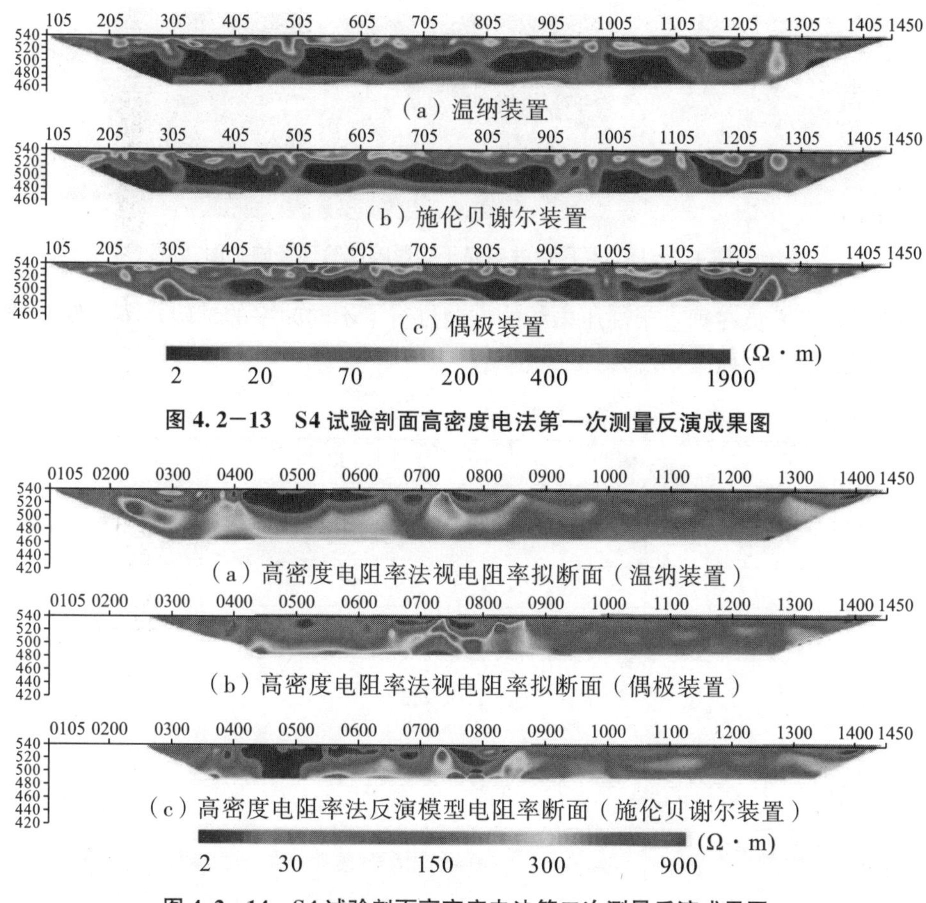

图 4.2－13　S4 试验剖面高密度电法第一次测量反演成果图

图 4.2－14　S4 试验剖面高密度电法第二次测量反演成果图

综上所述，为取得良好的电法测量效果，电法剖面应尽量布设于原生地貌中。即使是接地良好的绿化带，也不能排除其内管线、下水道、隔板等因素对结果的影响。因此要仔细甄别绿化带内的电法测量结果是否可靠、可信。

4.2.5　等值反磁通瞬变电磁法

等值反磁通瞬变电磁法主要根据时道曲线特征合理避开干扰源、重复观测以选取正确的观测数据来提高信噪比。

4.2.5.1　根据时道曲线特征合理避开干扰源

在等值反磁通工作中，应尽量避开高压电井，因为高压电线产生的一次电场会与等值反磁通瞬变电磁法产生的二次电场叠加在一起，降低信噪比，影响采集到的数据质量。研究组技术人员在主城区二环路附近的双庆路选择了一口高压电井开展电磁干扰影响试验，如图 4.2－15 所示。

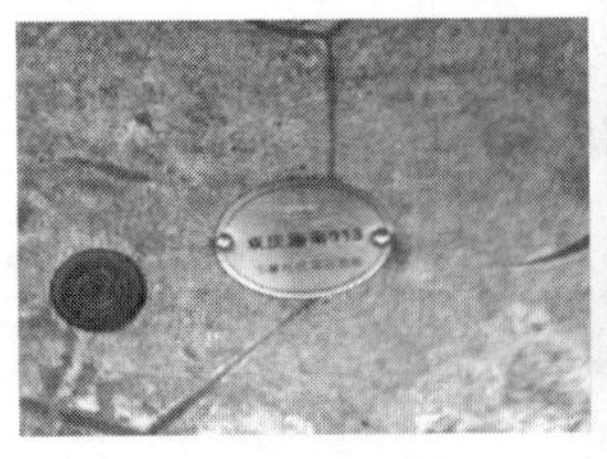

图 4.2−15　高压电井电磁干扰影响试验现场施工图

研究组技术人员在垂直于高压电线的方向进行了不同频率的试验，不同发射频率过高压电井原始数据剖面图如图 4.2−16 所示。

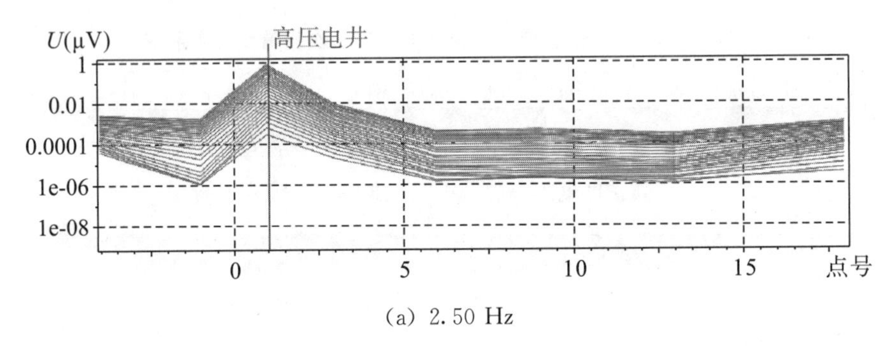

(a) 2.50 Hz

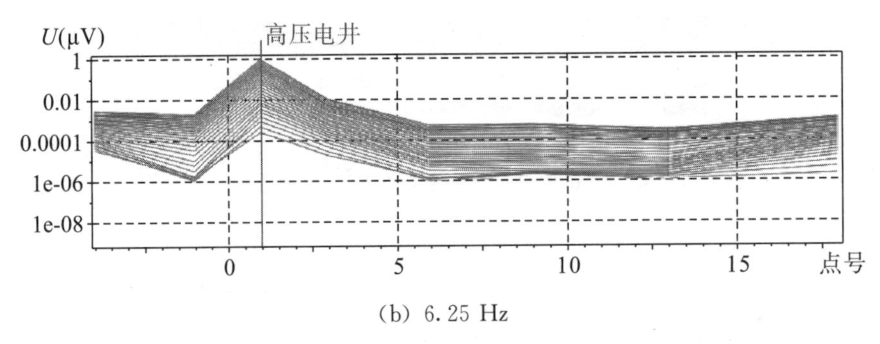

(b) 6.25 Hz

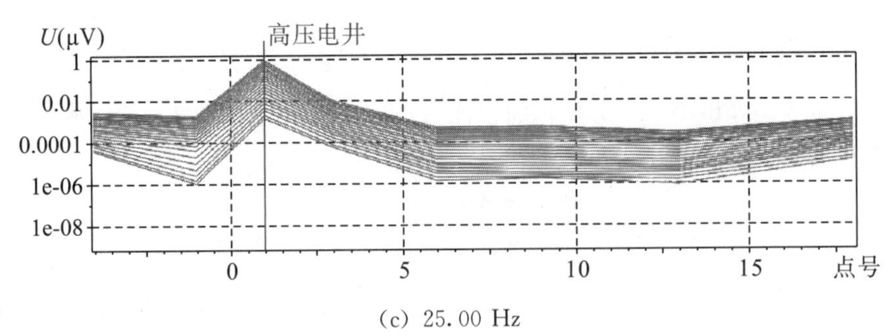

(c) 25.00 Hz

图 4.2−16　不同发射频率过高压电井原始数据剖面图

由图 4.2−16 可知，各种频率面都无法克服高压电井的干扰，尤其在高压电井正上方，多测道曲线出现明显畸变，在垂直于高压电线的方向上，影响距离为 5~7 m。因此在布设测线时，如果无法避开高压电线，要尽量使测线与高压电线垂直或成一定角度，且保持 5 m 以上距离，不可与高压电线平行布设。

4.2.5.2 重复观测以选取正确的观测数据

野外工作质量主要通过原始数据曲线的圆滑、连续程度，以及曲线形态是否清楚、在有效观测时窗内有无畸变测道来判断。如图 4.2－17～图 4.2－19 所示，测点 2190 的 6.25 Hz、25.00 Hz，测点 2240 的 25.00 Hz，测点 2250 的 6.25 Hz、25.00 Hz 的衰减曲线均满足甲级要求，仅测点 2240 的 6.25 Hz 的衰减曲线尾支出现不连续衰减。

在城市复杂干扰区，虽然测点 2190、2240、2250 的衰减曲线连续，质量达到甲级或者乙级要求，但它们的质检均方相对误差较大（见表 4.2－1）。而且正因为这三个测点的质检均方相对误差较大，S6 试验剖面（东侧）各频率相对均方误差不符合设计精度要求。但是通过统计各个测点的质检精度，其余各测点不同频率衰减曲线的质检均方相对误差均满足设计精度要求。因此，建议在城区一个测点至少重复观测两次，当两次观测结果衰减曲线形态大体上一致且原始数据均方相对误差小于 15%时，将测点用于反演计算。

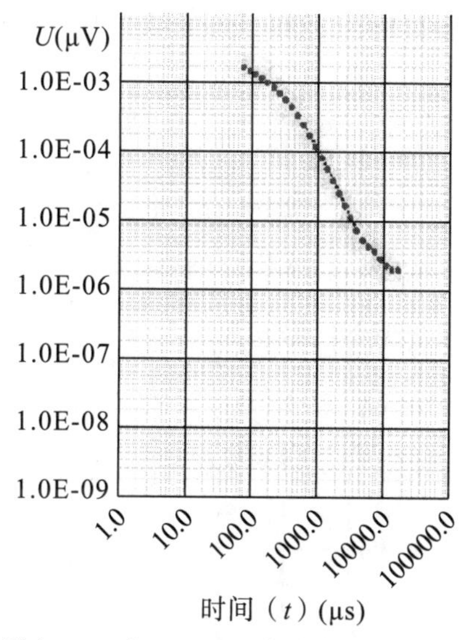

（a）测点2190（6.25 Hz）衰减曲线（原始观测）

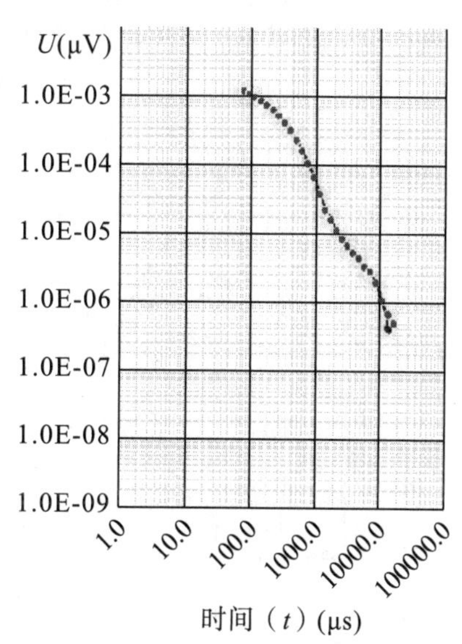

（b）测点2190（6.25 Hz）衰减曲线（质量检查）

图 4.2－17　S6 试验剖面测点 2190 不同频率衰减曲线的质检对比图

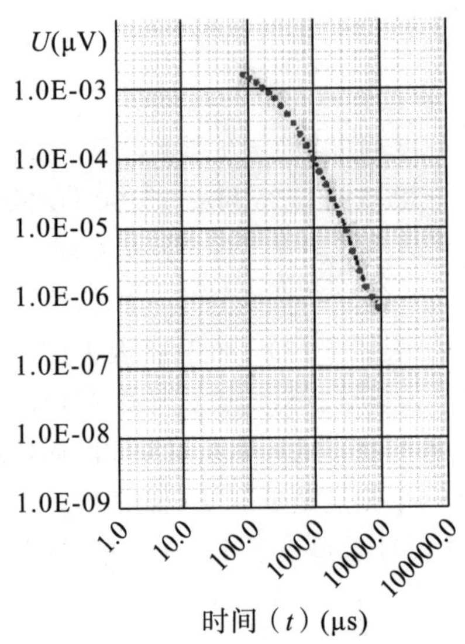

（c）测点2190（25.00 Hz）衰减曲线（原始观测）

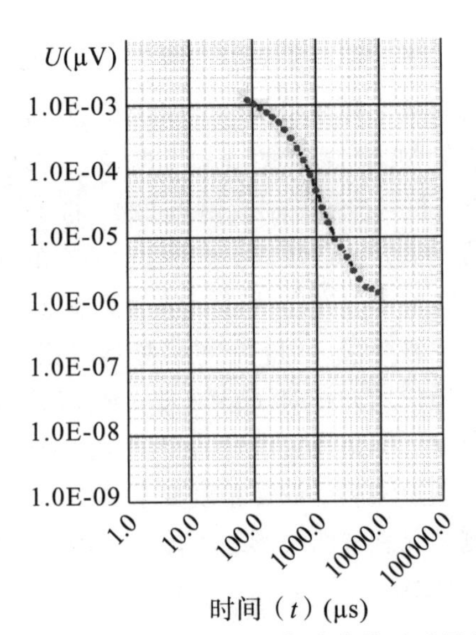

（d）测点2190（25.00 Hz）衰减曲线（质量检查）

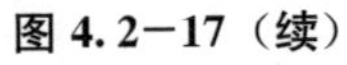
图 4.2－17（续）

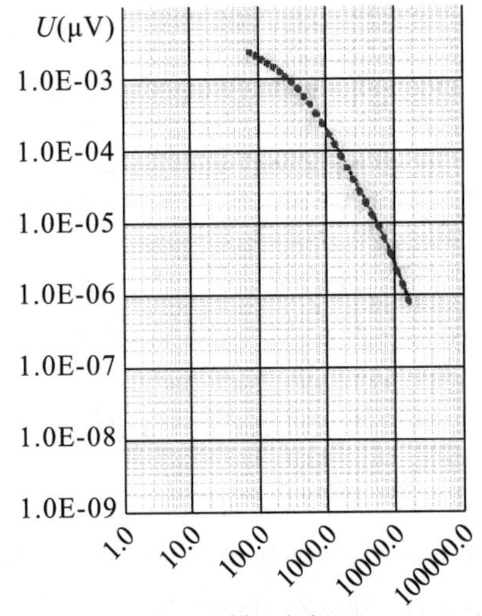

（a）测点2240（6.25 Hz）衰减曲线（原始观测）

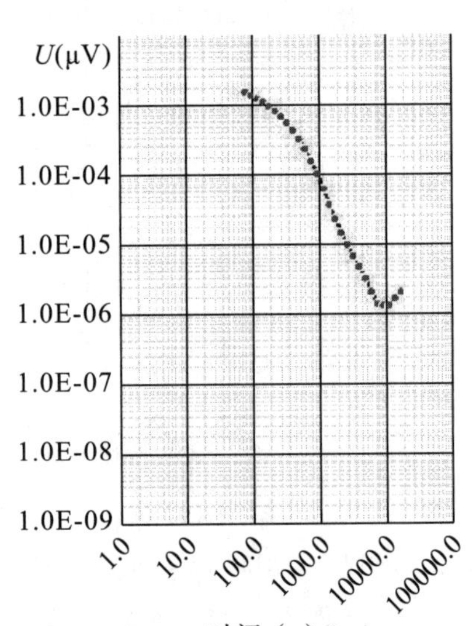

（b）测点2240（6.25 Hz）衰减曲线（质量检查）

图 4.2－18　S6 试验剖面测点 2240 不同频率衰减曲线的质检对比图

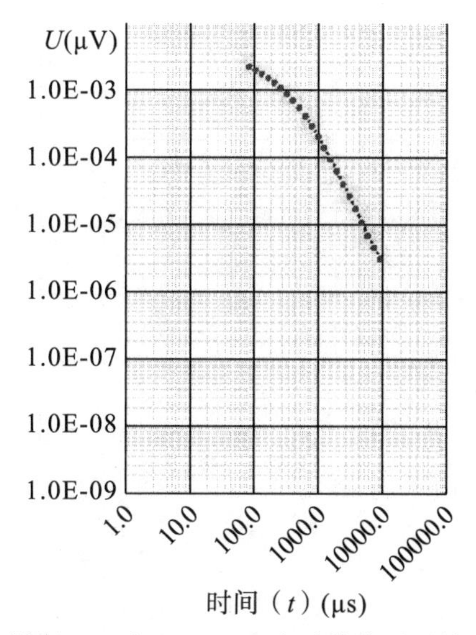

（c）测点2240（25.00 Hz）衰减曲线（原始观测）

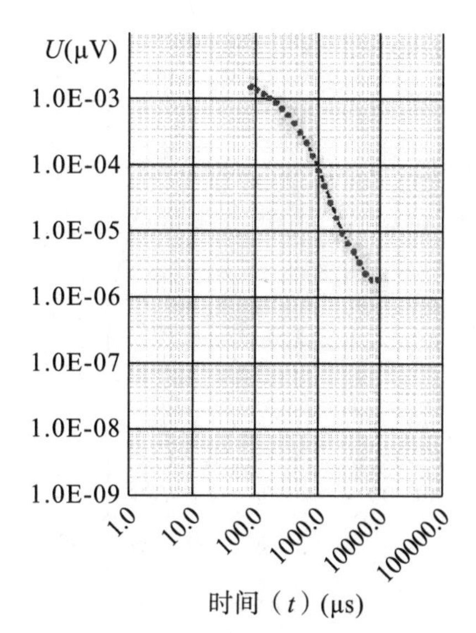

（d）测点2240（25.00 Hz）衰减曲线（质量检查）

图 4. 2－18（续）

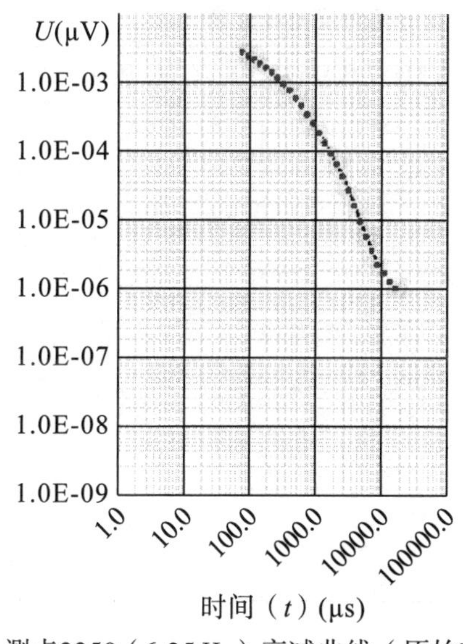

（a）测点2250（6.25 Hz）衰减曲线（原始观测）

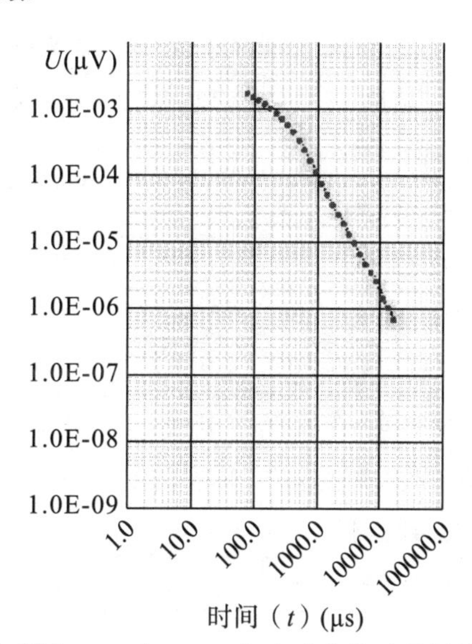

（b）测点2250（6.25 Hz）衰减曲线（质量检查）

图 4. 2－19　S6 试验剖面测点 2250 不同频率衰减曲线的质检对比图

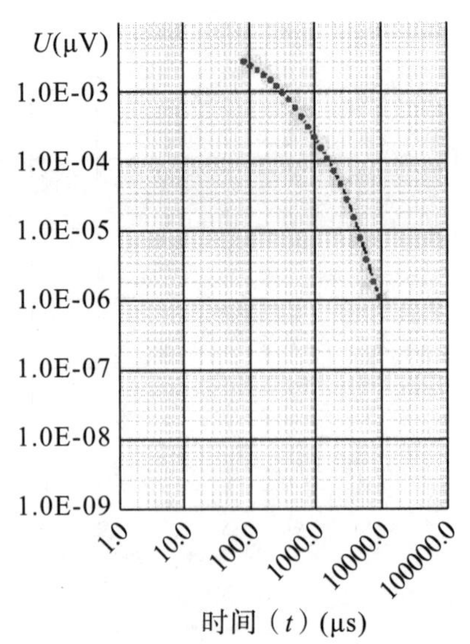

（c）测点2250（25.00 Hz）衰减曲线（原始观测）

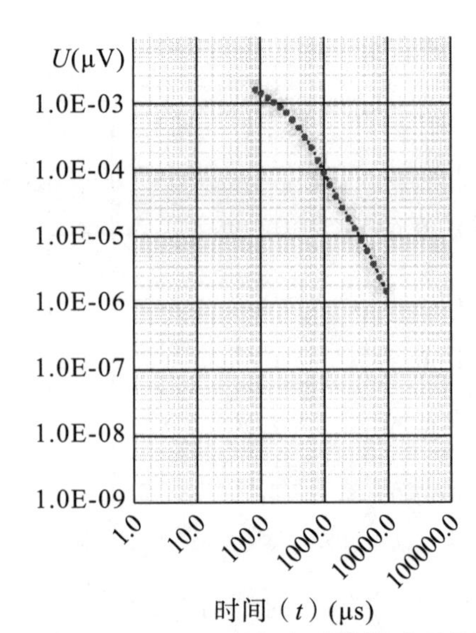

（d）测点2250（25.00 Hz）衰减曲线（质量检查）

图 4.2－19（续）

表 4.2－1　补测剖面质检点不同频率均方相对误差统计表

项目	设计精度	2.50 Hz 质检精度	6.25 Hz 质检精度	25.00 Hz 质检精度	备注
S6 试验剖面测点 2180	≤15%	7.94%	5.93%	4.29%	
S6 试验剖面测点 2190	≤15%	33.13%	31.02%	30.53%	
S6 试验剖面测点 2200	≤15%	2.25%	1.04%	0.57%	
S6 试验剖面测点 2210	≤15%	2.22%	1.36%	1.33%	
S6 试验剖面测点 2220	≤15%	3.43%	3.70%	2.88%	
S6 试验剖面测点 2230	≤15%	12.26%	11.11%	11.59%	
S6 试验剖面测点 2240	≤15%	48.12%	42.04%	40.82%	
S6 试验剖面测点 2250	≤15%	46.84%	42.96%	42.68%	
S6 试验剖面测点 2260	≤15%	4.07%	2.88%	2.31%	

4.2.6　大地电磁测深法

大地电磁测深（EH4）通过降低观测系统噪声、降低环境噪声影响来提高信噪比。

4.2.6.1　降低观测系统噪声

观测系统噪声是由于仪器和观测系统安排不当造成的，可以通过正确使用设备的方法来消除。

（1）严格遵照技术要求布设磁棒与电极。磁棒与电极布设点间应保持 5 m 以上距离，磁棒线与电极线分开放置，并保持一定的间隔。传输线应放平压实，以免产生涡流。

（2）同一方向的两个电极的相对高差控制在极距长度的 10%以内，并保证电极接地良好。

(3) 为增加信号强度并减小静态效应，尽可能使用较大的电极距。

(4) 接地电阻应尽量小于 2 kΩ。

(5) 信息采集的叠加次数应根据现场情况来定，当信号不稳定或有少量“飞点”出现时，应当增加叠加次数，从而保证视电阻率、相位曲线圆滑、无断点。

(6) 当视电阻率、相位曲线极值点在频率轴上出现位移或曲线类型发生变化时，应重复观测。

4.2.6.2 降低环境噪声影响

(1) 观测时尽量远离高压线等环境噪声干扰源。

(2) 必要时掩埋磁棒及电线。

(3) 选择环境噪声相对小的时间段进行测量。如研究区 S6 试验剖面的测量时间选择在夜间（见图 4.2－20），可在一定程度上避开人文噪声的干扰。

图 4.2－20 S6 试验剖面大地电磁测深夜间施工图

距离测点较近的电磁干扰主要产生随机噪声信号。此外，某些环境噪声是测点周边的其他电磁干扰，造成的近场效应明显。

4.2.7 浅层地震反射法

提高浅层地震反射法资料信噪比的措施主要包括两方面：第一，在数据采集阶段，选择最佳激发和接收因素、进行干扰波调查、通过段试验选取合适的道间距和炮距以及覆盖次数。第二，在数据处理阶段，在分析原始资料的基础上进行去噪（包括分频去噪和线性去噪）、振幅恢复、一致性处理、剩余静校正、速度分析、反褶积等操作。

4.2.7.1 数据采集阶段

(1) 激发因素试验。

①震源驱动电平。

保持扫描时间长度为 8 s，扫描频率线性升频为 5～110 Hz，采样间隔为 0.5 ms，记录时间长度为 2000 ms，试验震源出力分别为 50％、60％、70％、75％。由图 4.2－21 可知，震源驱动电平越高，单炮记录波形越完整，直达波越清晰。为确保震源在整个中心城区范围不同地震地质条件下激发的能量强度都满足勘探要求，在保证震源不满负荷运行的前提下，最终确定驱动电平为 75％，以达到最佳地震采集效果。

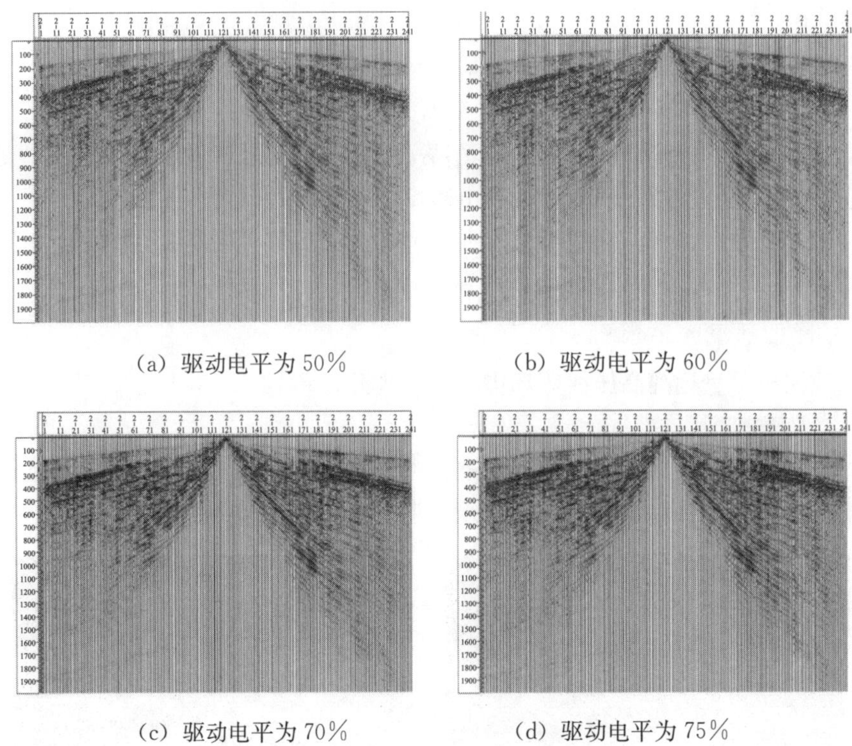

(a) 驱动电平为 50%　　(b) 驱动电平为 60%

(c) 驱动电平为 70%　　(d) 驱动电平为 75%

图 4.2－21　震源不同驱动电平时间剖面图

②扫描频率试验。

保持震源驱动电平为 75%，扫描时间长度为 8 s，采样间隔为 0.5 ms，记录时间长度为 2000 ms，试验扫描频率分别为 5～110 Hz 和 6～180 Hz，分频为 140～160 Hz、160～180 Hz，试验结果如图 4.2－22、图 4.2－23 所示。由图 4.2－23 可知，震源端扫描频率越高，高频成分对浅层信息的刻画更细致，层位划分更精确，因此确定扫描频率为 6～180 Hz。

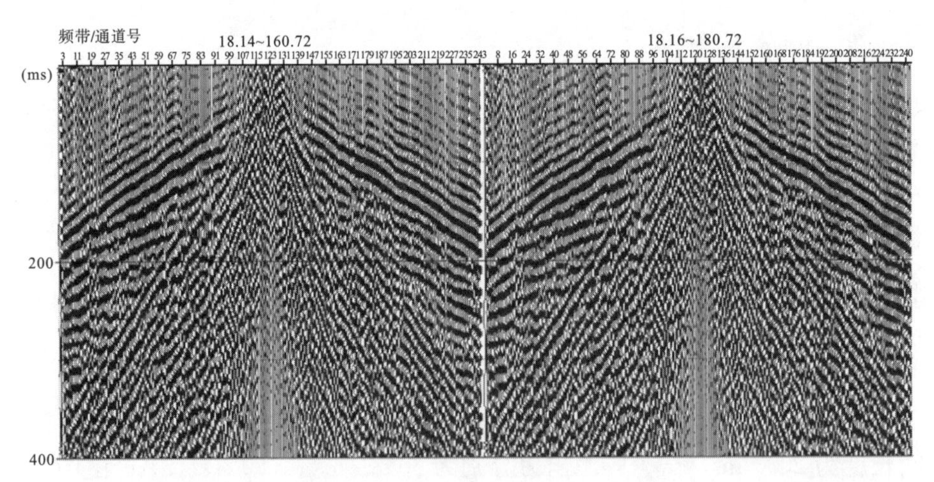

(a) 震源扫描频率为 5～110 Hz，分频为 140～160 Hz、160～180 Hz

图 4.2－22　不同扫描频率、分频结果示意图

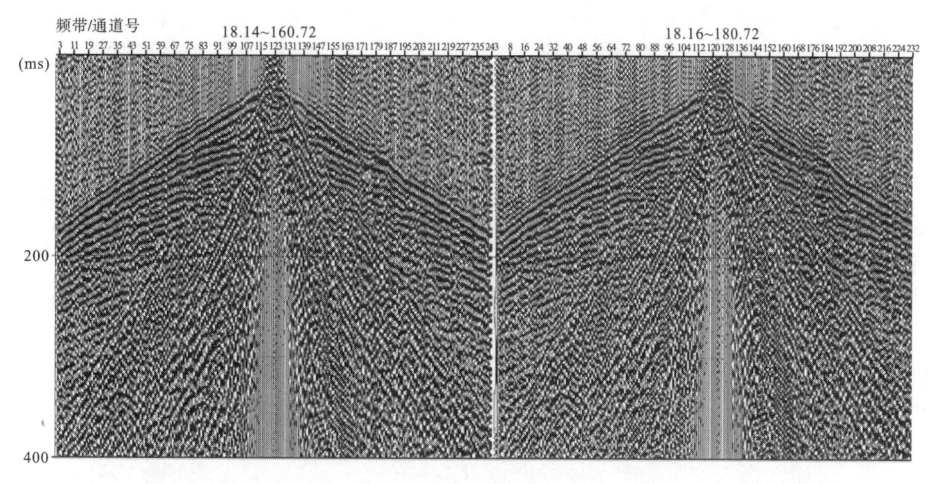

(b) 震源扫描频率为 6～180 Hz，分频为 140～160 Hz、160～180 Hz

图 4.2－22（续）

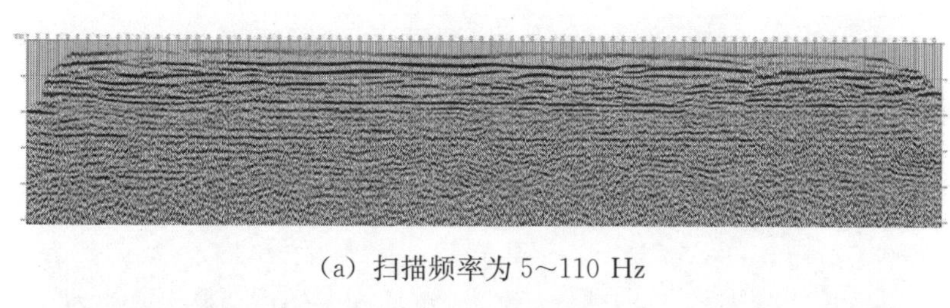

(a) 扫描频率为 5～110 Hz

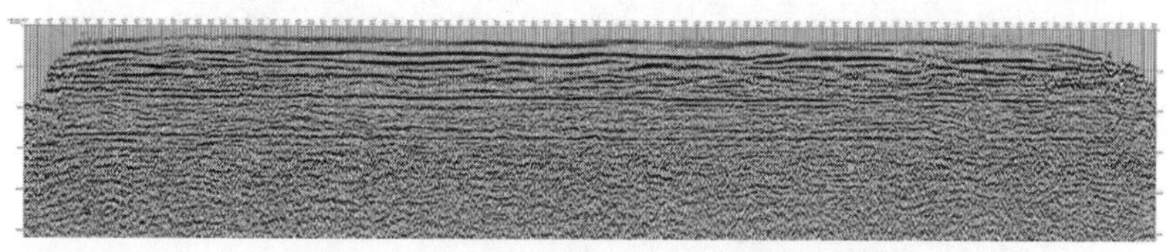

(b) 扫描频率为 6～180 Hz

图 4.2－23　震源端不同扫描频率时间剖面图

③扫描时间长度试验。

保持震源驱动电平为 75%，扫描频率线性升频为 5～110 Hz，采样间隔为 0.5 ms，记录时间长度为 2000 ms，试验扫描时间长度分别为 6 s、8 s、10 s、12 s、14 s、16 s、18 s、20 s，试验结果如图 4.2－24 所示。从采集的信号来看，扫描时间长度为 16 s 时的信噪比和能量均好于扫描时间长度为 8～14 s 时，而扫描时间长度大于 16 s 时单炮记录质量变化不明显。综合野外施工的数据采集质量及施工效率，确定震源激发的扫描时间长度为 16 s。

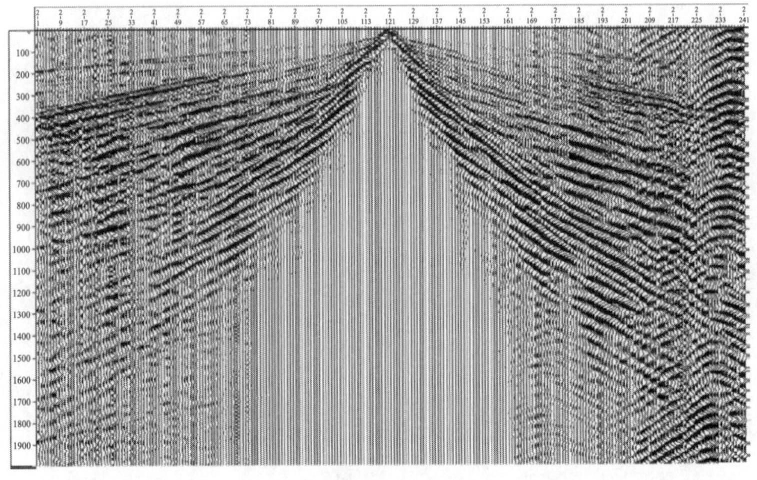

(a) 扫面时间长度为 6 s

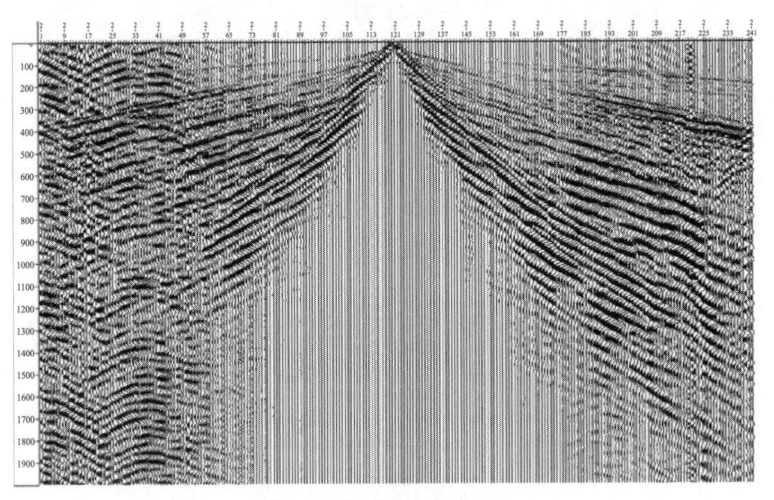

(b) 扫面时间长度为 8 s

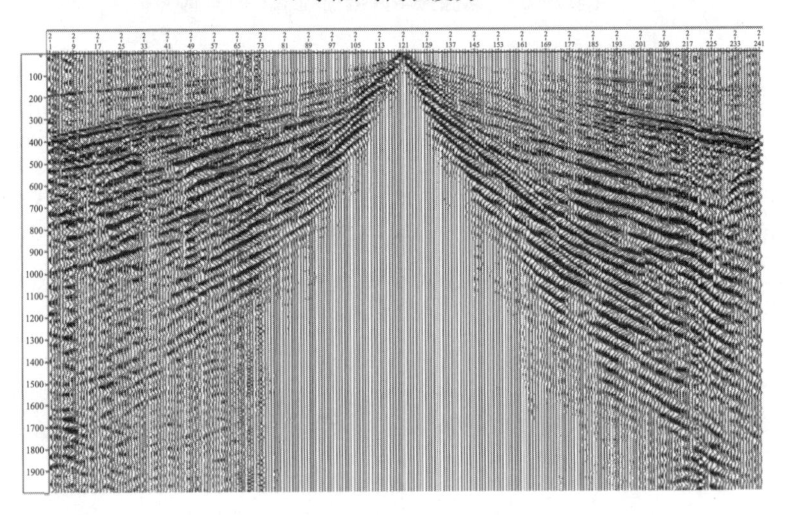

(c) 扫面时间长度为 10 s

图 4.2－24　不同扫描时间长度单炮记录图

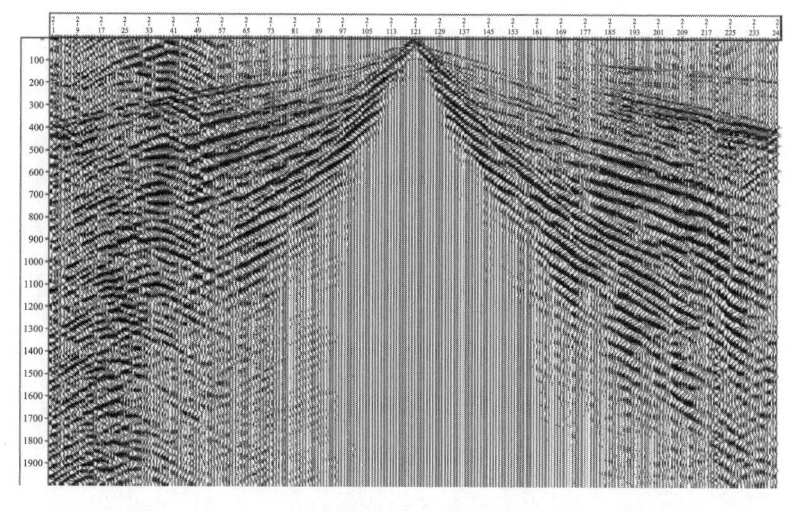

(d) 扫面时间长度为 12 s

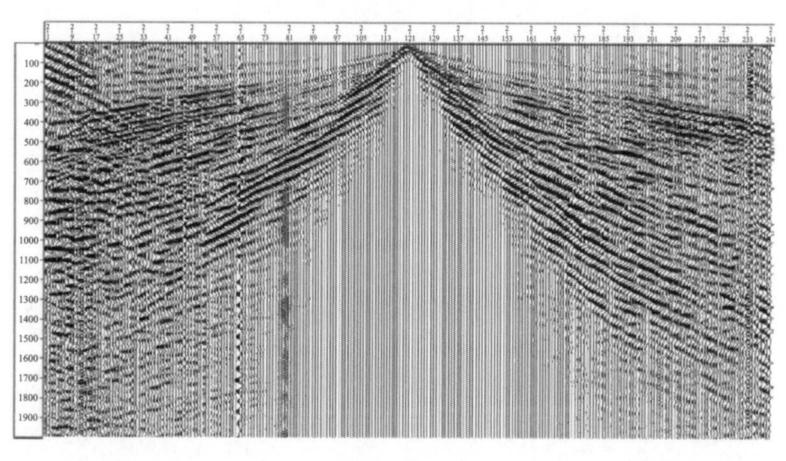

(e) 扫面时间长度为 14 s

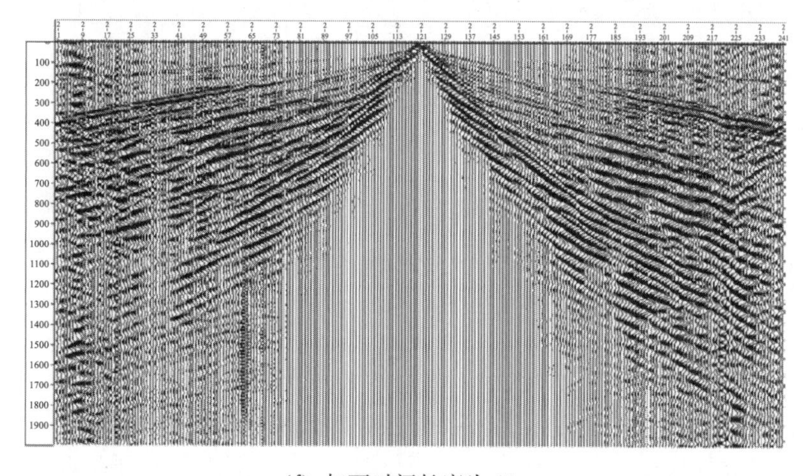

(f) 扫面时间长度为 16 s

图 4.2−24（续）

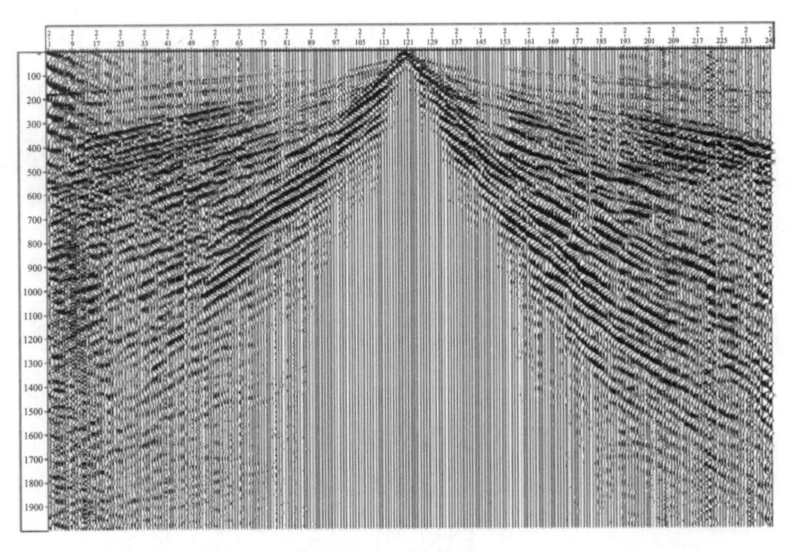

(g) 扫面时间长度为 18 s

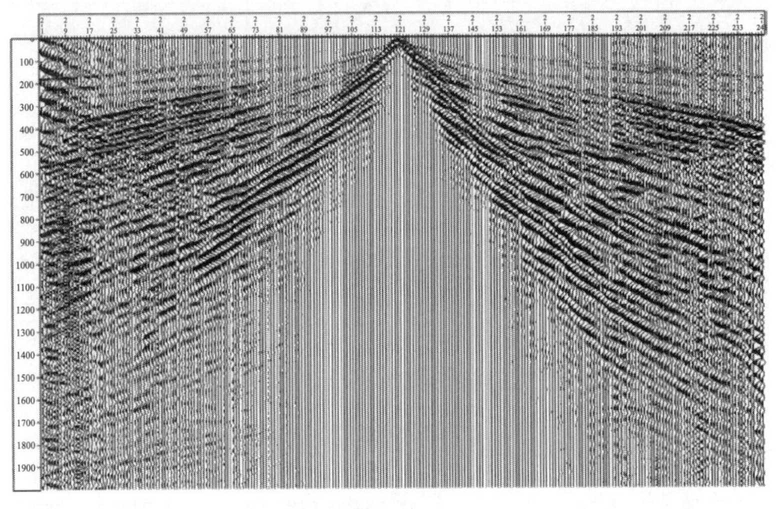

(h) 扫面时间长度为 20 s

图 4.2−24（续）

④震动次数试验。

保持震源驱动电平为 75%，扫描频率线性升频为 6～180 Hz，扫描时间长度为 16 s，采样间隔为 0.5 ms，记录时间长度为 2000 ms，中间激发，试验震源震动分别为 1 次、2 次、4 次、6 次、8 次，试验结果如图 4.2−25 所示。由图 4.2−25 可知，震源震动 1 次，地震记录清晰；震动 2 次，地震记录能量有所增强，但与震动 1 次相比变化不明显；震源震动 4 次、6 次、8 次时，能量均叠加增强，但地震记录变化不明显。经调查分析认为，在干扰条件较小、地震条件良好的区域，改变震源震动次数，地震记录变化不明显。浅层地震反射工作激发次数可根据各条剖面施工时段干扰源的大小和地震地质条件来综合判定，实时动态监测，以获取最优地震数据采集记录。

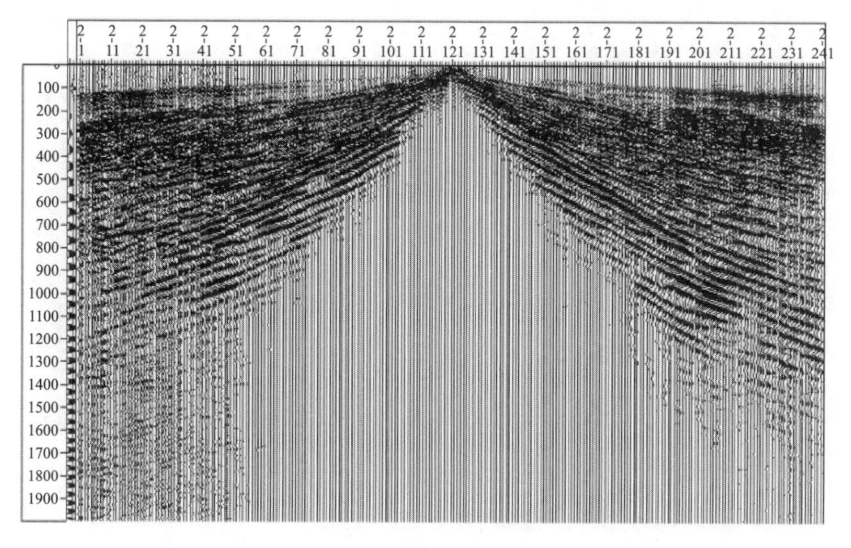

(a) 震动 1 次

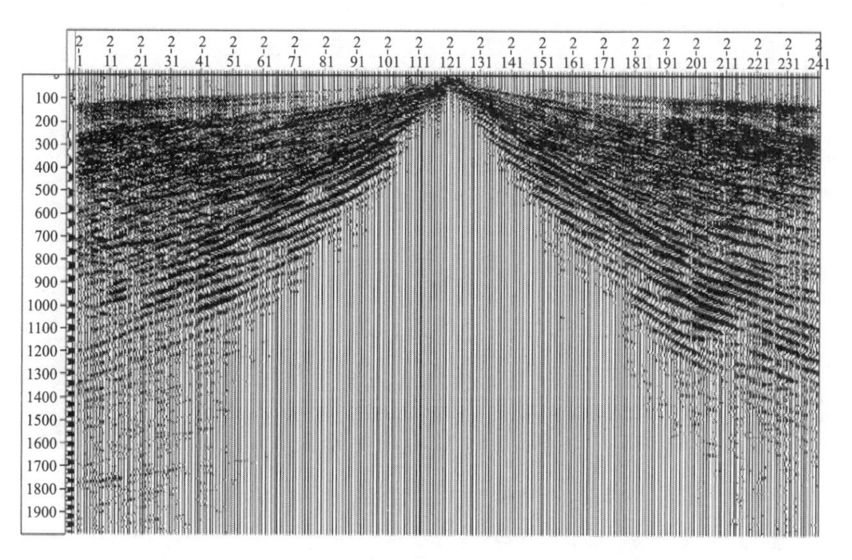

(b) 震动 2 次

图 4.2-25　不同震动次数试验结果图

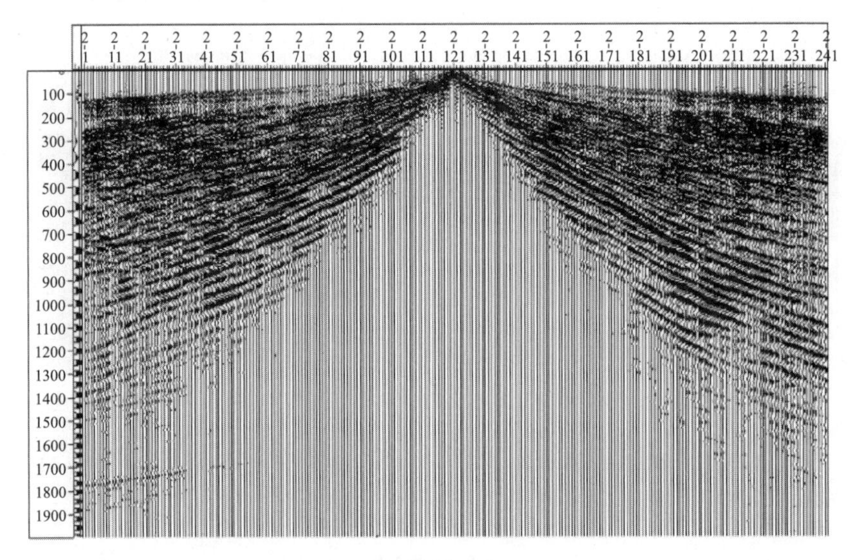

(c) 震动 4 次

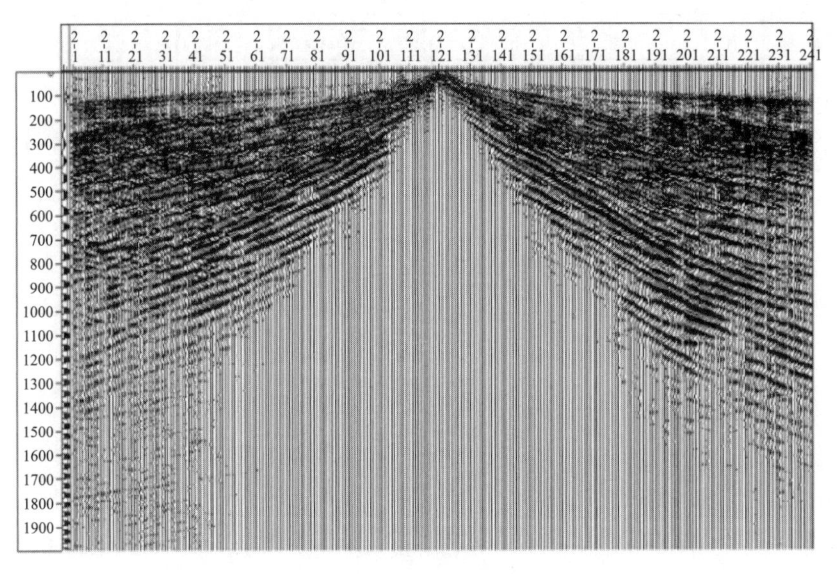

(d) 震动 6 次

图 4.2-25（续）

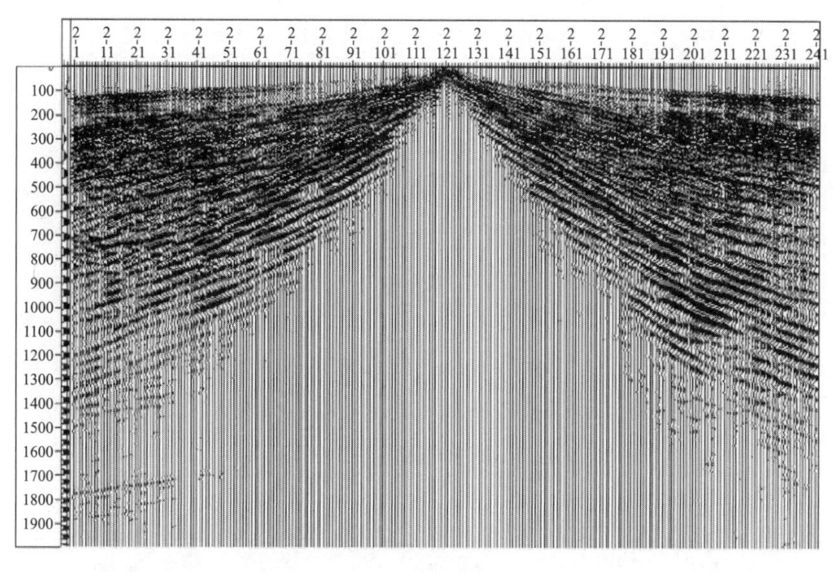

(e) 震动 8 次

图 4.2−25（续）

(2) 接收因素试验。

①检波器频率。

在保持震源激发参数不变、观测系统不变的前提下，分别选用频率为 10 Hz 和 60 Hz 的检波器进行接收，试验结果如图 4.2−26 所示。频率为 60 Hz 的高频检波器的分层效果明显优于频率为 10 Hz 的低频检波器，因此选用频率为 60 Hz 的检波器。

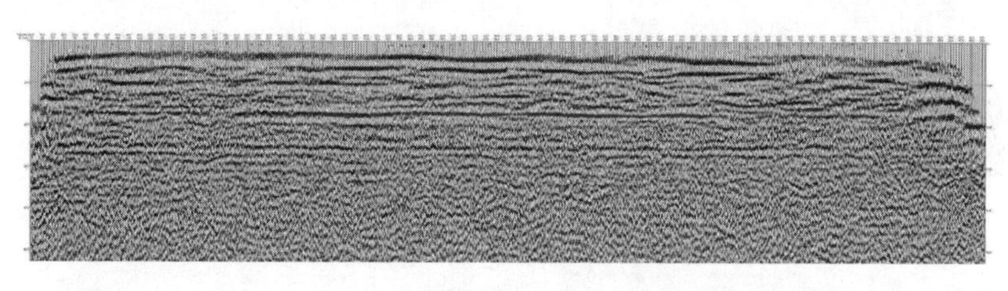

(a) 检波器频率为 10 Hz

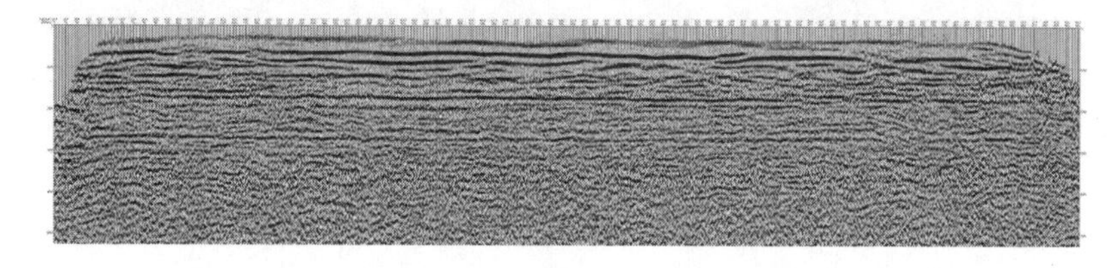

(b) 检波器频率为 60 Hz

图 4.2−26　不同频率检波器时间剖面图

②记录时长。

由图 4.2−27 可知，单炮地震记录时间长度为 1500 ms 时，图上未能完整显示地震波形态，说明记录时间长度不够；记录时间长度为 2500 ms 的单炮记录中 2000 ms 以下没有记录，说明记录时间长度过长。结合本书工作探测深度和对研究区地震波速的初步调查结果，记录时间长度为 2000 ms 的单炮记录满足研究区勘探深度要求。

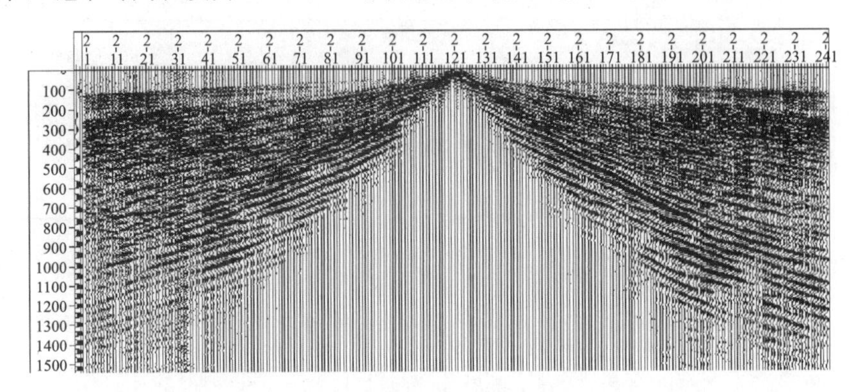

(a) 记录时间长度为 1500 ms

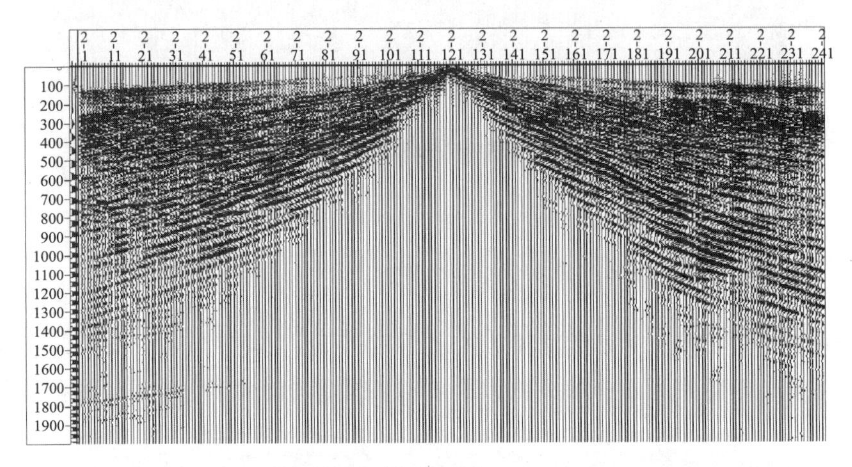

(b) 记录时间长度为 2000 ms

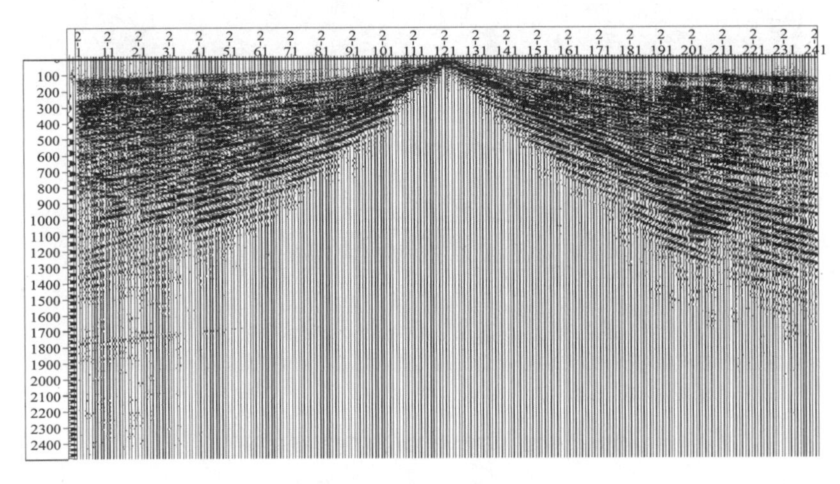

(c) 记录时间长度为 2500 ms

图 4.2-27　不同记录时间长度单炮记录图

(3) 干扰波调查。

分别对道间距为 2 m 和 3 m 的干扰波进行调查，接收道数为 241，排列的两个端点、中间激发各一次，共 3 炮。

可控震源 1 台激发：震动次数为 2 次；扫描频率为 6～180 Hz，升频扫描；扫描时间长度为 16 s；斜坡坡度为 0.3；驱动电平为 75%。

接收因素：频率为 60 Hz 的检波器，三串一并。

仪器因素：法国 428XL 高分辨率数字地震仪。

采样间隔：0.5 ms，记录时间长度为 2000 ms。

接收频带：全频带接收。

前放增益：选择最佳前放增益。

干扰波调查单炮记录如图 4.2－28 所示，在该条剖面上存在 50 Hz 民用电定频干扰、道路车辆干扰等，总体干扰源较少，采集数据质量较好；后期数据处理时易于过滤除去无效干扰波，提取有效反射波用于数据处理解译。

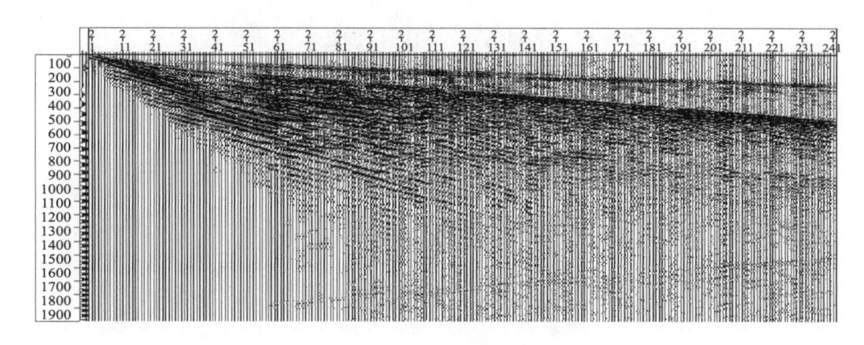

(a) 震源在剖面前端

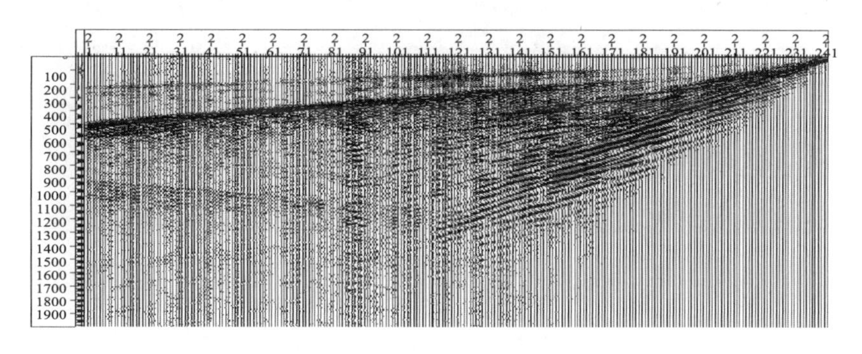

(b) 震源在剖面后端

图 4.2－28　干扰波调查单炮记录图

(4) 试验段分析。

①道间距、炮距试验。

如图 4.2－29～图 4.2－30 所示，在深覆盖区相对较大的道间距对层位的刻画优于小道间距，即道间距为 3 m 优于道间距为 2 m；但在浅覆盖区，道间距为 2 m 优于道间距为 3 m。炮距按 3 倍道间距响应执行。

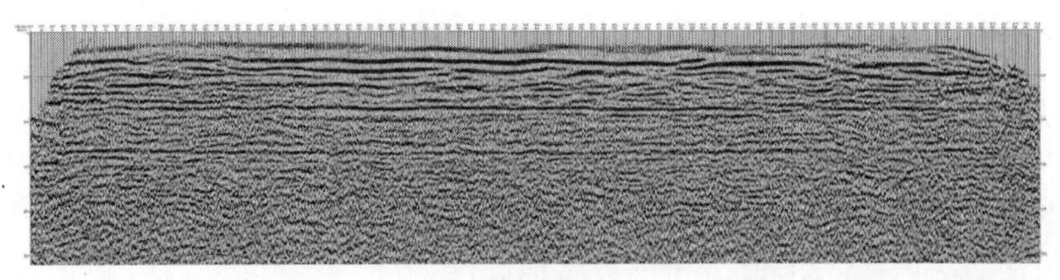

(a) 道间距为 3 m

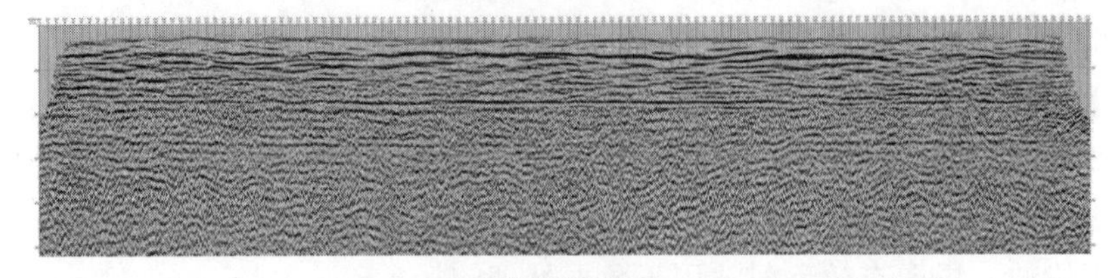

(b) 道间距为 2 m

图 4.2-29　不同道间距时间剖面图（深覆盖区）

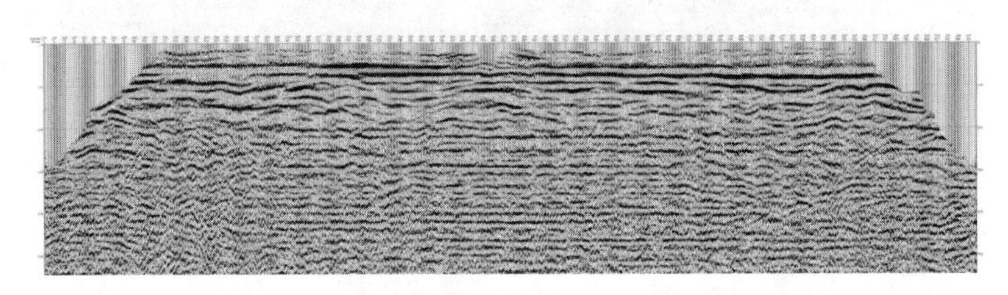

(a) 道间距为 3 m

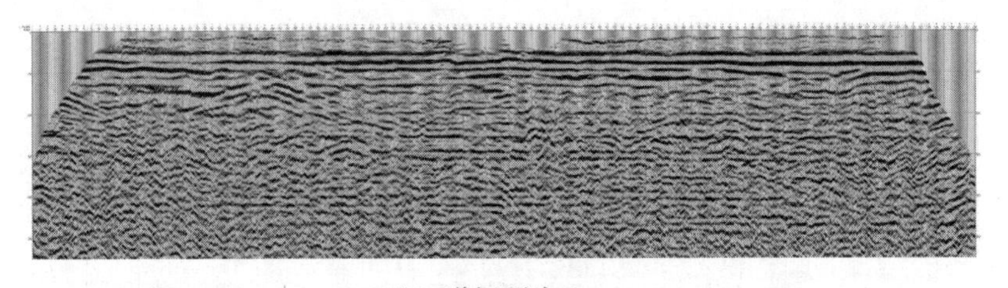

(b) 道间距为 2 m

图 4.2-30　不同道间距时间剖面图（浅覆盖区）

②覆盖次数试验。

如图 4.2-31 所示，30 次覆盖相对 60 次覆盖，层位信息并没有明显的缺失，但覆盖次数越多，同相轴越清晰。所以覆盖次数选 60。

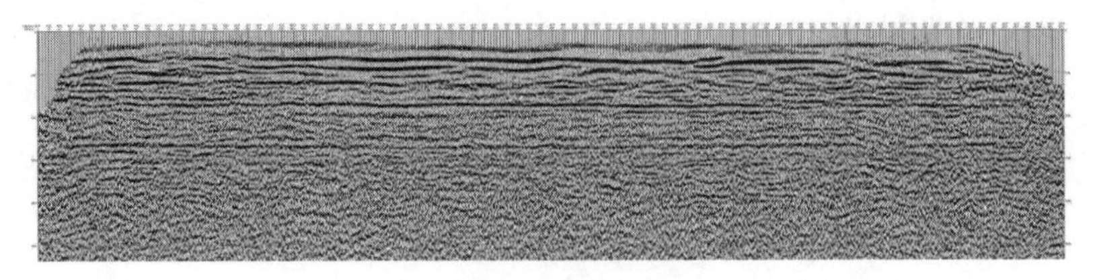

(a) 30 次覆盖

图 4.2-31　不同覆盖次数时间剖面图

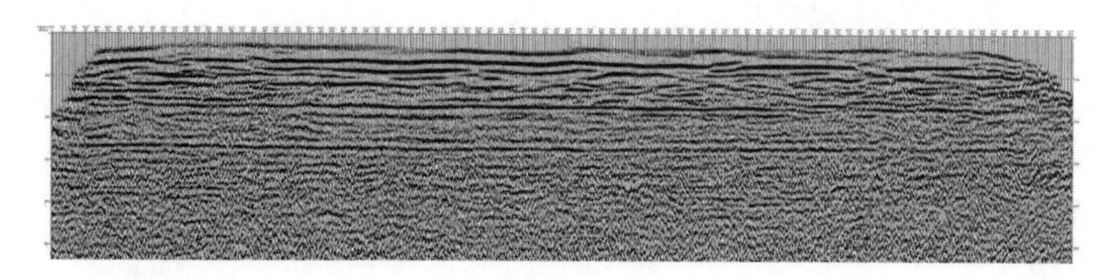

（b）60 次覆盖

图 4.2−31（续）

浅层地震反射法的缺点是对浅表的地层分层信息不明显，在 0～70 ms 范围，几乎没有同相轴显示。采用层析成像法提取浅层信息可以解决这一个问题（见图 4.2−32）。

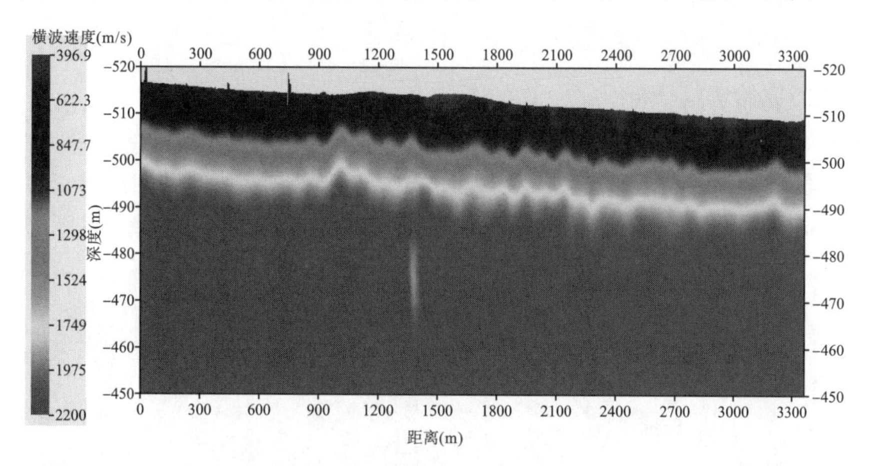

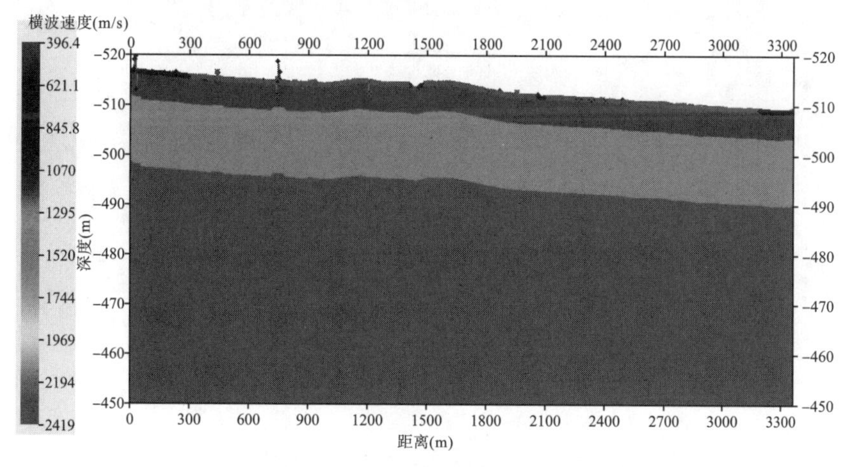

图 4.2−32　层析成像法提取浅层信息

（5）试验结论。

①激发因素。

分析研究区 S4 试验剖面的地震试验结果可知：采用 NOMAD 15 型可控震源激发地震波，可以得到很好的浅层地震资料，频带较宽，地震信息丰富，适用于城市建成区的地震采集工作。但 NOMAD 15 型可控震源在高频部分以上出力较小，受环境噪声影响较大，需在夜间低噪环境下进行施工。

震源激发驱动电平为75%，扫描频率为6～180 Hz，扫描时间长度为16 s，采样间隔为0.5 s，用该套参数进行研究区的浅层地震反射工作，可以获得信噪比高的浅层地震数据记录。震源震动次数需综合剖面地震地质条件优劣、干扰源多少和施工效率等因素综合判断，实时监控，选择最优激发条件。

②接收因素。

在S3、S4两条地质条件不同试验剖面，保持震源激发参数不变，观测到在系统不变的前提下，频率为60 Hz的高频检波器分层效果明显优于频率为10 Hz的低频检波器。地震单炮记录时间长度为2000 ms，全频带接收，以最佳前放增益进行回放，可以获取最佳信噪比地震记录。

4.2.7.2 数据处理阶段

（1）地震原始资料分析。

①噪声分析。

噪声是影响资料品质的重要因素，做好噪声分析和叠前去噪工作对改善资料品质非常重要。本次研究工作的主要干扰有面波、线性干扰、层间多次反射波等（见图4.2－33）。

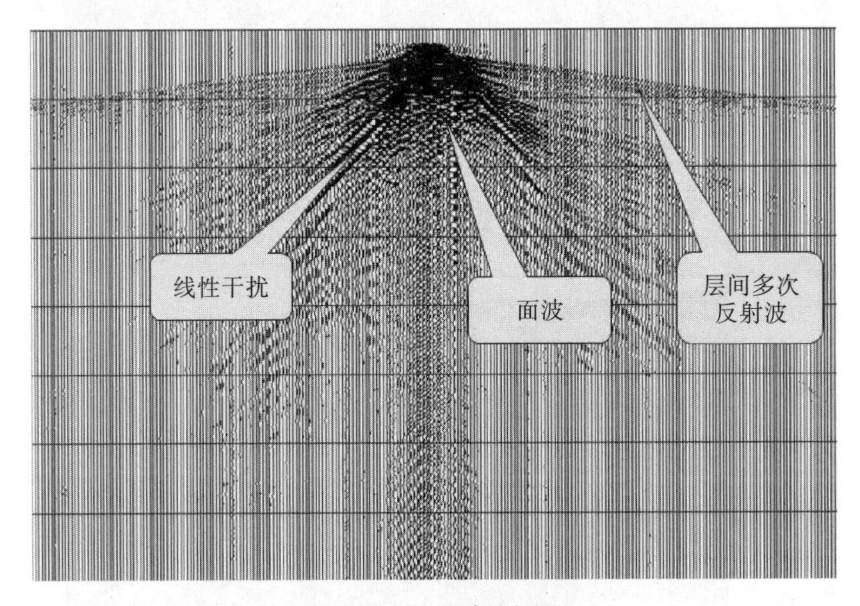

图4.2－33　噪声分析图

面波：研究区面波比较发育，且能量强，频率范围为10～30 Hz，视速度在120～520 m/s之间，分布范围为整个研究区。

线性干扰：研究区线性干扰发育，且能量强，分布范围广，在单炮记录上呈现叠瓦状分布。

层间多次反射波：主要由高频噪声和机械干扰引起。由于本次研究工作集中在成都市中心城区进行，测线道路为沿城区主干道，车辆、行人集中，在外业施工过程中，为避免干扰，主要选择夜间车辆、行人少的时间段进行施工。但在单炮记录中，层间多次反射波也出现在部分记录里，且往往出现在激发能量逐渐减弱的大偏移部位上，压制深层反射波的接收。

②频率分析。

选择单炮记录进行频谱分析，分析浅、中、深目的层和干扰波的频率段。在研究区，地震波的频率特征如下：①面波频率主要集中在 10～30 Hz；②资料目的层有效频带在 15～80 Hz 的范围，噪声干扰在有效频率带全域分布（见图 4.2－34）。

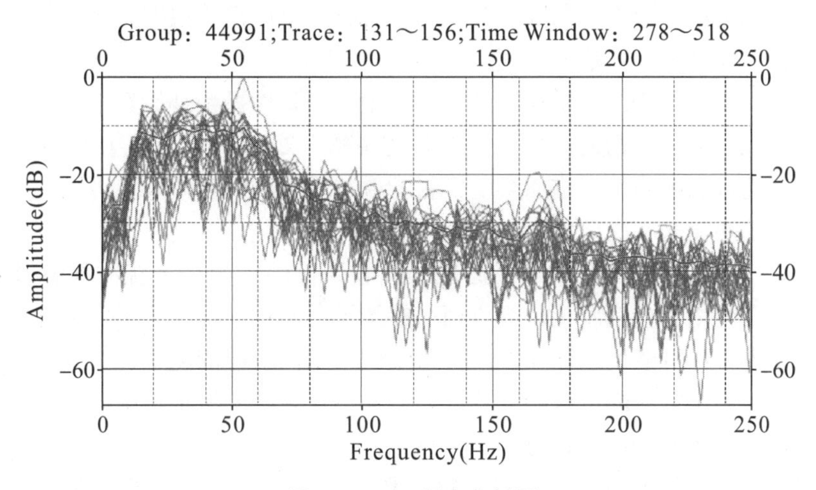

图 4.2－34　频率分析图

③能量分析。

由于地下介质的吸收作用，地震波能量在传播过程中随着传播距离的增大而迅速衰减，传播距离越长，衰减越严重；同时，随着炮检距变大，能量也出现衰减。从原始单炮记录来看，振幅随着传播时间的增加衰减较快；沿不同空间方向也随着时间的增加振幅衰减存在差异（见图 4.2－35）。

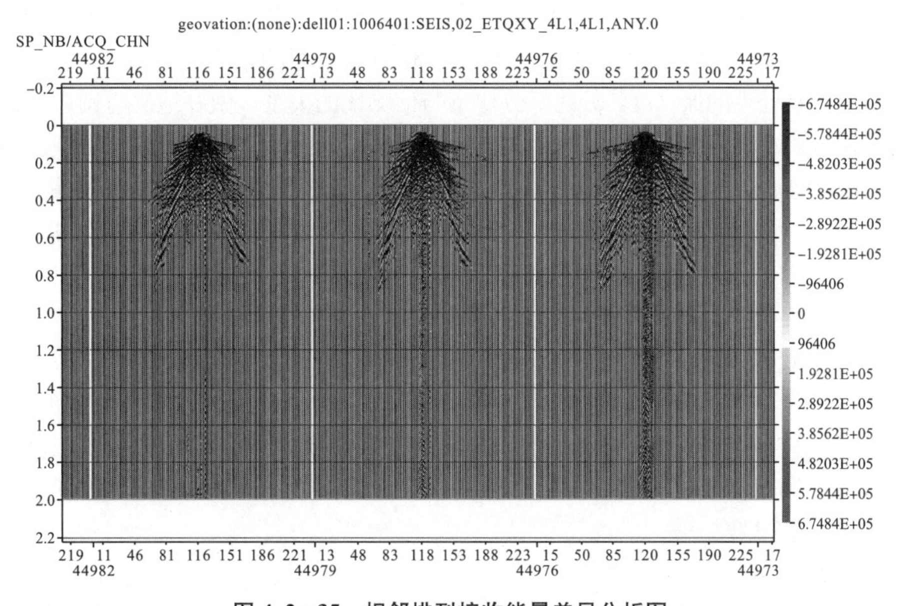

图 4.2－35　相邻排列接收能量差异分析图

（2）处理难点及思路。

研究区的物探工作主要是建立0～300 m的地质构造框架，这对浅部地震数据提出了更高的要求。结合本次研究工作资料综合分析，浅层地震反射法资料主要存在以下几个难点：

①干扰波类型多（面波、线性干扰、声波、高频和机械车辆干扰波等），能量强，频率及子波特征均存在差异。

②由于地表地质体的不均匀性，多次波干扰重，难以消除层间多次反射，还需要最大限度地保护弱反射和有效信号频宽。

③目前，广泛使用叠前多道反演技术，如地表一致性振幅补偿、地表一致性反褶积等，都要求输入数据有较高的质量。如果对这些噪声处理不当，会直接影响方法效果，还会影响速度拾取的准确性，进而影响资料的叠加效果和偏移效果。可见，如何做好叠前去噪、提高信噪比是本次研究工作的一个难点。

由于研究区工作环境的复杂性，激发、接收条件的差异，干扰波等各种因素的影响，地震资料在能量、频率及相位等方面存在严重的不均一性。为了使最终成果满足保幅、保真的要求，尽可能地消除地表以及采集因素不同引起的能量、频率差异，做好地表一致性处理，突出资料的地震响应特征，以保证反射波的振幅特征能真实反映地下地质体的变化，是本次研究工作的另一个难点。

根据本次研究工作地质任务，对采集资料进行处理，注重保幅、保真。在此基础上，提高资料信噪比、分辨率以及0～300 m深度范围内地质体的成像精度，以满足目的任务要求。处理思路如下：

①根据研究区噪声特点，提高目的层的反射波组的信噪比，在最大限度地保护有效信号的前提下，适时提高分辨率。

②做好叠前去噪处理，识别干扰波类型，针对记录中存在的各种干扰现象，在系统试验的基础上选择针对性的噪声压制技术来消除干扰波，提高资料的信噪比。

③强化地表一致性处理。采用地表一致性振幅补偿结合地表一致性反褶积技术，消除近地表变化引起的地震子波、振幅、频率、相位等方面的差异。

④高度重视处理的保真度。处理好分辨率与信噪比的关系，做好地层与构造振幅保真、频率保真等基础处理工作，确保目的层波组特征明显，剖面整体结构清楚，断点清晰可靠，能较真实地反映地层与构造的情况，以满足构造解释、反演分析和不良地质体预测的需求。

⑤采用叠代处理技术、精细的速度分析，逐级提高资料质量。在横向上加密速度分析点，纵向上加密拾取速度-时间对，以获取准确的速度场，提高速度资料和剩余静校正的质量，最终提高目的层的成像精度。

（3）资料处理。

为了提高资料处理成果的信噪比，在本次研究资料试处理的过程中，进行多系统、多模块、多参数地反复测试。通过精细去噪（包括分频去噪和线性去噪）、振幅恢复、一致性处理、剩余静校正、速度分析、反褶积等步骤，最终筛选出适合本研究区采集资料的处理方法及参数。

①野外静校正。

地震波的运动学理论是以地面水平、地表介质均匀为假设前提的。地表起伏不平，低速带厚度及速度变化将严重影响地震剖面的质量。静校正的目的是补偿由于地表起伏，近地表低、降速带横向变化对地震波传播造成的影响，使静校正后的地震数据反射波时距曲线近似为光滑的双曲线。

研究区基本位于成都市中心城区，海拔在 450～560 m 之间，总体地势平缓，因此研究区内低降速带是引起静校正问题的主要因素。本次研究工作主要采用 GMSeris 软件，校正基准面选为海拔 560 m，替换速度为 2500 m/s。

在基准面静校正方面，先于室内进行精细的初至波拾取。在初至波拾取过程中，研究人员应做好拾取波质量监控。项目组分别进行二维折射静校正、层析静校正与高程静校正试验，各优选出一套校正量后，再对比分析静校正量应用效果。通过调查，层析静校正量取得了不错的效果（见图 4.2—36、图 4.2—37），已能基本解决研究区基准面静校正的问题。

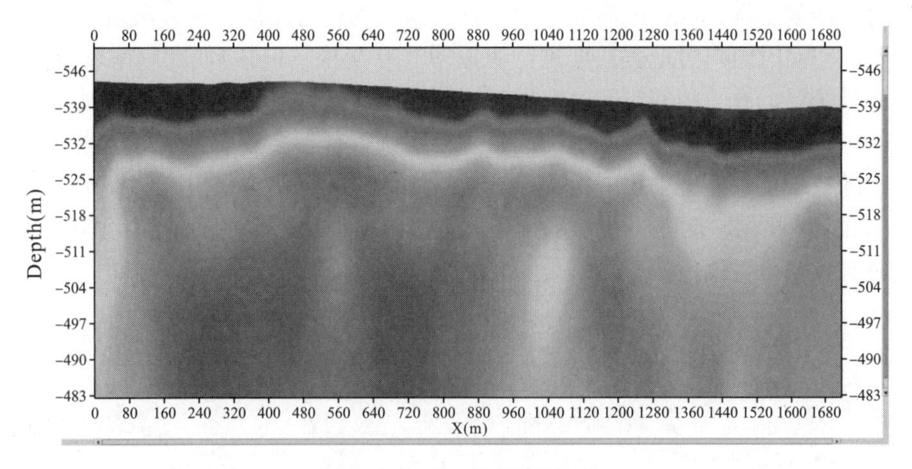

图 4.2—36　层析静校正图

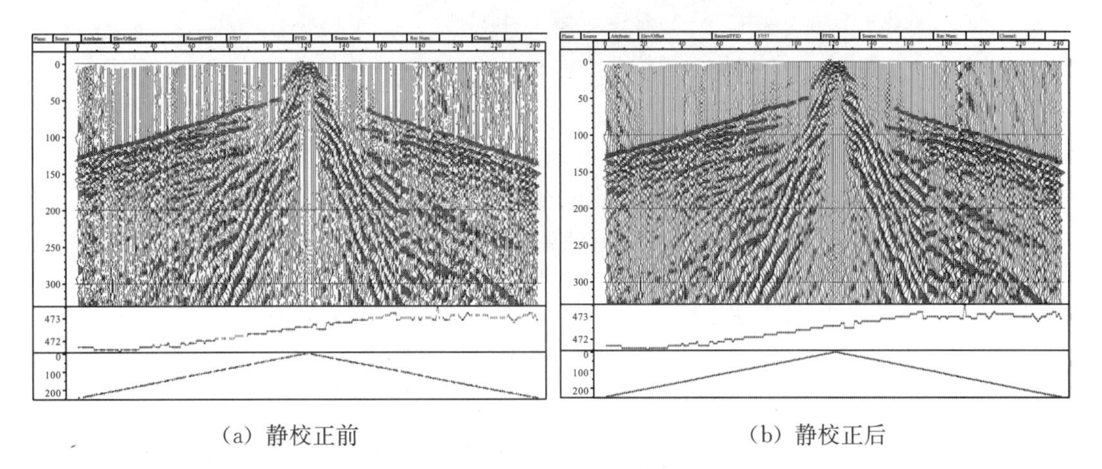

(a) 静校正前　　　　(b) 静校正后

图 4.2—37　静校正前后初至波前后对比图

②叠前去噪。

提高信噪比是地震数据处理中最重要的一个环节。要获得优质的地震剖面，必须对各种干扰波进行有效压制，增强有效信号的能量，即在不损害有效能量的前提下，全力压制各种噪声，提高信噪比。针对中心城区干扰波类型多（面波、线性干扰、声波、高频噪声和机械干扰等)、能量强，且频率及子波特征均存在差异，综合频谱分析可得到有效波与干扰波在时间和空间上的分布范围。

针对面波干扰，运用自适应面波衰减技术进行压制。对于面波，区域滤波法和频率波数域的噪音衰减法的压制效果较好。但同时，面波以外的条件接近面波特征的成分也会被消弱，这些成分往往是地震信号的有效成分。因此，使用自适应面波衰减法可根据干扰波同相轴倾角方向进行叠加和组合，求出这一倾角的干扰波。为了区分干扰波是在噪声区还是在非噪声区，可求出相应时间的平均值。只有当干扰波与平均值的比率大于给定的门槛值时，才能将干扰波从原始记录中减去，这样就能清除存在于记录中的干扰波，达到去噪的目的。同时有效地压制干扰波，使有效波能量得到保持，特别是除面波部分有效信号得到最大程度的保持。

针对强能量干扰，可运用高能干扰分频去噪技术进行压制。该方法是在给定的频率段、给定的空间时窗内对地震数据进行快速傅立叶变换（FFT），在频率域对各频率成分能量进行统计，并与相邻空间时窗做对比。当某一频率的能量大于相邻时窗的该频率的能量给定的门槛值时，对该频率的能量进行压制，且不会破坏有效信号能量。

对于随机干扰等，可采用随机噪声衰减、滤波等去噪措施来提高信噪比。

图 4.2−38 显示，面波、线性干扰和异常振幅等得到了很好的消除，信噪比大幅提高，同时有效信号得以保持。

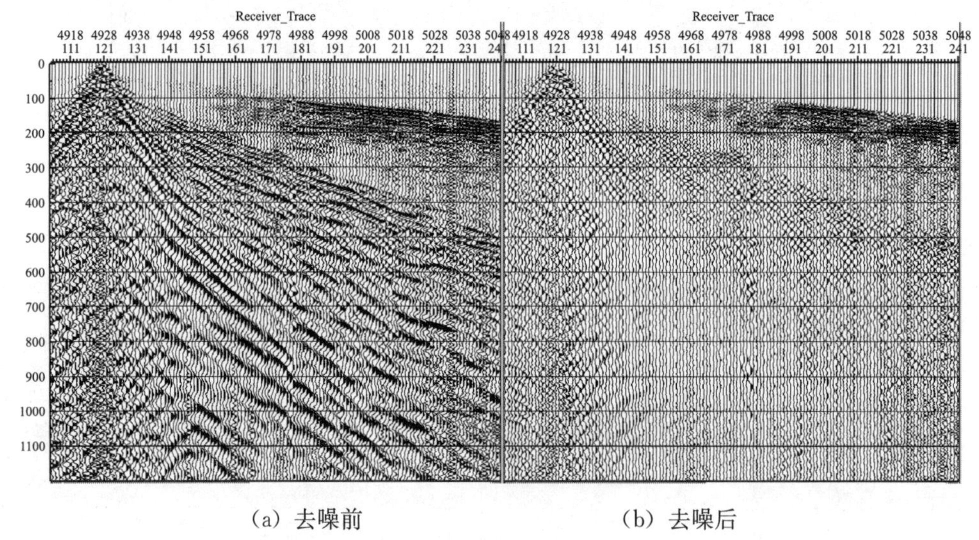

(a) 去噪前　　(b) 去噪后

图 4.2−38　叠前单炮去噪前后对比图

③振幅恢复。

由于大地滤波的作用，地震波在传播过程中能量衰减多且快，尤其是高频成分损失严重。另外，受激发、接收等因素影响，记录道的能量会出现差异，导致接收到的振幅不能真实反映地下介质的动力学特征及相互差异。

地震波在传播过程中随着传播距离的增加而造成的纵向能量衰减，可以应用球面扩散补偿技术进行补偿。

地表一致性振幅补偿主要是消除由于风化层厚度、速度、激发岩性等地表因素变化造成的横向能量差异。

由分析可知，研究区地震勘探能量纵向衰减严重，因激发方式不同，单炮能量也有差异。通过振幅恢复，采取球面扩散补偿和地表一致性振幅补偿可以较好地使地震剖面纵横向能量均衡（见图 4.2—39）。

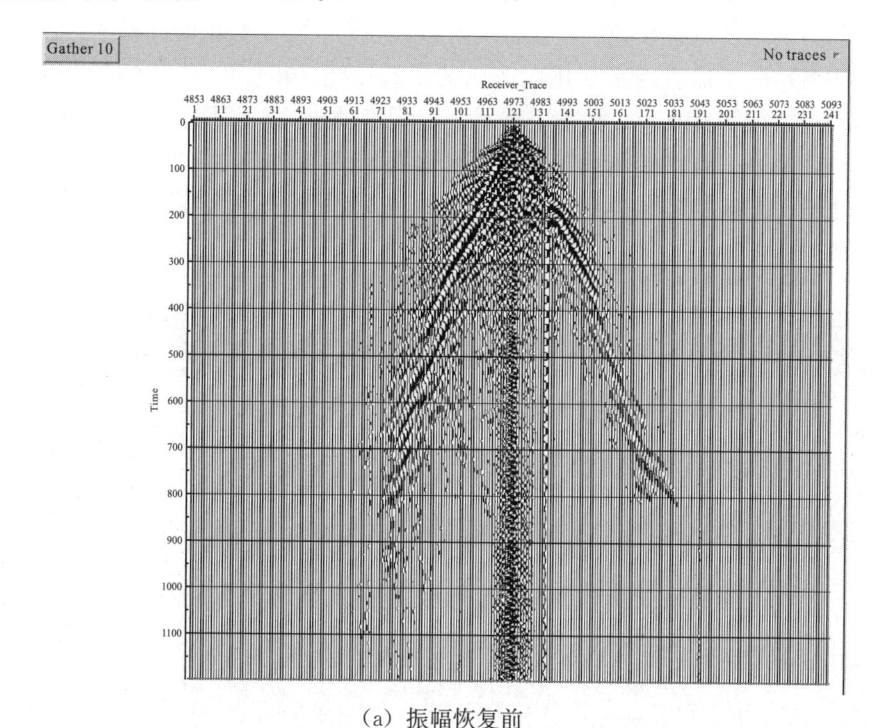

（a）振幅恢复前

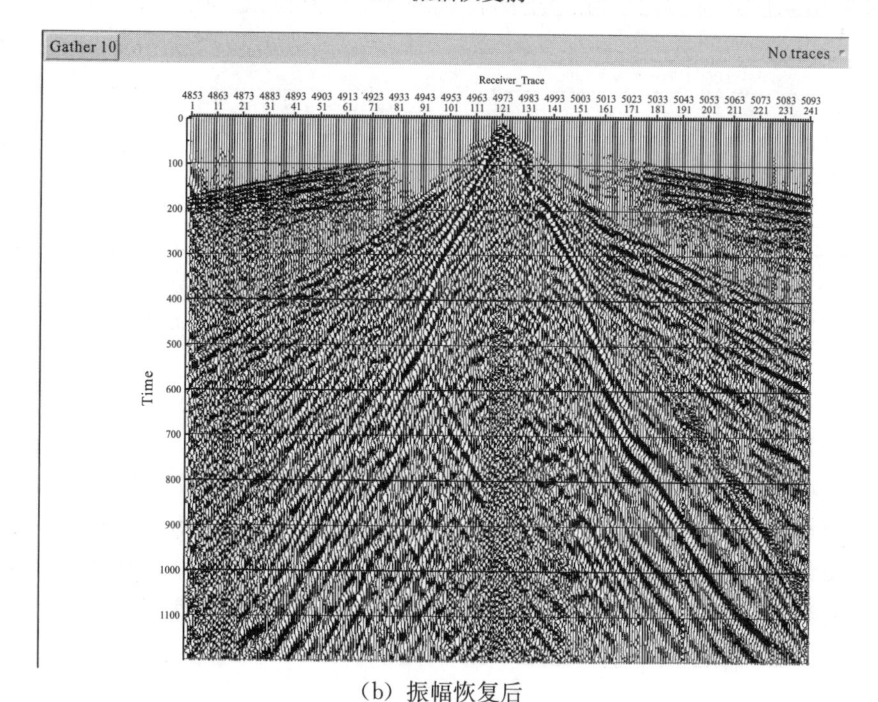

（b）振幅恢复后

图 4.2—39　振幅恢复前后单炮对比图

④地表一致性反褶积。

地震勘探过程中记录的地震波是由一个地震子波和反射系数序列褶积加一些随机噪声，并经过大地滤波和衰减作用形成的复合波。不同的激发、接收条件导致原始数据在子波振幅、频率、相位等方面存在一定的变化，对地震数据做反褶积处理就是消除这些导致变化的影响，展宽有效频带，获得反射系数序列，提高数据的分辨率。经过地表一致性反褶积后，由于地表因素变化而造成的子波振幅、相位的不一致性得到了较好调整，剖面波组特征明显改善，分辨率有了一定程度的提高，信噪比也得到进一步改善。本次研究选用地表一致性预测反褶积，算子时间长度为 160 ms，步长为 12 ms。通过本次反褶积处理，子波旁瓣得到有效压制，资料的主频和纵向分辨率提高（见图 4.2−40）。

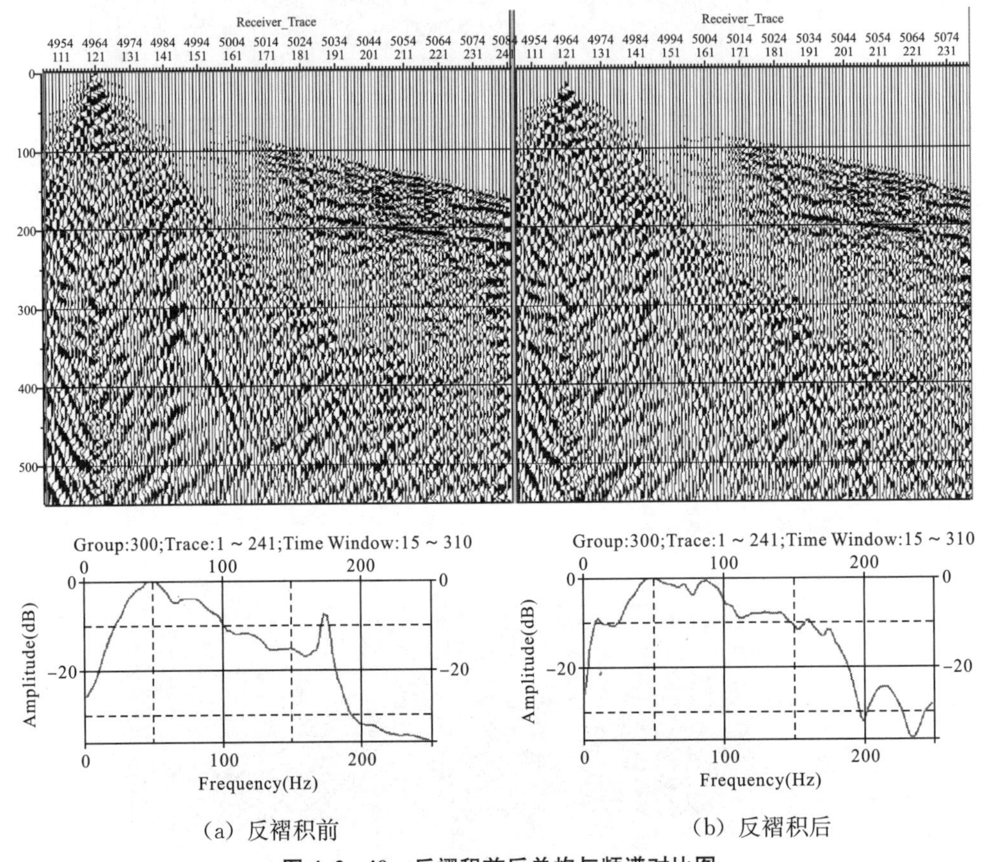

(a) 反褶积前　　　(b) 反褶积后

图 4.2−40　反褶积前后单炮与频谱对比图

⑤速度分析。

速度是地震资料处理的重要参数之一，其精度直接影响叠加成像效果。速度值准确，处理质量才有保障。因此拾取速度时，首先要利用常速扫描求取初始叠加速度，然后用此速度计算拾取速度谱。这样做可以有效提高速度分析的精确度和剖面解释的准确度。对于研究区浅层地震反射法资料处理，研究人员进行了三次速度分析，每拾取一次速度即计算一次剩余静校正量（见图 4.2−41）。

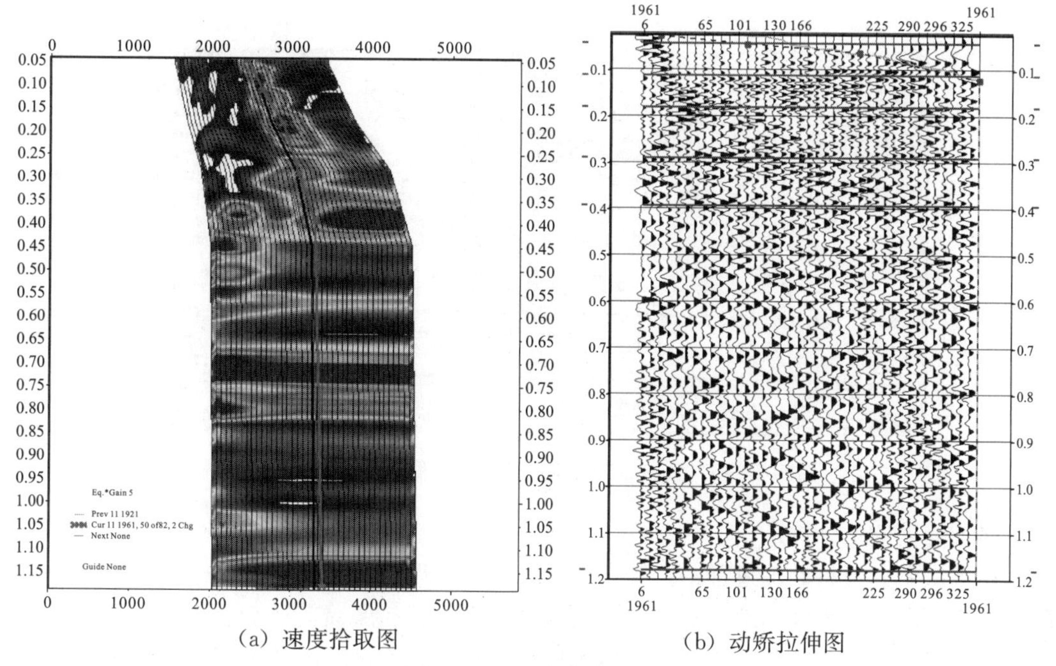

（a）速度拾取图　　（b）动矫拉伸图

图 4.2－41　速度分析谱图

⑥地表一致性自动剩余静校正。

地表一致性剩余静校正技术是将各炮点和检波点的每一道与其对应的共深度点道集（CDP）的叠加模型道进行相关，以模型道为期望输出。利用统计的方法分别求取各炮点检波点的静校正量，将所计算的静校正量应用到二次动校叠加后，求取更为精确的模型道。处理过程中，采用多次迭代自动剩余静校正，提高地震资料的信噪比。应用剩余静校正后的资料效果得到明显改善，同相轴连续性有了较大改进，信噪比明显提高（见图 4.2－42）。

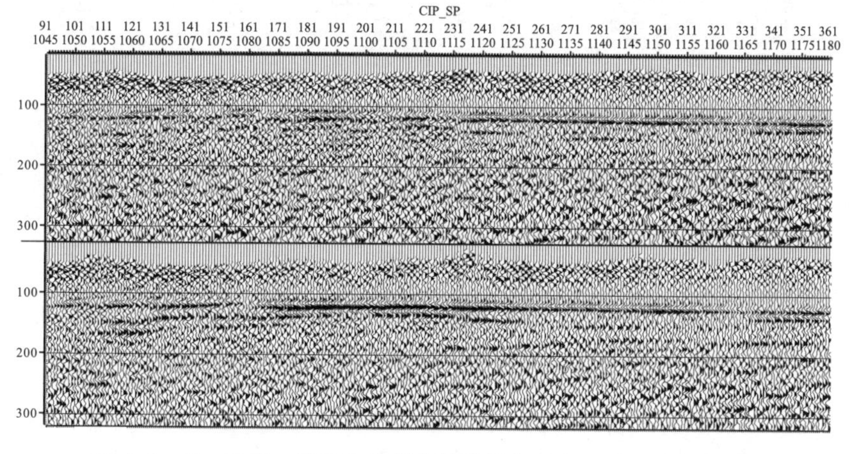

图 4.2－42　地表一致性自动剩余静校正前（上）后（下）对比图

⑦叠后去噪。

叠加后的剖面仍然存在大量噪声，为使叠加剖面能更加真实地反映地下构造，减少噪声引起的化弧现象，需要对剖面进行随机噪声衰减（见图 4.2－43）。

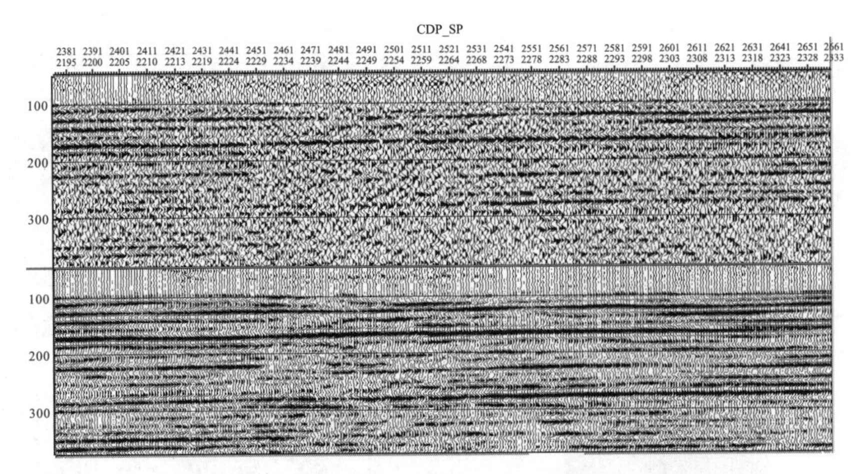

图 4.2-43　叠加后去噪剖面前（上）后（下）对比图

（4）处理效果分析。

在本次研究资料处理过程中，结合地质任务及处理要求进行原始资料分析和针对性处理参数试验，较为准确地选取各步处理参数，将保真和保幅贯穿整个处理流程，形成处理、解释“一体化”技术。通过严格的质量控制、精细处理，对比地震成果资料与连片处理地震资料，处理效果得到明显改善。资料处理效果明显改善主要表现在：波组特征自然，断裂成像精度提高，断点干脆；目的层内幕细节刻画更加清晰；信噪比、分辨率得到提高，低频成分更加丰富；基底特征得到明显改善（见图 4.2-44）。

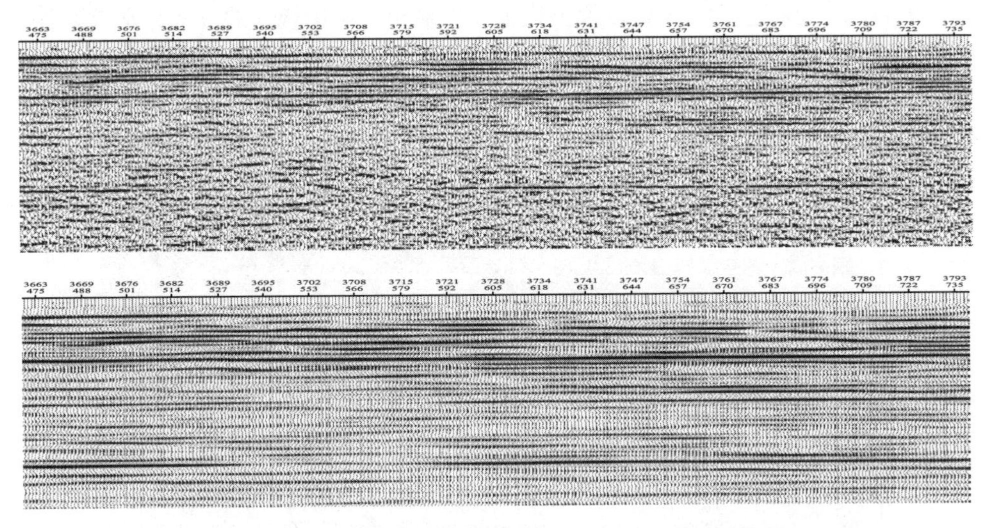

图 4.2-44　叠加与偏移后剖面前（上）后（下）对比图

综上所述，研究区表层物探地质条件相当复杂，主要地表条件为种植土、硬化路面、河边淤泥、建筑垃圾堆积、杂填土等，为浅层地震多次叠加法激发点的选取增加了难度。而硬化路面、建筑垃圾为检波器、电极的处理增加了难度。由此可知，河边淤泥、杂填土不利于提高等值反磁通瞬变电磁法、探地雷达的数据采集质量。从研究区试验成果分析，总结出成都市物探野外资料采集主要影响因素应对措施效果分析表，见表 4.2-2。

表 4.2－2 成都市物探野外资料采集主要影响因素应对措施效果分析表

物探方法 影响因素	管线		障碍物			交通		地表条件		
	空中输电线与电缆	地下管道与管线	建筑物	在建工地	鱼塘	十字路口、铁路、高速路	车辆	地形	激发/接收条件	覆盖层松散程度
探地雷达	无法避免，但可以从原始记录上识别，令其不对解释造成困扰，改善程度中等	无法避免，致使探测深度大幅度降低，其干扰在后期的处理中难以消除，改善程度差	有一定程度的改善，但无法完全避免，改善程度中等		—	—	无法完全避免，改善程度中等	地面变形和地表积水导致数据采集质量负面影响	有一定程度的改善，但该方法会造成时间零点的跳动，改善程度中等	横向不均匀和地下水影响探地雷达勘探深度
高密度电法	—	无法避免，但可以在原始数据上识别，其电阻率值多为负值，改善程度差	小型障碍物基本可避免，大型障碍物在测线设计时进行了充分考虑，有效避免				—	本工区地形起伏较小，基本可以避免，改善程度较好	原生地貌开展的高密度电法工作成果相比硬化路面有较大改善，可以有效避免	—
混合源面波法	—	—	研究区测线穿过的障碍物体积较小，可有效避免	施工产生的震动干扰避免效果较好	—	—	无法完全避免，未能避免的通过资料处理可部分消除，避免效果较好	—	可以有效避免	—

续表4.2—2

物探方法 影响因素	管线		障碍物			交通		地表条件		
	空中输电线与电缆	地下管道与管线	建筑物	在建工地	鱼塘	十字路口、铁路、高速路	车辆	地形	激发/接收条件	覆盖层松散程度
等值反磁通瞬变电磁法	有一定程度的改善，后期通过编辑处理，改善效果中等		本工区测线穿过障碍物较小，可有效避免	工地电力设施产生的电磁干扰避免效果较好	—	—	部分可避免，未避免的可在后期通过编辑处理得到改善，避免效果中等	—	—	—
音频大地电磁法	有一定程度的改善，未能避免的在后期资料处理过程中难以消除，改善效果差		对测线布设的影响避免效果较好；对建筑物及在建工地内产生的电磁干扰无法完全避免，且后期处理改善效果差		小型鱼塘及路口可有效避免，规模较大的鱼塘、水库及高速路难以避开则偏离测点，改善程度较差		避免效果较好	研究区地形起伏较小，基本可以避免，改善程度较好	可以有效避免	—
微动勘探法	—	—	大部分可避免，极少的大型建筑物影响台阵布设，改善效果较好	对测线布设的影响与建筑物相同，但施工产生的震动干扰避免效果较好	—	—	无法完全避免，未能避免的通过资料处理可部分消除，避免效果较好	—	采取相应的检波器对于硬化路面可以有效避免	—

续表4.2—2

物探方法 影响因素	管线		障碍物			交通		地表条件		
	空中输电线与电缆	地下管道与管线	建筑物	在建工地	鱼塘	十字路口、铁路、高速路	车辆	地形	激发/接收条件	覆盖层松散程度
浅层地震反射波法	无法避免，后期去噪处理，效果较好	无法避免，且对资料影响不明显，无法从单炮记录上识别，无法判断处理效果	无法避免，通过加长排列加密炮点有一定改善，改善程度较好	对测线布设的影响与建筑物相同，但对施工产生的震动干扰避免效果较好	无法避免，通过加长排列加密炮点有一定改善，但障碍物规模越大，对资料改善效果越差，可通过后期处理弥补缺失的道数据，改善效果中等		通过错峰施工，夜间施工能部分避免；未能避免的通过资料处理有较好的压制效果	悬崖等地形对资料的影响较大，可通过后期静校正处理消除地形影响，改善效果中等	对于硬化路面接收，检波器埋置于泥饼中或者加装铁板能够一定程度上改善耦合条件，改善效果中等	—
综合测井	—	后期自然电位曲线修正，效果较好	—	—	—	—	—	—	—	通孔、洗孔，效果好
波速测试	—	—	—	—	—	—	—	—	—	通孔、洗孔，效果好
孔内成像	—	—	—	—	—	—	—	—	—	通孔、洗孔，效果好

5 特定地质体物探精细识别

选择试验剖面，第一考虑地质情况，第二考虑在已建城区工作，且人文干扰一般较郊区、山区大。因此，根据成都市所处地质条件，在平原区选择试验剖面，编号 S4，位于郫都区滨河路；在平原区与台地区过渡地段选择试验剖面，编号 S6，位于双林路—双庆路，该剖面位于主干道上，车辆、人员的流量大，存在各类电磁噪声、振动噪声，是城市物探会遇到的典型工况。研究技术小组在这两处具有代表意义的地段开展试验工作，梳理并总结城市地质调查中物探工作手段的适应性，解决特定地质体物探精细识别的问题。

5.1 第四系物探方法精细识别

5.1.1 平原区 S4 试验剖面

5.1.1.1 地质背景

S4 试验剖面位于郫都区滨河路，与岷江支系清水河平行，位于成都平原冲积扇中部，河流漫滩Ⅰ级阶地附近。已收集的水文钻孔勘探剖面成果表明，在郫都区一带，第四系地层较齐全，与空港新城项目实施的钻孔距试验剖面相对较近，其中 ZK02 和 ZK43 表明黏土层下存在较厚的砂砾卵石层，终孔 70.70 m 左右未揭穿该层。剖面上施工的 ZS02 与 ZG24 钻孔钻探深度分别为 220 m 与 200 m 左右（见表 5.1—1）。

表 5.1—1 试验剖面钻井成果简表

钻孔编码	地层代号	岩土体类型	顶层埋深（m）	层底埋深（m）	备注
ZS02	Qh^{ml}	杂填土	0.0	0.5	
ZS02	Qh^{apl}	粉质黏土、中砂、卵石	0.5	13.3	
ZS02	Qp^{3}-Qhz	卵石、砂层透镜体	13.3	44.7	
ZS02	Qp^{2al}	卵石、砂层透镜体	44.7	82.5	
ZS02	$Qp^{1\text{-}2al}$	卵石、砂层透镜体	82.5	155.6	
ZS02	Qp^{1al}	卵石、砂层透镜体	155.6	207.8	
ZS02	K_2g	粉砂质泥岩	207.8	208.2	
ZS02	K_2g	粉砂质泥岩	208.2	220.7	
ZG24	Qh^{ml}	素填土	0.0	0.9	

续表5.1－1

钻孔编码	地层代号	岩土体类型	顶层埋深（m）	层底埋深（m）	备注
ZG24	Qh^{apl}	粉质黏土、卵石	0.9	14.0	
ZG24	Qp^{3}-Qhz	卵石、砂层透镜体	14.0	61.6	
ZG24	Qp^{2al}	卵石、砂层透镜体	61.6	89.6	
ZG24	$Qp^{1\text{-}2al}$	卵石、砂层透镜体	89.6	149.2	
ZG24	Qp^{1al}	卵石、砂层透镜体	149.2	204.8	
ZG24	K_2g	粉砂质泥岩	204.8	207.1	

S4试验剖面位于周家场深坳陷向郫都区浅覆盖过渡区域（见图5.1－1），郫都区犀浦段基岩局部隆起。以往水文地质勘探剖面成果表明，在犀浦一带基岩隆起，合江组和广汉组下段局部被剥蚀尖灭。

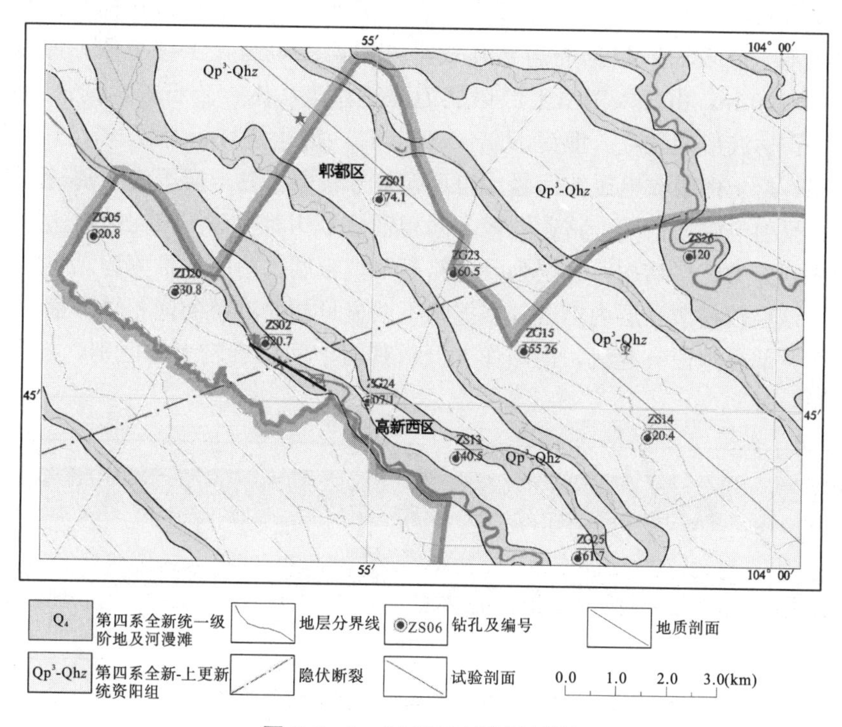

图5.1－1　S4试验剖面地质图

剖面位于近现代河流Ⅰ级阶地附近，因此推测近地表的资阳组具备二元结构，即上部为（砂质）黏土，下部为砂砾卵石层，空港新城项目钻孔ZK02较试验剖面更靠近周家场深坳陷区，该钻孔揭露了较厚的砂卵石层位，剖面上施工的ZS02钻孔揭露的砂卵石层位厚约200 m。

5.1.1.2　综合物探精细解译

1. 探地雷达

在该试验剖面开展的40 MHz和100 MHz天线的探地雷达测量，而40 MHz天线

为非屏蔽天线，且相较于 100 MHz 天线更易受到电磁干扰（见图 5.1－2）。

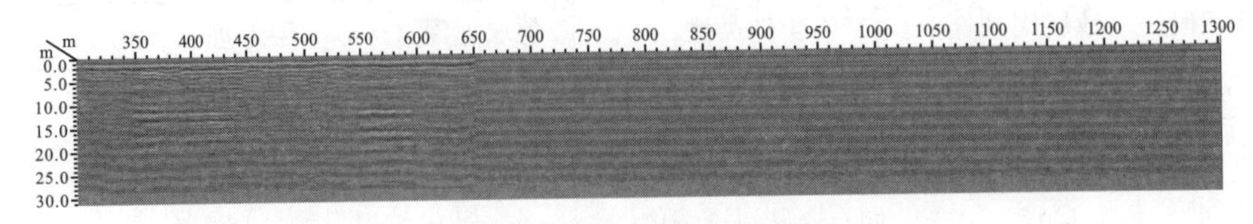

(a) 40 MHz 天线测量结果

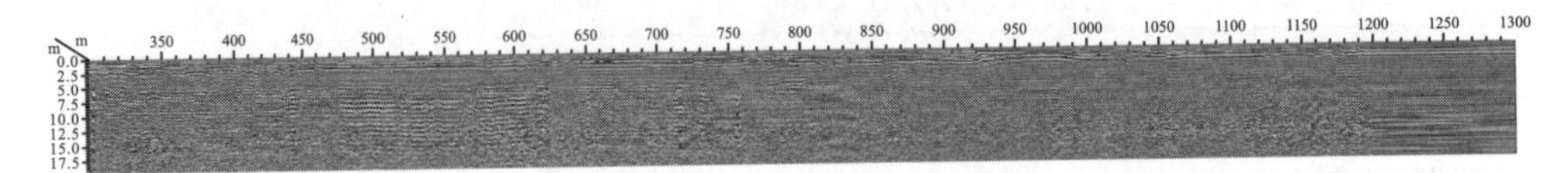

(b) 100 MHz 天线测量结果

图 5.1－2 S4 试验剖面不同频率天线探地雷达测量成果图

由 S4 试验剖面探地雷达解释成果图（见图 5.1－3）来看，采用 100 MHz 天线的探地雷达深度有限，20 m 时信号已很微弱。在零点校正后，浅表雷达信号波形较凌乱，深度大致在 1.0 m 左右。根据周边钻孔成果来看，浅表为人工填土层，厚度不均匀，一般为 0.5～1.0 m，由于人工填土层可能为建筑垃圾、土、砖石等，其带来的横向不均匀造成了雷达波形的散乱。埋深 1.0～3.0 m 时，雷达信号相对较弱，推测为黏土或松散卵石层，岩土体吸收电磁波信号使得反射信号较弱。黏土层下为中密-密实卵石层，表现形式为反射电磁波信号，雷达图像上同相轴信号相对明显。按探地雷达勘查成果将该试验剖面划分为三层结构：表层为硬化路面及填土层；中间层推测为黏土层或松散卵石层，由于该层较松散，层内出现较多振幅不明显且相对凌乱的同相轴；最下层同相轴表现不连续，部分地段有起伏，但图像上显示其与中间层有较大的区别，推测为中密-密实卵石层。

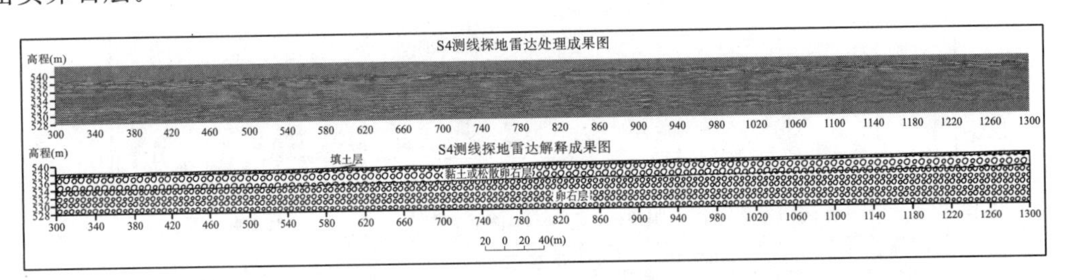

图 5.1－3 S4 试验剖面探地雷达解释成果图

2. 微动勘探法

对开展的微动勘探工作，首先提取不同测点随深度变化的纵横波速度，从不同测点的纵横波速度与深度对应关系曲线可知，纵横波速度与一定深度范围存在相关关系，纵横波速度的分界面与对应的地层深度范围较一致。由于横波速度分辨率优于纵波速度，本节分析主要依据横波速度（v_S）（见图 5.1－4）。1 号测点 0～10 m 深度对应 v_S＝350 m/s，10～25 m 深度对应 v_S＝600 m/s，25～45 m 深度对应 v_S＝900 m/s，45～60 m 深度对应 v_S＝1300 m/s；2 号测点 0～15 m 深度对应 v_S＝400 m/s，15～30 m 深度对应 v_S＝700 m/s，30～60 m 深度对应 v_S＝900 m/s。

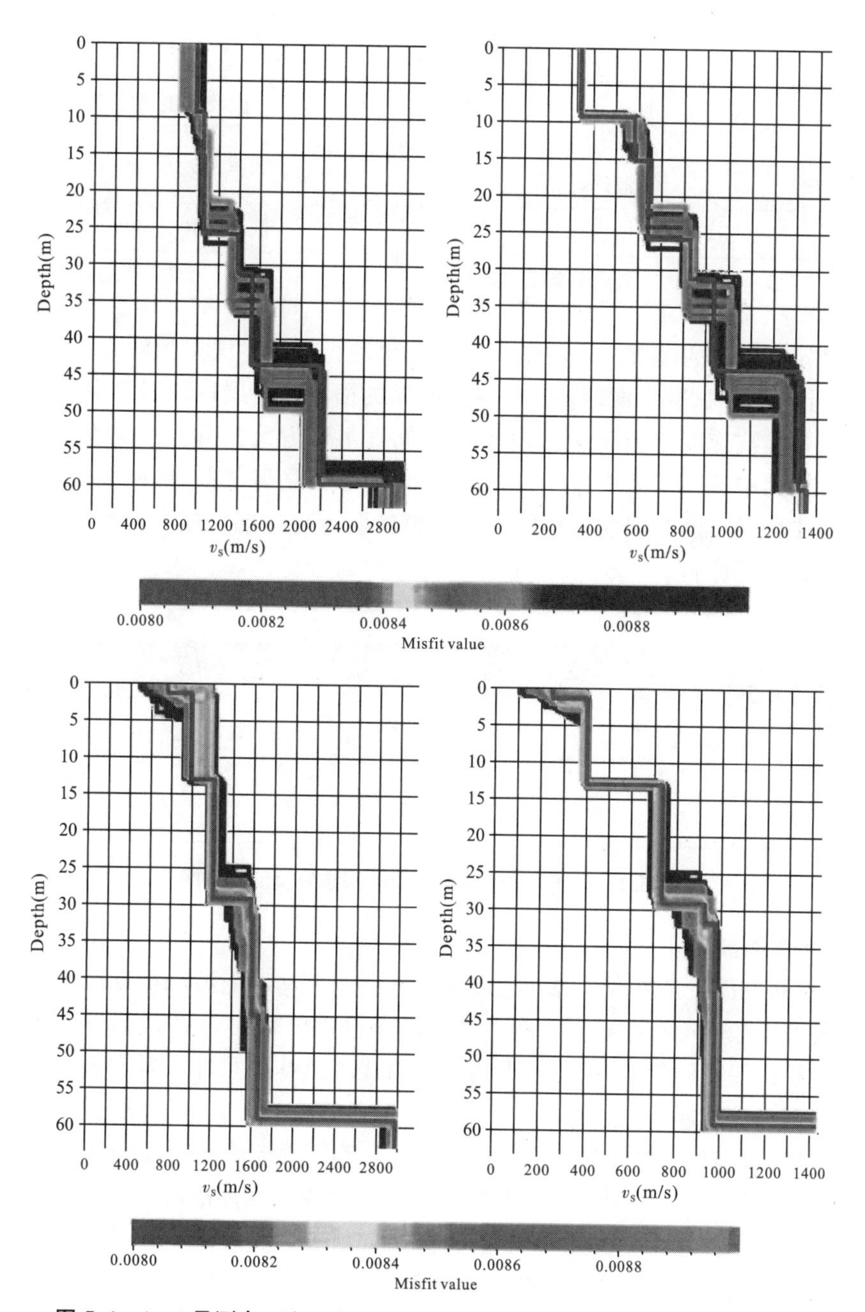

图 5.1－4　1 号测点（上）和 2 号测点（下）纵横波速度与深度关系曲线

在 S4 试验剖面上开展的微动勘探试验结果表明，微动勘探对埋深 10 m 范围内层位无法作出有效区分，根据钻孔成果推测，浅部低速层应为地表填土、黏土、松散卵石的综合反应，大致以 300 m/s 为界。根据收集到的钻孔资料以及对地层层位的分析，中深部横波速度逐渐增加，结合以往物性资料，推测中深部应是中密砂砾卵石层，以 600 m/s 为界。该速度分界面与高密度电法中间高阻异常层上界面对应较好。深部为高速层，横波速度大于 600 m/s，推测为密实卵石层。

由上述分析结果可知，滨河路 S4 试验剖面存在 3 个较为明显的横波速度层，见表 5.1－2。

表 5.1−2 微动勘探横波速度分层表

波速层	标高	岩性特征	横波速度值范围	备注
第一层	−10～0 m	人工填土层、粉砂质黏土、松散砂砾卵石层	低速，300～400 m/s	
第二层	−50～−10 m	中密卵石层	低速，400～600 m/s	
第三层	−70～−25 m	较致密卵石层	中速，600～900 m/s	

在波速定性分析的基础上，对微动勘探结果进行反演，成果如图 5.1−5 所示。由图 5.1−5 可知，S4 试验剖面存在三个较为明显的横波速度层，与测井成果对比：第一层为低速层，横波速度介于 300～400 m/s 之间，主要为人工填土、粉砂质黏土、松散卵石；第二层为中速层，横波速度介于 400～600 m/s 之间，主要为中密卵石，且该层位明显具有中段厚、两侧规模减小的特征；第三层为高速层，横波速度大于 600 m/s，主要为较致密砂砾卵石。

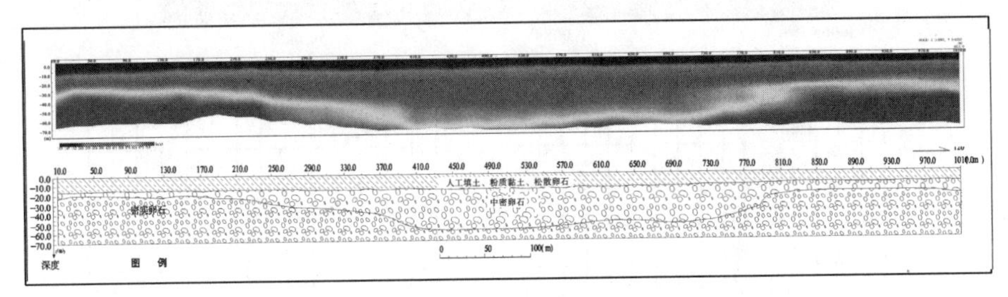

图 5.1−5 S4 试验剖面微动勘探结果反演成果图

3. 混合源面波法

在 S4 试验剖面上开展混合源面波勘探时，由于主动源面波和被动源面波的仪器不同，加上检波器频率等存在差异，频散曲线的拼接难度较大。S4 试验剖面主动源面波勘探的有效解译深度约为 40 m，分析其频散曲线等值线图可知，研究区频散曲线特征自上而下表现为速度递增的趋势。综合钻孔与地质等资料，在 S4 试验剖面横波速度等值线图的基础上，对 S4 试验剖面进行综合解译：测区内埋深 40 m 以上分为 3 层，呈较明显层状结构（见图 5.1−6），自地面从上往下，随深度增加横波速度逐渐增大。根据收集的钻孔成果剖面显示，S4 试验剖面附近，近地表为人工填土、黏土，局部地段有粉土，该段一般有数米厚，其下为砂砾卵石层，厚度较大。根据主动源面波反演成果来看，近地表的人工填土、黏土等表现为低速特征，中速层为松散卵石层，其下的高速层为稍密-密实卵石层。被动源面波勘探深度相对主动源大，被动源面波的横波速度反演成果图与微动类似，在测线中段也反应了存在局部中速层的特征。该中速层推测为中密的卵石层，测线中段较厚，两侧较薄。

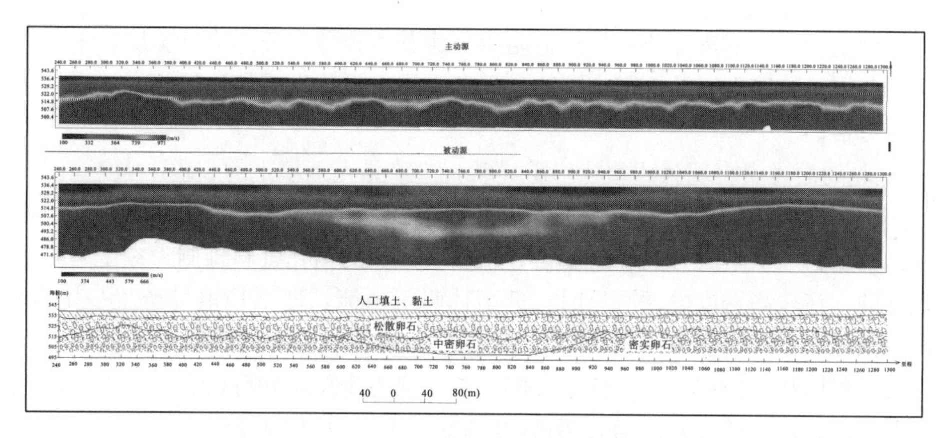

图 5.1-6 S4试验剖面混合源面波反演成果图

4. 高密度电法

S4 试验剖面长 1345 m，由图 5.1-7 可知，该剖面浅表为一高阻层，且呈团块状分布，电阻率最大可达 400 Ω·m 以上；深部为一极低阻层，电阻率在 10 Ω·m 以下。根据以往电测深工作经验，平原区中深部为全新统-上更新统资阳组砂砾卵石层，表现为相对高阻的特征。在 S4 试验剖面附近施工的钻孔 ZS02 与钻孔 ZG24 来看，钻孔 ZS02 揭露地表 0.5 m 厚度范围为人工填土层，其下为 12.8 m 厚的全新统地层，以卵石土为主，卵石土厚 10.8 m，其上为黏性土、砂土，全新统地层之下为上更新统资阳组地层，厚度达 31.4 m，以砂砾卵石土为主，夹砂土；ZG24 揭露地表为厚 0.9 m 的人工填土，下部为厚 13.1 m 的全新统地层，其上部为厚 3.1 m 的黏性土，下部为厚 10 m 的砂砾卵石土，全新统地层下覆资阳组，厚 47.6 m，以砂砾卵石土为主，夹砂土透镜体。

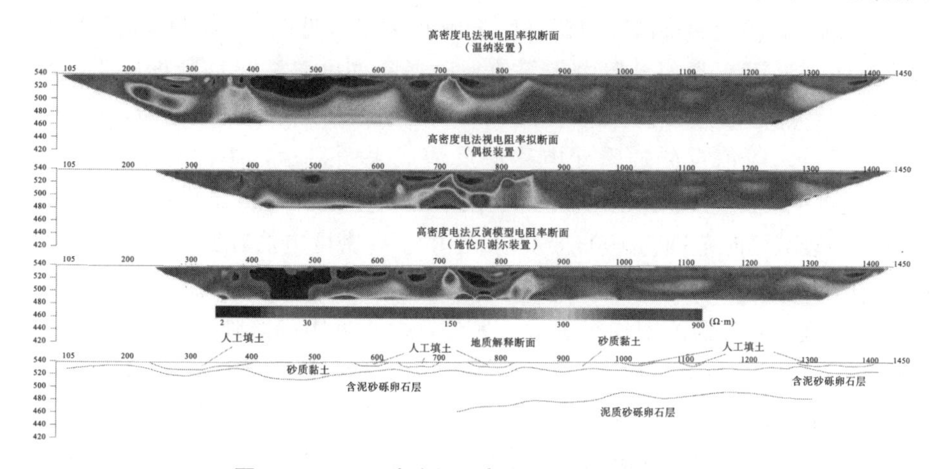

图 5.1-7 S4试验剖面高密度电法测量成果图

从 S4 试验剖面周边的钻孔情况来看，在高密度电法的有效探测深度内，主要以砂砾卵石土为主。从以往在成都地区开展的电测深成果来看，全新统-上更新统砂砾卵石土呈相对高阻的特征。

高密度电法用于原生地貌的测量效果明显好于花坛，S4 试验剖面成层较好，从浅到深分为中低阻-中高阻-低阻三层，从周围的钻孔资料、地质剖面情况来看，在有效的勘探深度内全为第四系覆盖物，根据电阻率可将其大致分为浅部的黏土层，中部的砂砾卵石层、含泥砂砾卵石层及下部的泥质砂砾卵石层。该物探成果比较符合地质的实际情况，更为可信。

S4 试验剖面浅表表现为团块状中阻异常，应该是人工填土的表现。人工填土厚 1～3 m，平均 2 m 左右，由于地表不均匀及浅表盲区的影响，该层在电阻率断面上表现不甚连续；其下为一低阻层，局部有起伏，根据收集到的钻孔资料推测为黏土层，由于浅部低阻体的存在，高密度电法测量时，低阻体吸引电流，使平稳电场产生一定的畸变，因此推测该层厚数米，埋深小于 10 m。测线中深部表现为局部团块状，整体呈层状的高阻层。根据以往工作成果，第四系高阻层位一般为全新统砂砾卵石层和上更新统上段的砂砾卵石层，区域勘探线剖面表明该层厚 30～40 m，电阻率为 150～300 Ω·m，与成都地区第四系砂砾卵石层的岩性层电阻率统计结果较吻合；在桩号 105 至 800 段，由于该层逐渐加厚，其底板逐渐加深，甚至已经超出电法装置的探测范围，电阻率断面无法显示该层的底板界面。深部低阻异常推测为泥质含量增多的砂砾卵石层，由于泥质含量增多，埋藏深度加大，密实程度增加，导电率相应增加，呈低阻特征。

在桩号 400 至 600 段，受地面积水的影响，浅表的低阻异常发生畸变，无论水平方向还是纵向方向，低阻异常的范围均有扩大，反演电阻率断面无法正确反映该段地下的地电结构。高密度电法施伦贝谢尔装置测量成果剖面在桩号 400 至 500 段尤为明显，低阻异常畸变严重，已经在纵向方向上切穿断面。因此，建议以后在布设高密度电法工作的电极时，要尽量避开地面积水。对比高密度电法三种装置认为，温纳装置受地表接地条件的影响较小，探测效果优于施伦贝谢尔装置和偶极装置。

5. 等值反磁通瞬变电磁法

S4 试验剖面等值反磁通瞬变电磁法综合解释成果（见图 5.1－8）与高密度电法测量成果（见图 5.1－7）类似，但由于等值反磁通瞬变电磁法早期数据缺失，浅层 0～15 m 的条带状低阻异常数据不可靠，浅表的填土层、粉质黏土和松散卵石层异常，不能进行有效区分。等值反磁通瞬变电磁法反演成果图显示，中部高阻层上顶埋深为 25 m 与高密度电法测量成果反映的中部高阻层上顶埋深 20～25 m 的范围对应较好，该高阻层对应的衰减延时范围为 100～6000 μs。由于高密度电法在野外观测时桩号 400～650 段受地面积水和建筑填埋垃圾的影响，浅表的低阻异常发生畸变。无论在水平方向和深度方向，低阻异常的范围均有扩大。另外，由于低阻屏蔽作用，桩号 400～650 段对应 40～80 m 深度的高阻异常体位置不可靠，因此高阻异常体的下界主要根据等值反磁通瞬变电磁法成果来推断，推测该层为松散-中密卵石层，与高密度电法测量成果类似，呈高阻特征。等值反磁通瞬变电磁法成果显示，介于 50～80 m 深度范围的低阻层应是密实卵石层的电性反应，该层位可能由于泥质含量增加导致视电阻率呈低阻特征。由于 80 m 以下高阻体是反演算法插值的结果，因此该低阻体仍有向下延伸的可能，而高密度电法由于勘探深度受限，仅在剖面尾端里程有微弱的显示。

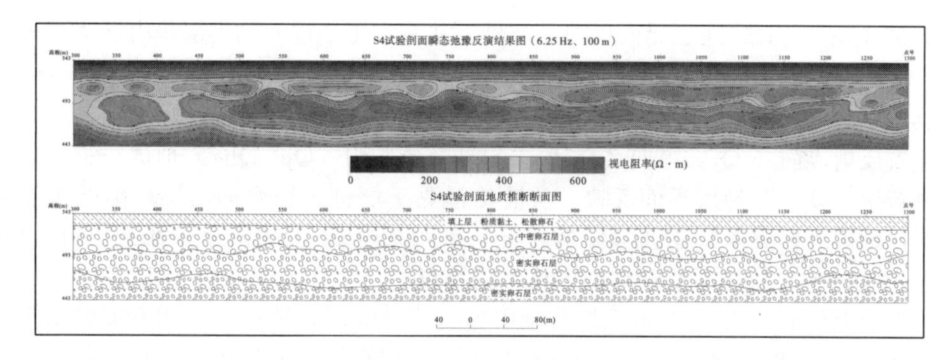

图 5.1−8 S4 试验剖面等值反磁通瞬变电磁法综合解释成果图

6. 浅层地震发射法

S4 试验剖面，位于成都西部平原地区，清水河南岸，沿滨河路，北西走向。根据地震波速度值，结合剖面附近的多个钻孔资料，将地下浅表层分为三层（见图 5.1−9）：

（1）低速层，v_S 为 700～1200 m/s，厚度为 0.5～6.5 m。该层主要为人工填土、粉质黏土，低速层界线大致对应黏土层底界。

（2）降速层，v_S为 1200～1800 m/s，厚度为 4～12 m。该层主要为松散-中密卵石层，v_S为 1800 m/s 的界面可看作第四系密实卵石层顶界面。

（3）高速层，v_S大于 1800 m/s，主要为密实卵石层。

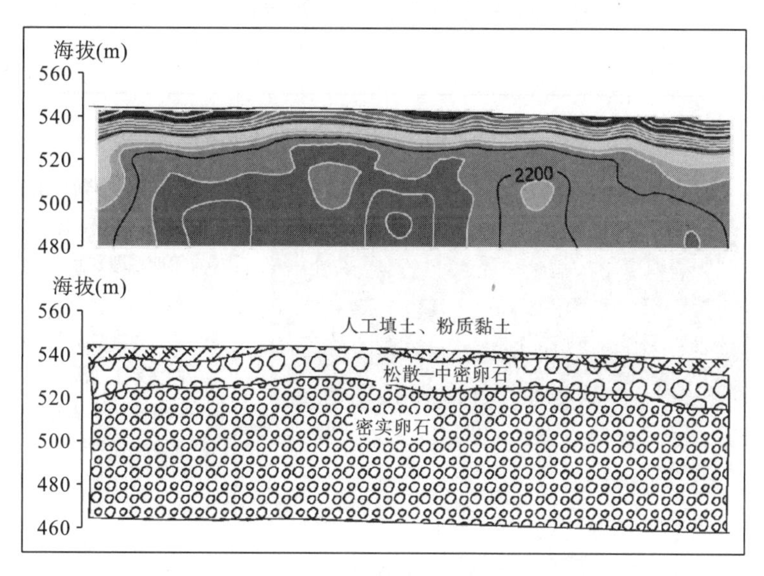

图 5.1−9 S4 试验剖面层析成像反演断面图

S4 试验剖面由浅至深，分为五层地震反射界面（见图 5.1−10），分别为 T-Q_4、T-Q_3、T-Q_2、T-Q_{1-2}、T-Q_1。其中，第四系底界和灌口组底界为强波峰反射，反映地层由浅部第四系松散覆盖层到深部白垩系基岩层波速连续变化的特征。

结合区域地层岩性资料、地层厚度推断深覆盖区地层地震反射界面及各反射界面起伏变化：

地震反射界面 T-Q_4：第四系全新统冲洪积物（Qh^{apl}）地层与第四系全新-上更新

统资阳组（Qp^3-Qhz）地层界面反映。波传播从疏松土层进入黏土层，由低速层进入高速层，地震反射界面波形为强波峰反射特征。埋深 3.0～5.0 m，反映了反射界面平缓的特点。

地震反射界面 T-Q_3：第四系全新-上更新统资阳组（Qp^3-Qhz）地层与第四系埋藏型中更新统（Qp^{2al}）地层界面反映，从波传播黏土层进入稍密卵石层，由低速层进入高速层，地震界面波形为弱波峰反射特征。第四系全新-上更新统资阳组（Qp^3-Qhz）厚 10.0～50.0 m，反映了反射界面起伏大的特点。

地震反射界面 T-Q_2：第四系埋藏型中更新统（Qp^{2al}）地层与第四系埋藏型下、中更新统（$Qp^{1\text{-}2al}$）地层界面反映。波传播从稍密实卵石层进入砂砾卵石层，由低速层进入高速层，地震界面波形为弱波峰反射特征。埋深 36.2～75.0 m，反映了反射界面起伏的特点。

地震反射界面 T-$Q_{1\text{-}2}$：第四系埋藏型下、中更新统（$Qp^{1\text{-}2al}$）地层与第四系埋藏型下更新统（Qp^{1al}）地层间反射界面。波传播从砂砾卵石层进入砂砾泥岩层，由高速层进入低速层，地震界面波形为弱波谷反射特征。埋深 75.2～110.0 m，反映了反射界面平缓起伏的特点。

地震反射界面 T-Q_1：第四系埋藏型下更新统（Qp^{1al}）地层与局部出现的埋藏型晚第三纪新近系大邑砾岩段（N_2d）或白垩系上统灌口组（K_2g）地层间的反射界面。由砂砾层泥岩层进入完整基岩，是研究区土石结构与基岩的分界面（基覆界面），波传播由低速层进入高速层，地震界面波形为强波峰反射特征。埋深 110.0～220.0 m，反映了反射界面起伏大的特点。

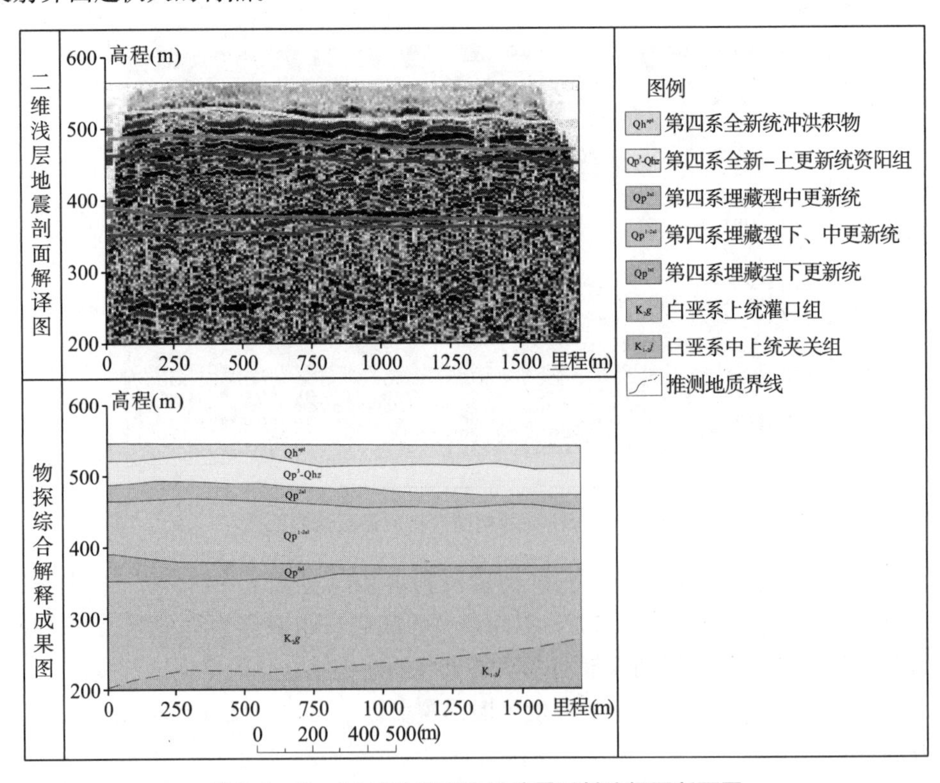

图 5.1－10　S4 试验剖面浅层地震反射法解译断面图

5.1.2 过渡区 S6 试验剖面

5.1.2.1 地质背景

S6 试验剖面位处平原区向台地区过渡区域，双林路—双庆路一带（见图 5.1−11）。据本次项目Ⅲ标段在该剖面附近施工的 GC-ZK9 号钻孔，第四系覆盖厚度为 18.1 m，浅部为厚 0.8 m 的杂填土，其下为全新统-上更新统资阳组（Qp^3-Qhz）厚 9.0 m 的黏土层，在强风化的灌口组砂质泥岩与黏土层之间为厚 8.3 m 的卵石层，由浅至深其结构松散向密实过渡。其下为上白垩统灌口组地层，岩性为粉砂质泥岩、泥质粉砂岩夹石膏和钙芒硝。

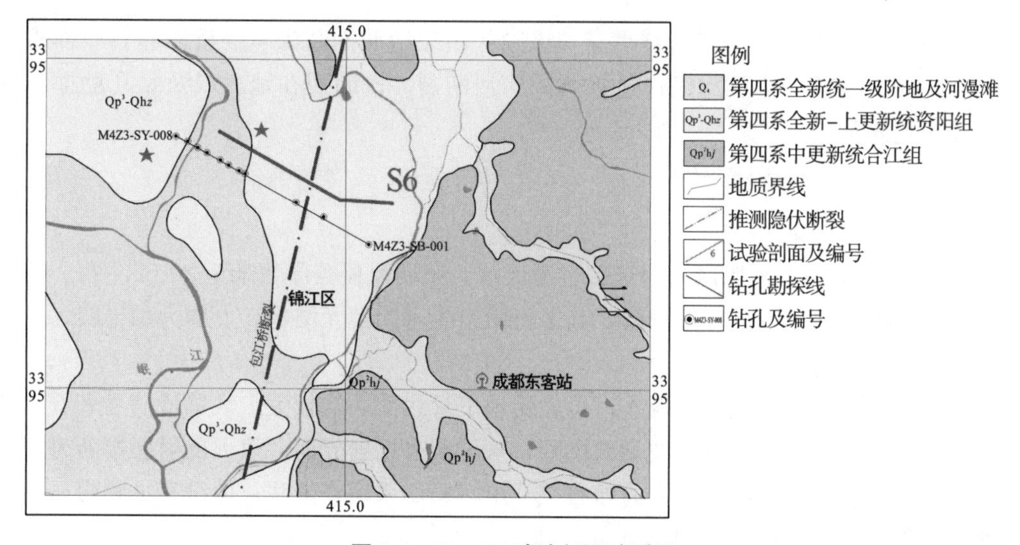

图 5.1−11 S6 试验剖面地质图

地铁四号线部分钻孔（见图 5.1−12）走向与 S6 试验剖面一致，距试验剖面垂直距离为 400 m 左右。钻孔成果显示，在第四系地层以全新统和全新统-上更新统资阳组为主，全新统地层主要为人工填土，资阳组大致呈二元结构，上部为粉质黏土，下部为卵石层，部分孔上部见粉土、黏土，卵石层中多夹有细砂、中砂透镜体；基岩为上白垩统灌口组，岩性以泥岩为主，钻孔显示由北西向南东基岩逐渐抬升，西北端推测基岩埋深大致在 35.0 m 左右，南东端基岩埋深 16.2 m。

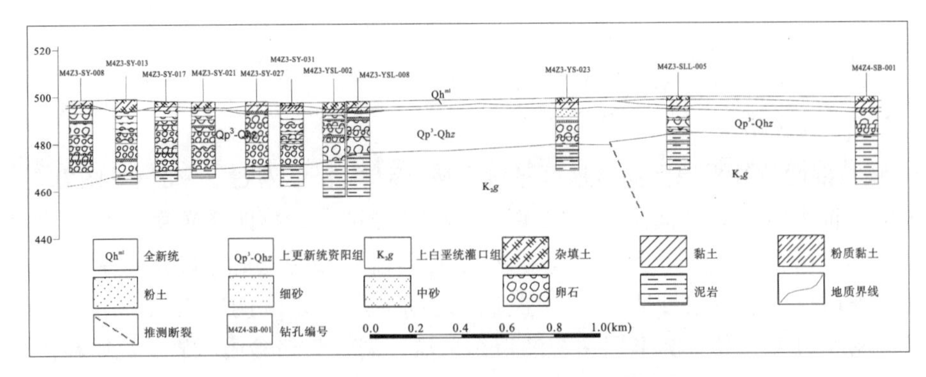

图 5.1-12　收集钻孔勘探线地质剖面简图

S6 试验剖面被一条隐伏断裂贯穿，该隐伏断裂地质推断为包江桥断裂，亦即根据 1990 年开展的成都市电测深工作所推测的府河断裂。该断裂在地表以及钻孔勘探线剖面上无明显显示。

5.1.2.2　综合物探精细解译

1. 探地雷达

S6 试验剖面位于平原区向台地区过渡区域，第四系覆盖厚数米至 20 m 左右。钻孔情况揭露，地表一般为人工堆积层，其下资阳组表现为二元结构，上部为黏土层，下部为卵石层。

探地雷达在该试验段效果较差，可能受地下管线的影响较大。从单道信号来看，仅浅部有反射层显示，深部电磁波衰减剧烈，未见明显反射界面。浅部反射层推测为近地表的填土层和粉质黏土层，下方为卵石层，虽然第四系覆盖较浅，但没有见到明显的基覆界面反射信号（见图 5.1-13）。

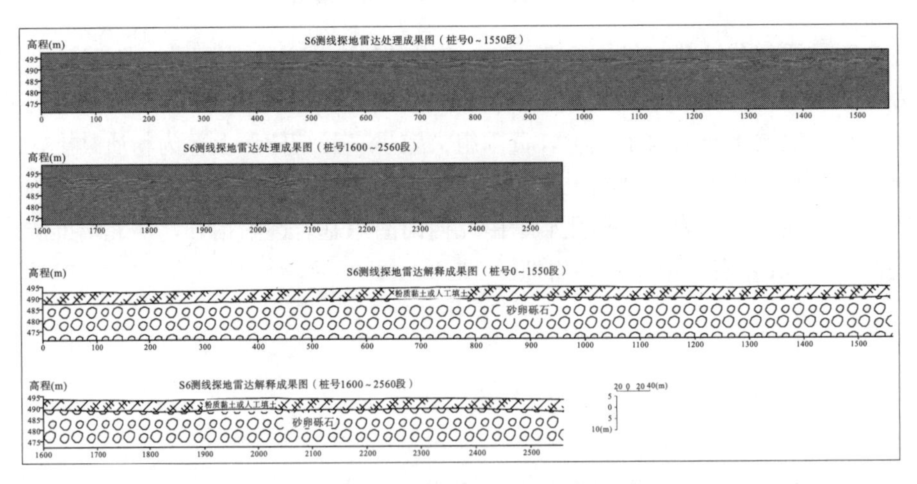

图 5.1-13　S6 试验剖面探地雷达成果图

2. 微动勘探法

S6 试验剖面微动勘探成果图（见图 5.1-14）表明，剖面地层随着波速的变化自上而下呈现出“层状”结构特征，分为三个主要地层：上覆盖层，其横波速度变化较大，大致在 700 m/s 以内，埋深在地表至 25 m 之间，推断主要为第四系全新统-上更新统填土、黏土层及第四系上更新统资阳组的卵石层；中间层横波速度集中在 700～800 m/s，结合钻井等资料，推断该速度结构层为基覆界面，主要反映了强风化泥岩和第四系的速度过渡带的分布，推断风化层主要是上白垩统灌口组（K_2g）粉砂质泥岩层，埋深范围集中在 14～30 m，厚度在 7 m 以内变化；最下层横波速度大于 800 m/s，深度大于 30 m，推断为上白垩统灌口组（K_2g）的中风化地层。

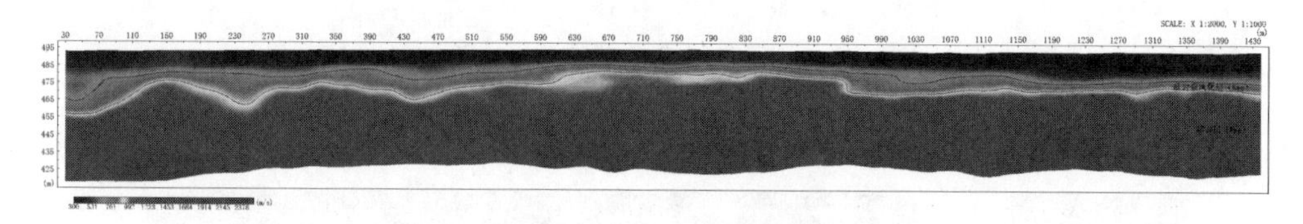

（a）S6 试验剖面（二环内）微动勘探成果解译

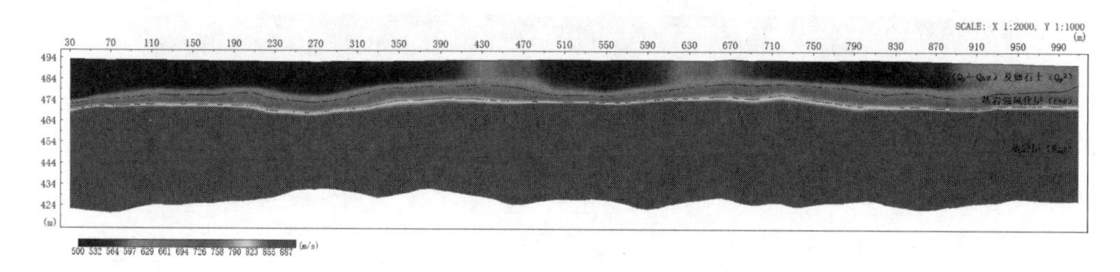

（b）S6 试验剖面（二环外）微动勘探成果解译

图 5.1－14　S6 试验剖面微动勘探成果图

根据微动横波速度反演结果来看，区分第四系中的人工填土、粉质黏土和卵石层难度较大，三者横波速度差异较小。而且由于微动采集信号的高频能量不足，导致在拾取频散曲线时很难拾取道浅层速度信息。

3. 混合源面波法

混合源面波中主动源面波由于增加了人工震源，采集信号的主频较高，因此对浅部的分层能力优于被动源面波。

主动源面波反演结果显示，速度分为三层，浅表至深部速度逐渐增大：浅表为低速层，推测为人工填土和粉质黏土，横波速度小于 500 m/s；其下的中速层推测为卵石层，横波速度为 500～800 m/s；深部的高速层横波速度为 800～1200 m/s，根据收集的钻孔基覆界面间为强风化泥岩，推测横波速度小于 1000 m/s 的为强风化层泥岩，大于 1000 m/s 的为泥岩。根据混合源面波（见图 5.1－15）推测的人工填土、粉质黏土厚度约为 5 m，含砂砾卵石层厚度约为 20 m。收集地铁四号线钻孔勘探成果与物探推测的人工填土、粉质黏土厚度对比误差相对较小，而卵石的厚度在钻孔勘探线剖面上显示由北西向南东的厚度由 32.0 m 逐渐减薄至 9.7 m，分析造成偏差的原因主要是部分地段含砂砾卵石层速度与强风化泥岩的速度差异较小。

被动源面波浅表分辨能力相比主动源面波稍差，但从降速层延展特征来看，仍然为向南东方向抬升，推测该降速层为强风化泥岩的反应，其上为人工填土、粉质黏土、卵石，其下为中风化泥岩。

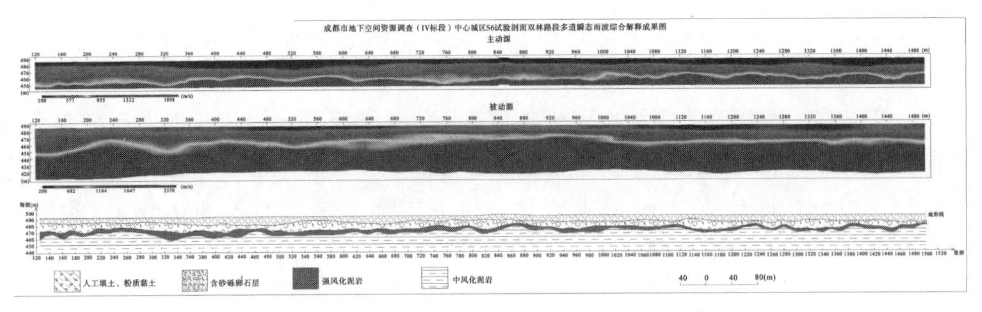

（a）S6 试验剖面（二环路以内）双林路混合源面波反演成果

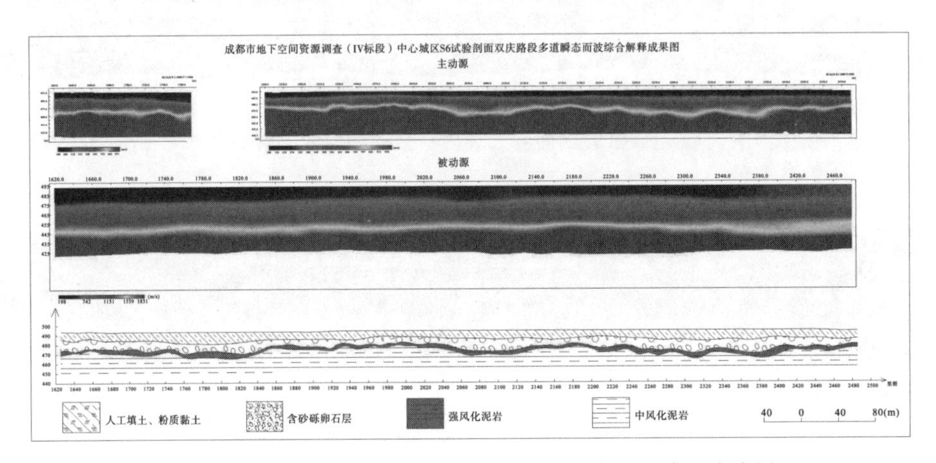

（b）S6 试验剖面（二环路以外）双庆路混合源面波反演成果

图 5.1－15　S6 试验剖面混合源面波成果图

4. 高密度电法

S6 试验剖面位于中心城区一环路附近，无原生地貌可以利用，高密度电法工作在该试验段受影响较大，主要为硬化路面、地下管线和架空高压线等的影响，并且来往车辆和人文干扰也较大。

高密度电法的测量成果（见图 5.1－16）受硬化路面影响，有效探测深度大大缩小，具体表现：

（1）二环路以内，部分地段砂砾卵石层的高阻下界面没有反映，中间高阻层向下畸变明显，表明增大高密度电法测量极距 AB 时电流并未达到理论深度。

（2）二环路以外，受大路口影响，不能敷设电极，影响勘探深度。

以现阶段取得的成果来看，高密度电法成果表现为探测地区的三层地质结构，近地表不均匀低阻反映了硬化路面和回填土之类的电性特征，中部高阻层反映砂砾卵石层结构，向南东方向中部高阻层异常幅值逐渐减小，表明该层位规模在逐渐减小至尖灭。

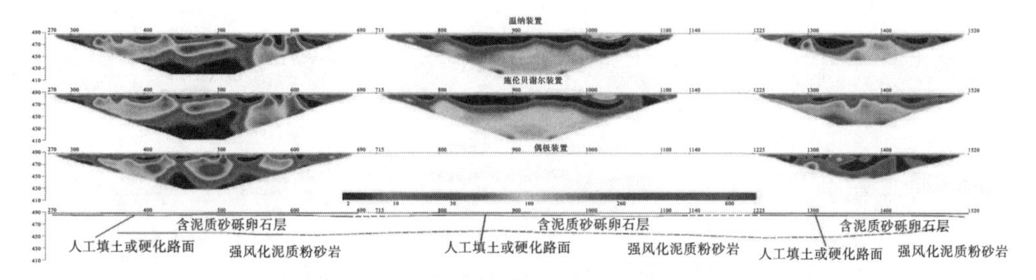

（a）S6 试验剖面二环路以内段高密度电法测量成果

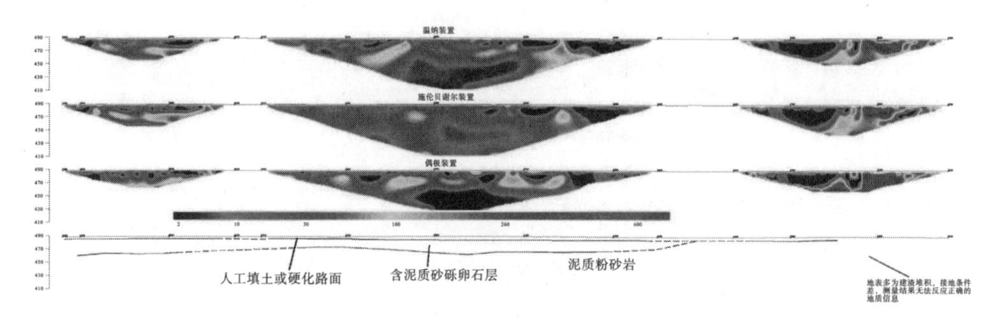

（b）S6 试验剖面二环路以外段高密度电法测量成果

图 5.1－16　S6 试验剖面高密度电法成果图

5. 等值反磁通瞬变电磁法

S6 试验剖面等值反磁通瞬变电磁法成果（见图 5.1－17）表明，地表低阻应是算法插值所得，卵石层可能由于规模等因素，与浅表的低阻层区分难度较大，中部的中高阻异常为强风化层，表现为条带状、团块状中高阻，向东该层位逐渐尖灭，无法识别，但可以看出基底在逐渐上隆。因此，将等值反磁通瞬变电磁法成果划分为 3 层结构，地表难以识别的人工填土、粉质黏土或卵石层，中部的中高阻层为强风化泥岩，该层向东逐渐尖灭，底部为中风化泥岩，自西向东逐渐隆起。

总的来说，市面上的等值反磁通瞬变电磁法测量仪器以及其他小框瞬变仪，主要思路就是加大发射磁矩增加勘探深度，快速关断以及采用特定的消耦技术减少一次场的影响，增加采样率提高纵向分辨率，以大电流供电压制噪声。大规模开展类似城区瞬变电法工作，结合其他物探工作、地质、钻孔等成果，可以对基覆界面起伏形态、隐伏构造、古河道等地质体进行分辨。

类似的瞬变电磁法测量仪器，由于占地较小，解决具体的工程地质问题时，在不利于开展高密度电法之类的地段开展小框瞬变电磁法，以获取多种地球物理参数，有利于多参数相结合对异常的筛查。

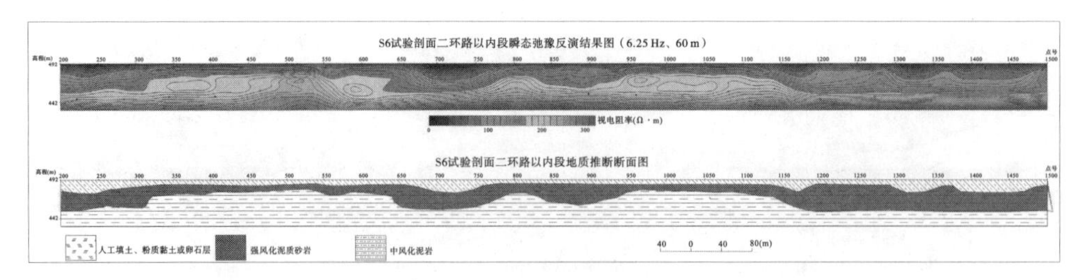

（a）S6 试验剖面二环路以内段等值反磁通瞬变电磁法推断解释成果

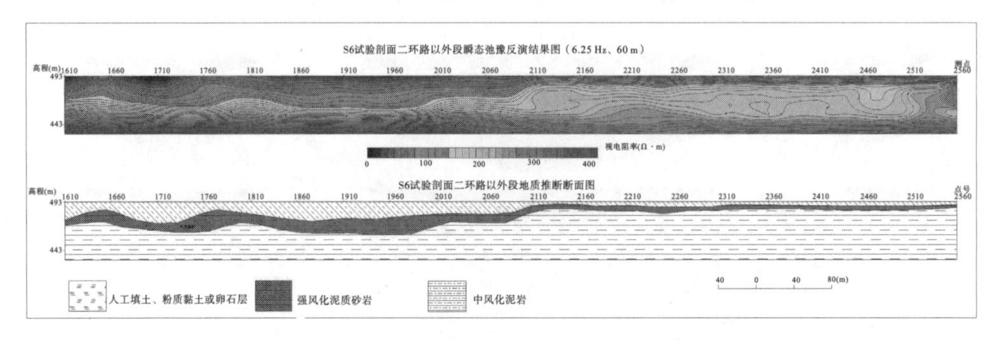

（b）S6 试验剖面二环路以外段等值反磁通瞬变电磁法推断解释成果

图 5.1－17　S6 试验剖面等值反磁通瞬变电磁法成果图

6. 浅层地震反射法

S6 试验剖面为北西走向，从研究区的西部平原区跨过城中心，南东端进入台地区，横波速度在平原区变化较缓，在台地区有较大起伏；等深度位置，台地区横波速度较大。根据测得的横波速度，结合剖面附近的多个钻孔资料，将层析成像地表位置分为三层：

（1）低速层，横波速度为 500～1100 m/s，厚度为 1～10 m。该层主要为人工填土、粉质黏土、砂质黏土、松散卵石层；低速层界面大约在府河断裂以西为松散卵石层底界，在府河断裂以东为黏土层底界。

（2）降速层，横波速度为 1100～2000 m/s，厚度为 9～28 m。该层在平原区主要为疏松-中密卵石层，在中部过渡区及台地区为疏松-密实卵石层。横波速度为 2000 m/s 的界面在平原区为密实卵石层的顶界面，在中部过渡区及台地区与第四系的底界面吻合。

（3）高速层，横波速度大于 2000 m/s。平原区由于第四系堆积较厚，底部卵石层风化程度低，层析成像反映的高速层以密实卵石层为主；在中部过渡区和台地区高速层以白垩系灌口组泥岩为主。

从 S6 试验剖面浅层地震反射法层析成像成果图（见图 5.1－18）来看，浅表低速层是人工填土、粉质黏土等表层土的反映，横波速度为 800～1100 m/s，厚度变化不大，二环路口显示低速层规模减小，但分析认为是受十字路口来往车辆干扰所致；中速层横波速度为 1100～2000 m/s，反映了上更新统资阳组卵石层的速度特征，厚度向南东方向具有逐渐减小的趋势；横波速度大于 2000 m/s 的地层为基岩地层，根据搜集钻孔成果显示该段为白垩系灌口组泥岩地层。

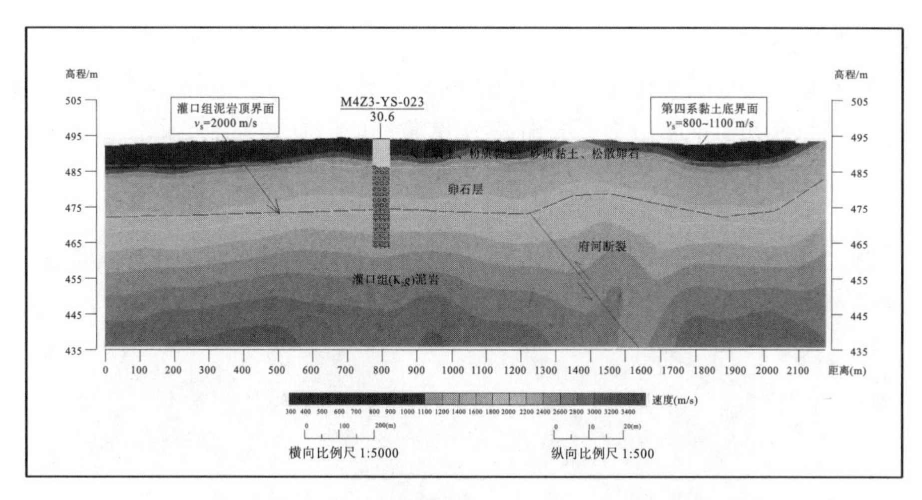

图 5.1－18　S6 试验剖面浅层地震反射法层析成像成果图

结合区域地层岩性资料、地层厚度推断该段地层的地震反射界面及各反射界面起伏变化（见图 5.1－19）：第四系全-上更新统资阳组（Qp^3-Qhz）与白垩系灌口组泥岩反射界面为密实卵石层进入风化层界面，横波速度增大，但在该试验段上由于基覆界面浅，近道受震源干扰，同相轴显示相对不明显，较明显的同相轴为白垩系灌口组地层内砂泥岩或含膏盐层的波速标志层。

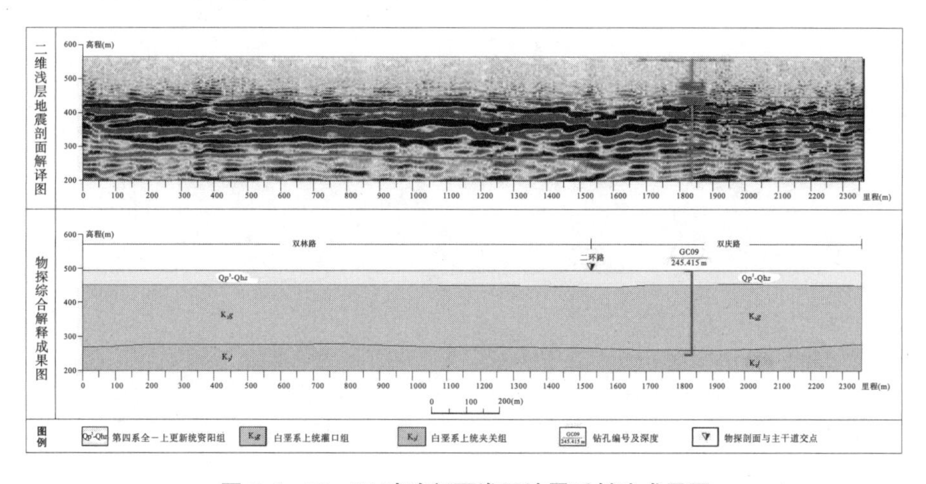

图 5.1－19　S6 试验剖面浅层地震反射法成果图

5.2　基岩物探方法精细识别

5.2.1　平原区 S4 试验剖面

S4 试验剖面第四系厚度达 200 m 以上，故在研究使用的方法中只有音频大地电磁法和浅层地震反射法可达到该勘探深度。

1. 音频大地电磁法

由于已建城区的电磁干扰大，现阶段的试验表明音频大地电磁测深分辨率是所有方法中最差的，只能初步推测出基覆界面。S4 试验剖面的音频大地电磁法反演断面由浅至深呈低阻、中阻、高阻的三层电性特征，如图 5.2−1 所示。

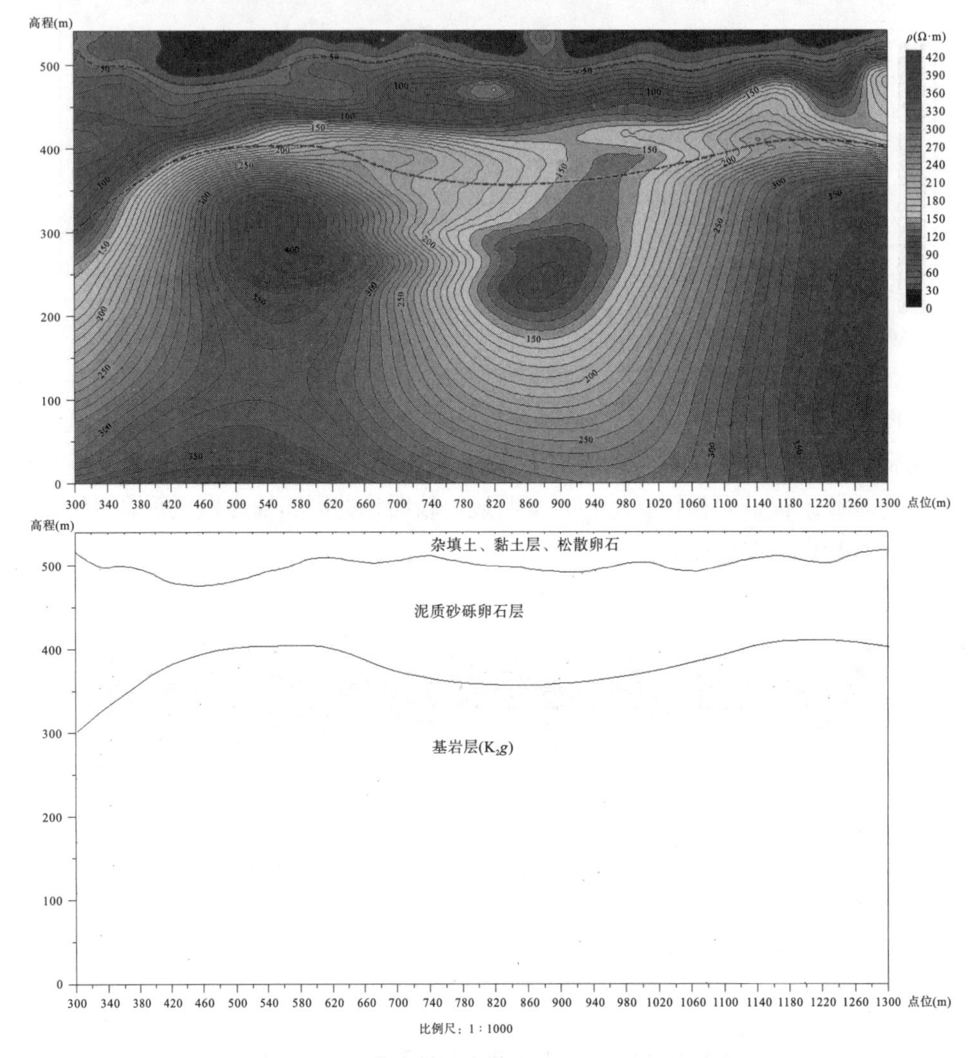

图 5.2−1　S4 试验剖面音频大地电磁法反演断面图

地质资料结果表明，该区域垂向上具有 4 层地质结构，由新至老为上更新统、中更新统、下更新统、上白垩统灌口组。第四系覆盖厚度为 150～200 m。

根据音频大地电磁法反演成果（见图 5.2−1），结合剖面附近 ZS0 钻孔资料推断，剖面浅表低阻层推测为第四系全新统-上更新统覆盖层，主要为杂填土、黏土层、松散卵石，反演电阻率普遍在 11～50 Ω · m 之间，平均厚度为 80 m 左右；下伏中阻层为泥质砂砾卵石层，其电阻率相对较高，在 50～180 Ω · m 之间，埋深范围为 50～250 m，平均厚度为 100 m 左右；底部高阻电性层为基岩层，电阻率一般大于 180 Ω · m，埋深在 250 m 以下，推断地层为上白垩统灌口组（K_2g）泥岩。

音频大地电磁法测量成果表明，在已建城区受到的干扰相对较大，反演断面图只能大致显示基岩面的起伏形态。

2. 浅层地震反射法

平原区基覆界面一般为卵石层与风化砂泥岩分界面，电阻率幅值陡降，自然伽马升高，横波速度和密度均相对增大，物性变化明显［见图 5.2－2 (a)］。波阻抗是由声波、密度综合决定的，通过测井合成记录与地震道数据的对比，落实第四系底界为强波峰反射特征；白垩系顶部断续强轴为灌口组顶部风化壳层的地震反射响应［见图 5.2－2 (b)］。

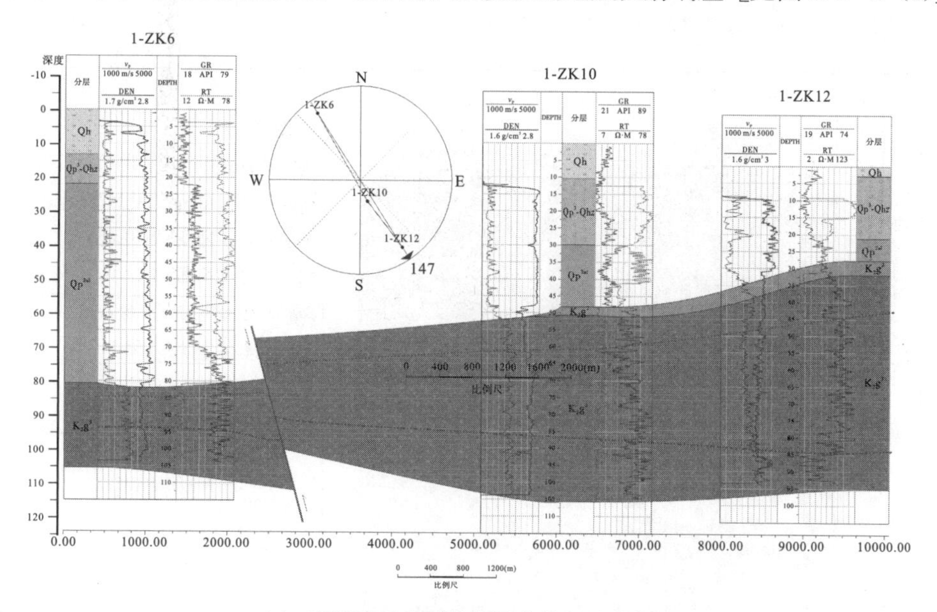

(a) 基覆界面典型综合测井特征连井剖面

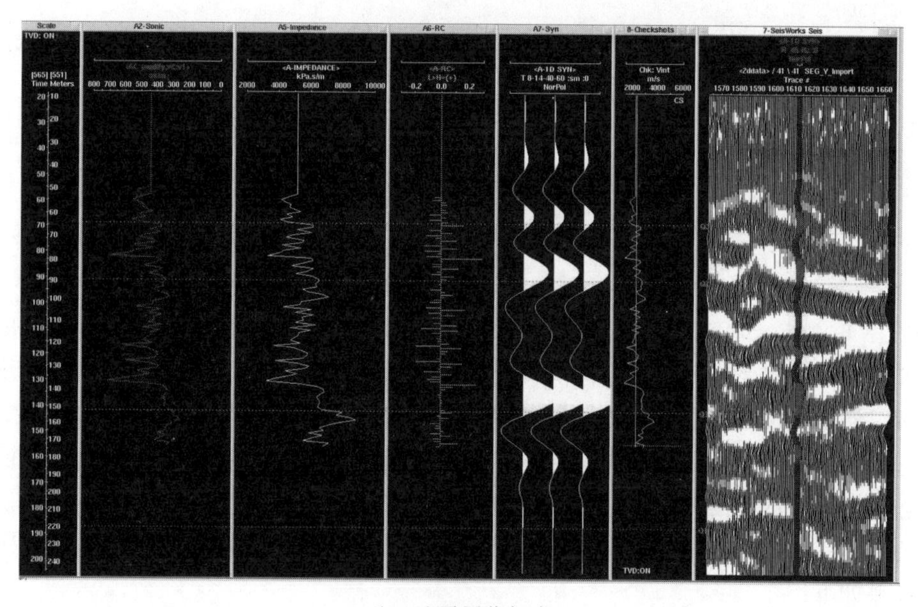

(b) 地震层位标定

图 5.2－2　井－震结合以及多参数确定基覆界面

根据前述地震解译基覆界面的标志，参考距离 S4 试验剖面最近的两口钻井 ZS02 和 ZG24，对地震叠加剖面进行解译（见图 5.2-3），其成果显示基覆界面埋深在 176～191 m 之间，北西深、南东浅，整体来说基岩起伏不大；结合后续开展的位于 S4 试验剖面南西端的一条控制性浅层地震反射法剖面，在推测的基覆界面以下还存在一条明显的同相轴，该同相轴位于标高 200 m 左右，向南东方向抬升，S4 试验剖面段上该同相轴位于标高 250 m 左右，由于没有测井资料标定，推测该同相轴反映了白垩系灌口组底界面，推测依据为白垩系灌口组以砂泥岩为主，而下伏白垩系夹关组以砂岩为主，两者的波速特征存在一定差异。

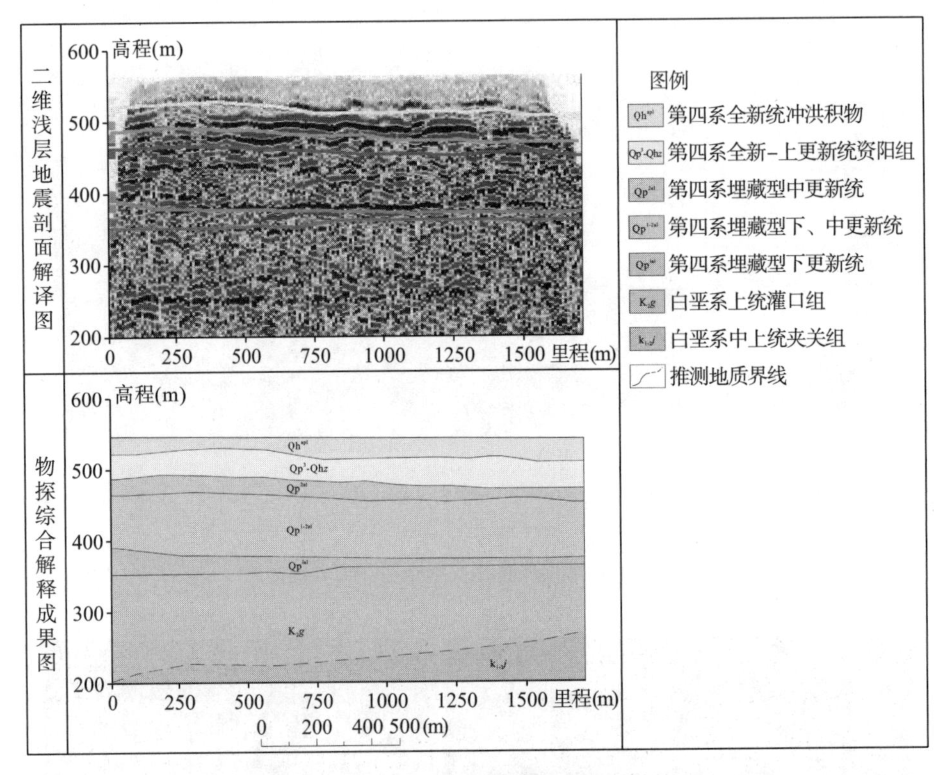

图 5.2-3　S4 试验剖面综合物探解译断面图

5.2.2　过渡区 S6 试验剖面

S6 试验剖面段基覆界面埋深较浅，探地雷达由于受到市区内管线的干扰，未能探测到基覆界面，高密度电法则是因为硬化路面的接地条件较差且路口较多，未能形成连续剖面，使得其反映的视电阻率特征规律性不强。从异常特征来看，仍然反映了浅表的回填土、粉质黏土、卵石层的电性结构，但受接地电阻影响，没有探测到基覆界面起伏的形态。音频大地电磁在市区内受到的电磁干扰严重，而且基覆界面埋深浅，不能很好地识别基覆界面，仅能大致分辨深部岩层电场特征。其他物探方法识别基覆界面及基岩段的效果如下：

1. 微动勘探法

微动勘探成果所反映的高速层明显具有北西深、南东浅的特征（见图 5.1－14），在剖面北西端中速层埋深标高大致在 460 m 左右，南东端该层位已抬升至标高 480 m 左右，与收集到的钻孔连井剖面所反映的地层信息较为一致。根据钻孔显示的地质特征，推测中速层为强风化泥岩的地球物理响应，其横波速度区间为 600～800 m/s。高速层横波速度大于 800 m/s，显示了白垩系灌口组泥岩的速度特征。在白垩系灌口组层内利用微动横波速度反演成果识别砂岩、泥岩难度较大。

2. 混合源面波法

不同震源的面波反演成果均显示降速层向南东抬升，该层位横波速度区间为 600～800 m/s，推测由强风化泥岩引起（见图 5.1－15）；强风化泥岩之下识别灌口组内亚段难度较大。

3. 等值反磁通瞬变电磁法

等值反磁通瞬变电磁法成果显示中部的中高阻层为基岩的风化层，该层向东逐渐尖灭；底部为砂泥岩层，自西向东逐渐隆起（见图 5.1－17）。等值反磁通瞬变电磁法的测量结果与混合源面波法结果有很好的对应性，可以相互验证，桩号 1200～1600 段的低阻体向下部高阻体入侵的现象可推断由电阻率不均匀所致。此结果是对混合源面波法测量结果的有益补充。以往直流电测深工作推断试验剖面在桩号 650～700 段处存在隐伏断裂，推断依据主要是电测深曲线形态由 K 型转变为 A 型或 HA 型。

4. 浅层地震反射法

研究区中心城区含膏岩地层具有“三高一低”，即相对高密度、高电阻率、高横波波速、低自然伽马的物性特征，利用该特征对连井剖面进行多参数反演插值，能够识别基岩地层中膏岩富集区的空间展布（见图 5.2－4）。结合地震叠加剖面，卵石层与风化层基岩界面以下的同相轴由含膏盐砂泥岩富集段所引起，推测在灌口组内部膏盐富集段的顶界面（见图 5.1－19）。

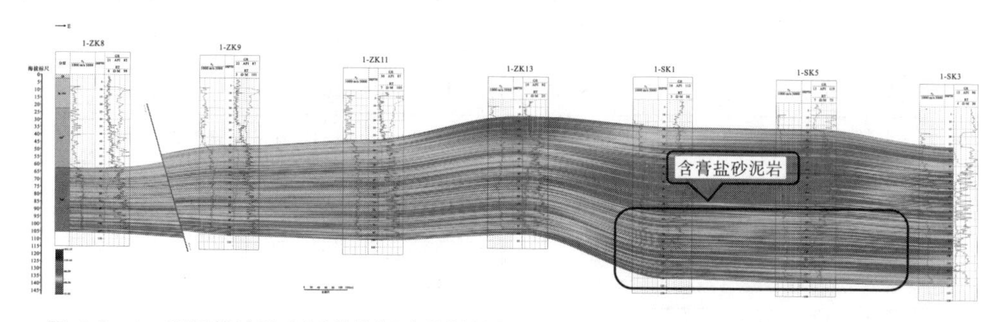

图 5.2－4　利用横波速度测井数据连井插值剖面识别灌口组地层中含膏盐地层的分布特征

由于研究区中心城区地震剖面均沿主干道路敷设，钻井离地震测线较远，利用测井资料表确定地震层位会存在一定的误差。通过综合物探方法划分全区的地层结构，在获得某层位的基础上对全区进行网格插值计算，将获取的基覆界面的标高网格插值形成全区基覆界面等高线平面图，再与每个钻井成果获取的基覆界面标高进行误差统计（见表 5.2－1），以钻井测得基岩标高为约束条件，最终获得较准确的基岩标高等高线平面图。

表 5.2−1 钻井基覆界面标高与网络插值形成基覆界面标高误差对比表

钻井号	钻井基覆界面标高(m)	网格插值形成基覆界面标高(m)	误差值(m)	钻井号	钻井基覆界面标高(m)	网格插值形成基覆界面标高(m)	误差值(m)
DW-ZK1	494.40	502.62	−8.22	ZS18	415.70	404.72	10.78
GC-ZK1	508.90	499.91	8.99	ZG15	419.80	422.43	−2.63
GC-ZK12	500.90	495.30	5.80	ZG17	428.90	429.66	−0.76
GC-ZK13	479.40	486.80	−7.40	ZG21	467.40	477.61	−10.20
GC-ZK14	487.00	475.66	11.54	ZG22	414.80	424.95	−10.15
GC-ZK3	481.20	476.80	4.40	ZG24	368.20	367.32	0.88
GC-ZK4	484.20	477.10	7.10	ZG25	364.90	364.57	0.33
GC-ZK5	498.70	494.14	4.56	ZS27	418.60	416.74	1.86
GC-ZK8	472.90	472.75	0.15	ZS28	429.30	426.50	2.80
SW-ZK1	492.30	484.80	7.50	ZG29	401.00	382.85	18.15
SW-ZK2	489.90	491.39	−1.49	SK2	469.60	461.60	8.00
SW-ZK4	493.80	490.95	2.85	SK3	464.20	455.61	8.79
SW-ZK5	483.10	482.37	0.73	ZK2	410.10	412.09	−1.99
SW-ZK6	483.10	478.00	5.10	ZK3	371.20	362.22	8.98
SW-ZK7	480.60	475.95	4.65	ZK6	425.10	436.69	−11.59
SW-ZK8	495.90	495.01	0.89	ZK7	439.70	431.60	8.10
SW-ZK9	483.80	483.27	0.53	ZK8	439.00	441.68	−2.68
SW-ZK10	493.80	491.15	2.65	ZK9	456.50	444.78	11.72
ZS01	391.20	386.65	4.55	ZK10	448.40	443.26	5.14
ZS02	359.90	353.37	6.53	ZK11	460.50	463.80	−3.30
ZS07	450.20	456.14	−5.94	ZK12	461.60	461.95	−0.35
ZD08	506.80	504.55	2.25	ZK13	472.60	464.20	8.40
ZS09	478.20	479.18	−0.98	ZK14	466.70	465.68	1.22
ZG10	480.00	475.07	4.93	ZK15	467.20	467.17	0.03
ZS11	438.50	432.73	5.97	ZK16	466.60	459.51	7.09
ZS12	460.20	452.71	7.49	ZK17	462.70	459.92	2.78
ZS14	431.10	423.40	7.70	ZK18	458.90	455.93	2.97
ZS16	409.50	407.89	1.61	ZK19	464.20	466.30	−2.10

图 5.2−5 为研究区中心城区基覆界面标高等值线平面图，显示了在研究区中心城

区范围内通过综合物探划分基覆界面标高，然后利用网格插值形成全区基覆界面等高线平面图，再由此读出区域内每个钻井的基覆界面标高。结合表 5.2－1，最大误差值为 18.15 m，平均误差范围为 5.00～8.00 m。分析造成误差的原因：一是由于钻井距离地震剖面有一定的距离，从而带来标定上的误差；二是由于全区基覆界面标高为网格插值所得，且综合物探（主要浅层地震反射法）剖面网度较稀疏，测线之间平均相距为 5～10 km，数据点分布不均匀带来的误差。

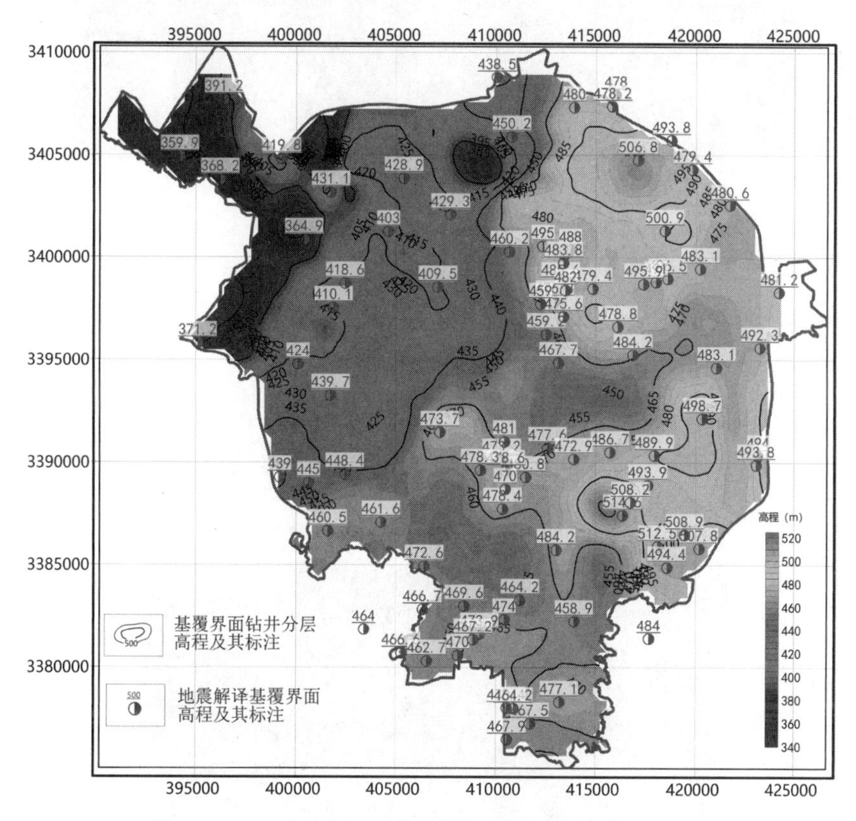

图 5.2－5　研究区中心城区基覆界面标高等值线平面图

5.3　浅埋基底物探探测研究

5.3.1　试验场地选择与地形地貌

5.3.1.1　试验场地选择

根据成都周边的地质情况及周围的地形地貌等特征，查阅成都周围的大量地图和地质图，并经过多次踏勘，研究技术小组最终选定的试验场地位于距离成都市北四环路以北 10 km 左右的新都区双龙村附近（见图 5.3－1）。

图 5.3-1 试验场地卫星影像

5.3.1.2 试验场地地形地貌

试验场地属于成都平原，地形平坦，植被类型为稀疏的高大乔木苗圃，还生长有野生灌木（见图 5.3-2）。

图 5.3-2 试验场地现场照片

5.3.2 试验场地的地质、地球物理特征

5.3.2.1 试验场地的地质特征

试验场地附近的钻孔深度在 0～50.0 m 之间，从浅到深依次为填土-砂质黏土-卵石土-粉砂质泥岩。填土的深度范围为 0～1.2 m，砂质黏土的深度范围为 1.2～3.1 m，卵石土的深度范围为 3.1～20.9 m，基岩（粉砂质泥岩）的深度范围在 20.9 m 以下，也就是说，第四系与基岩的分界面深度为 20.9 m，如图 5.3-3 所示。

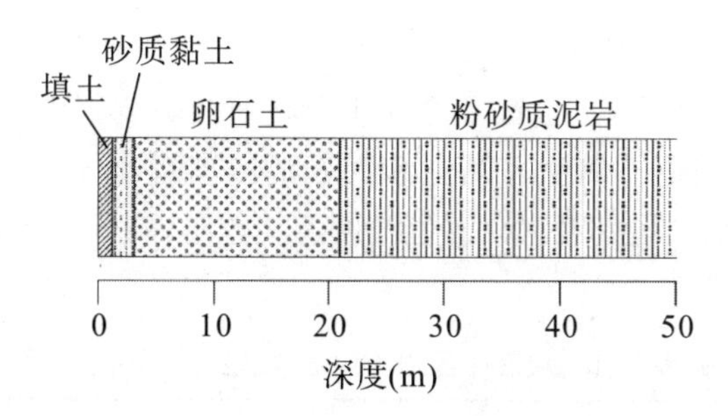

图 5.3-3 试验场地附近的钻孔深度示意图

5.3.2.2 试验场地的地球物理特征

1. 电性特征

根据收集到的成都平原各岩土层的电阻率资料，统计得到成都平原各岩土层电阻率一览表（见表 5.3-1）。

表 5.3-1 成都平原各岩土层电阻率一览表

岩性名称	电阻率值（Ω·m）	
	常见值	常见变化范围
砂质黏土	40.00	27.00～54.00
黏土	13.00	9.00～18.00
泥砂砾卵石层	208.00	148.00～267.00
含砂泥砾、泥砾层	93.00	74.00～112.00
强风化泥砂岩	16.00	13.00～18.00
弱风化泥砂岩	24.00	20.00～29.00
砂岩	52.00	36.00～69.00
泥岩	15.30～1.97	6.00～17.79
砾岩	80.37	35.60～215.24

由表 5.3-1 可知，各岩土层的电阻率与其物质成分及结构变化有关。

（1）在第四系覆盖层中，岩土层的黏土质或泥质含量越高电阻率越低，反之越高；岩土层颗粒结构的粒径越大电阻率越高，反之越低。总体来说，电阻率由高到低依次是泥砂砾卵石层、泥砾层、砂质黏土、黏土。

其中砂质黏土的电阻率还与其产出地点有关，其电性分布特征有西大、东小和以河流向两侧递减的趋势。

（2）在基岩中，电阻率不仅与各岩层的物质成分和结构有关，还与各岩层的风化程度和破碎程度有关。一般地，在同一岩性情况下，风化程度或破碎程度越高，电阻率越低；反之越高。例如，强风化泥砂岩的电阻率明显低于弱风化泥砂岩。基岩中，泥岩的电阻率最低，然后由低到高依次为强风化泥砂岩、弱风化泥砂岩、砂岩和砾岩。

2. 波速、震动背景特征

根据收集到的资料统计得到成都平原岩土层波速及影响因素一览表（见表5.3−2）。由表5.3−2可知，杂填土、粉土、黏土和细砂的波速远小于密实卵石和泥岩、砂岩。而密实卵石的波速与强风化的泥岩、砂岩的波速相差不大。试验场地在成都远郊，振动噪声较弱。

表5.3−2 成都平原岩土层波速及影响因素一览表

岩土名称	纵波波速（v_P）（m/s）	横波波速（v_S）（m/s）	动泊松比（μ_d）	动弹模量（E_d）（MPa）	动剪模量（G_d）（MPa）
杂填土	445.0	133.5	0.451	100.2	34.6
粉土	463.0	145.3	0.445	121.4	42.0
黏土（可塑）	472.0	157.8	0.437	142.4	49.5
细砂	476.0	160.8	0.435	148.0	51.5
松散卵石	618.0	219.8	0.428	281.5	98.6
稍密卵石	698.0	294.1	0.392	515.9	185.3
中密卵石	819.0	376.1	0.366	867.6	317.5
密实卵石	907.0	463.0	0.324	1332.6	503.4
强风化泥岩	1057.8	505.7	0.321	1246.1	557.8
中等风化泥岩	1593.0	852.1	0.300	4621.7	1778.1

5.3.3 物探技术方法效果对比

浅埋基底探测主要采用高密度电法和微动勘探法两种物探方法。

5.3.3.1 高密度电法工作效果

1. 仪器设备的选择

高密度电法所用设备在中地装（重庆）地质仪器有限公司（原重庆地质仪器厂）生产的TUK-4型高密度电法测量仪和重庆精凡科技有限公司生产的N2型高密度电法测量仪间进行比较选择。

TUK-4型高密度电法测量仪［见图5.3−4（a）］包括TUK-4型电法测量主机1台（进行高密度电法测量、高密度电法测量控制、参数输入和采集数据监控）、高密度电缆16根（连接主机与接地电极）、接地铜电极160根（供电或接收电极）、800 V高压直流电源（高压直流供电）。

N2型高密度电法测量仪［见图5.3−4（b）］包括N2型电法测量主机1台（进行高密度电法测量）、军用平板电脑1台（使用WiFi与主机进行数据传输，从而遥控主机进行数据采集等）、高密度电缆16根（连接主机与接地电极）、接地铜电极160根（供电或接收电极）、500 V高压直流电源（高压直流供电）。

(a) TUK-4 型

(b) N2 型

图 5.3-4 高密度电法测量仪实物图

两个型号的高密度电法测量仪的特点见表 5.3-3。

表 5.3-3 两个型号的高密度电法测量仪特点一览表

项目	TUK-4	N2
生产厂家	中地装（重庆）地质仪器有限公司	重庆精凡科技有限公司
高密度电法设备布局	两者均为分布式布局，可随意加减电极数	
便携性或设备重量	两者无显著差别	
测量稳定性或抗干扰能力	较好	较好
仪器智能化或易用性	智能化程度一般，但易用性强	智能化程度较高，易用性强
电极处理	无法定义无效电极或删除无用道；当排列中有无效电极时，无法屏蔽无效电极；断面测量时需手动忽略电极异常报警，会影响测量效率	可以定义无效电极或删除无用道；当排列中有无效电极时，断面测量可自动跳过无效电极，不会影响测量效率
对高密度电法排列的滚动的支持	必须在一个排列测量完成后才能切断排列、移动电极和电缆，排列滚动效率一般	可在测量过程中切断排列，并移动电极和电缆，大大提高了排列滚动效率
数据监控	现场只能生成数据点图	现场可生成视电阻率拟断面图，便于初步判断异常位置
最大直流高压供电电压	800 V	500 V。对于探深 50 m 的情况，已经能够满足使用
其他特点	操作员只能待在仪器边直接操作仪器主机	操作员可使用军用平板电脑遥控操作仪器主机

根据综合比较，无论从工作效率还是仪器功能特点，N2 型高密度电法测量仪更符合本次探测研究的要求。

为满足技术要求，在试验进行前和结束后分别对 TUK-4 型和 N2 型高密度电法测量仪做一致性检验，一致性均方相对误差在 1%以下时表明仪器一致性优秀、性能良好，可用于野外探测。图 5.3-5 为 TUK-4 型和 N2 型高密度电法测量仪的一致性曲线，可以看到，试验前一致性均方相对误差为 0.651%，表明两个型号的仪器的性能都较为优秀，一致性达标。

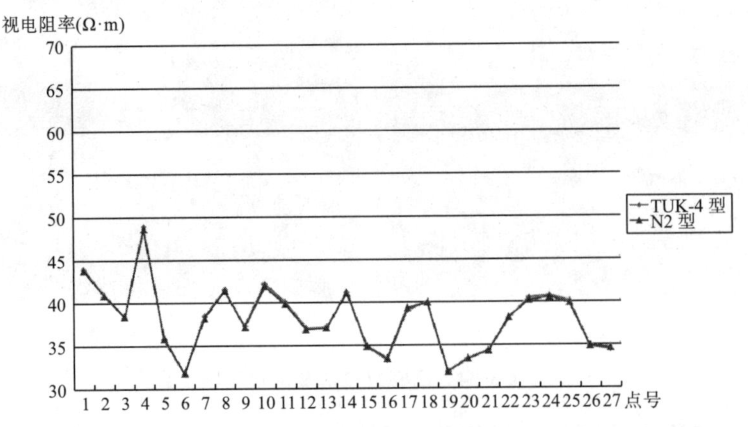

图 5.3−5　TUK-4 型和 N2 型高密度电法测量仪试验前的一致性曲线

2. 不同高密度电法装置的工作效果对比

根据本次现场试验及对以往工作经验的总结，得到常用的高密度电法装置特点一览表（见表 5.3−4）。

表 5.3−4　常用的高密度电法装置特点一览表

项目	温纳装置	偶极−偶极装置	施伦贝谢尔装置
分辨率特点	纵向分辨率和分层效果较好	横向分辨率和判断孤立异常体效果较好	判断深部的孤立异常体效果较好
测量稳定性及抗干扰能力	测量稳定性高，抗干扰能力强	测量稳定性低，抗干扰能力弱	测量稳定性低，抗干扰能力最弱
地形影响	受地形影响小	受地形影响大	受地形影响大
数据质量	数据稳定性高，数据连续性好，负值、突变点、坏点少	数据稳定性低，负值、突变点、坏点较多	测量稳定性低，负值、突变点、坏点较多
适用场景	地形切割较大、接地条件较差、电极间距较大、探深较大	地形平坦、电极间距较小、探深较小	地形平坦、电极间距较小、探深较小

经过比较，最终认定温纳装置符合本次工作要求。

3. 不同电极间距的工作效果

1）不同电极间距下的视电阻率比较

如图 5.3−6 所示，断面的视电阻率在 40～180 Ω·m 之间，视电阻率由浅至深大致呈低−高−中（阻）三层分布：浅表为一层很薄的低阻层，视电阻率在 40～60 Ω·m 之间；中部为较连续的高阻层，视电阻率在 80～180 Ω·m 之间，该层内部视电阻率变化较大，在 $AB/6$ 为 13 m 左右时，出现串珠状的高值异常；底部为中阻层，视电阻率在 60～80 Ω·m 之间，内部视电阻率变化不大且分布较均匀。

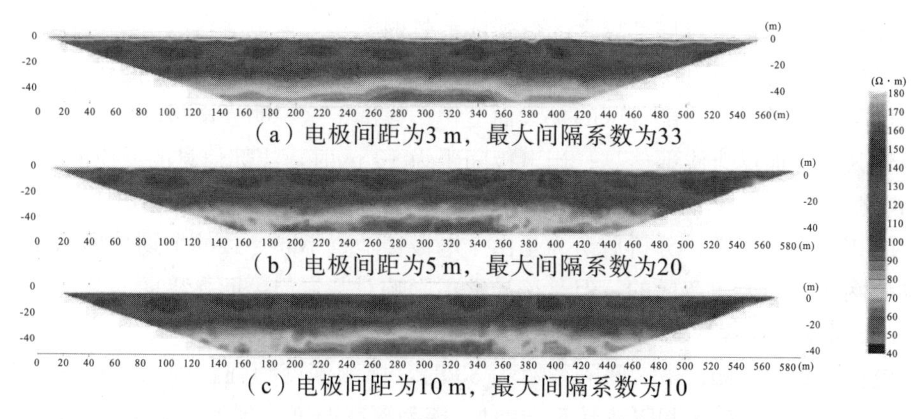

(a) 电极间距为3 m，最大间隔系数为33

(b) 电极间距为5 m，最大间隔系数为20

(c) 电极间距为10 m，最大间隔系数为10

图 5.3-6　三种电极间距测得的视电阻率拟断面对比图

三种电极间距下，由高密度电法测量得到的视电阻率拟断面变化特征大体相似，甚至在某些局部，细节也大体相似。只是在电极间距为 10 m 时，由于浅部盲区的扩大，导致最浅部的、薄的低阻层不明显。

2）不同电极间距下反演成果的比较

根据收集到的试验场地周围钻孔的柱状图（见图 5.3-7），由浅至深分别为浅部较薄的砂质黏土层、砂砾卵石层、基岩层，其中基岩层的主要岩性为砂质泥岩，砂砾卵石层与基岩层的界面深度为 20.9 m 左右。从反演成果来看，断面分为低-高-低三层，分层情况大致与实际情况一致。当电极间距为 3 m、5 m、10 m 时，高阻层与底部低阻层的分界面分别在 20.5 m、25.3 m 和 22.5 m 左右，底部低阻层的电阻率与砂质泥岩的基本一致，中部高阻层的电阻率也与砂砾卵石层的基本一致，与钻孔揭露的基岩-砂砾卵石层界面是一致的。这说明，当电极间距为 3 m、5 m、10 m 时，高密度电法成果都能很准确地反应覆盖层与基岩的界面深度。但是当电极间距为 10 m 时，反演成果反映的基覆界面起伏特征及第四系的中高阻层位厚度变化的细节不足。

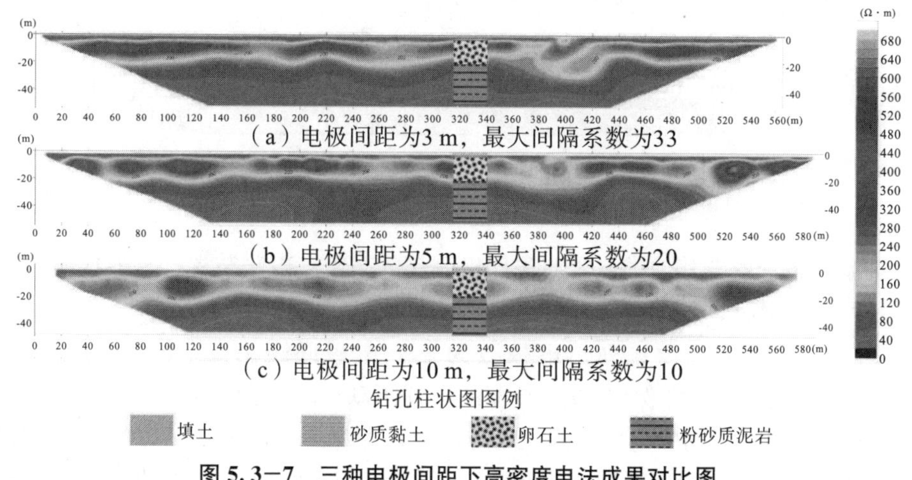

(a) 电极间距为3 m，最大间隔系数为33

(b) 电极间距为5 m，最大间隔系数为20

(c) 电极间距为10 m，最大间隔系数为10

图 5.3-7　三种电极间距下高密度电法成果对比图

当电极间距为 3 m 和 5 m 时，在里程 400 m 处，中部高阻层与底部低阻层的界面都出现了一个下凹异常，两者形态基本一致；当电极间距为 10 m 时，反演成果未能体现这一异常，说明此时对局部异常的反映能力较弱。

当电极间距为 3 m 和 5 m 时，浅部低阻的土壤层清晰；而当电极间距为 10 m 时，浅部的低阻土壤层因为浅部盲区的扩大而变得不连续。这说明当电极间距为 3 m 和 5 m 时，能较为准确地反应浅部信息；当电极间距为 10 m 时，浅部信息的反应能力较弱。

当电极间距为 5 m 时，在里程 220～260 m 范围内，其底部低阻层出现了一个垂直的片状的相对高阻异常，分析后认为是由于电极接地点不同导致的个别数据偏高，经反演软件的网格化放大后造成的。但是该异常不影响对基岩与第四系界面的判读。

4. 不同最大隔离系数对探测深度的影响

当电极间距为 3 m、最大间隔系数为 33 时，探测深度勉强达到设计要求的 50 m；当电极间距为 5 m、最大间隔系数为 20 时，探测深度即可达到设计要求的 50 m；当电极间距为 10 m、最大间隔系数为 10 时，即可满足最大探测深度 50 m 的要求。

5. 高密度电法排列滚动方式的选择

在高密度电法的实际野外工作中，排列的滚动距离直接影响着工作效率和数据质量。滚动距离过小，断面会出现数据重复区，造成无意义的重复工作，从而影响工作效率；滚动距离过大，断面会出现数据空白区（见图 5.3－8），影响后期的数据处理和成果解译。因此必须通过计算得到准确的排列滚动距离。

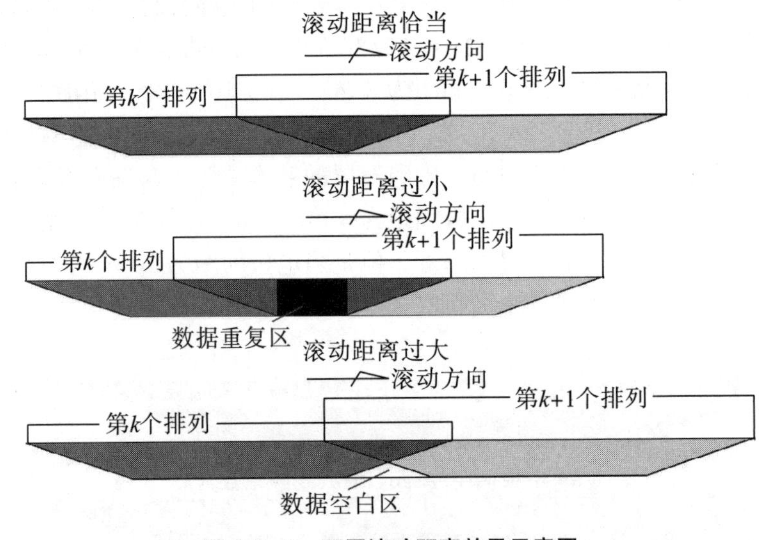

图 5.3－8 不同滚动距离效果示意图

对于温纳装置或者其他类似于对称四极测深的高密度电法装置，一般反演断面的最大探深是取装置最大 AB 的 1/6，即 $h_{max}=AB_{max}/6$。

如图 5.3－9 所示，设排列总电极数为 N，电极间距为 a，每次滚动需要保持 AB_{max} 长度的排列不动，即保留 $6h_{max}$ 长度的排列不动（绿色部分），则不动的电极数为 $n=6h_{max}/a$；将需要移动的电极移到滚动方向上，即将最左侧色块位置的电极移到最右侧色块位置，需要移动的电极数为 $x=N-6h_{max}/a$。不同工作参数下的高密度电法排列的滚动方式见表 5.3－5。

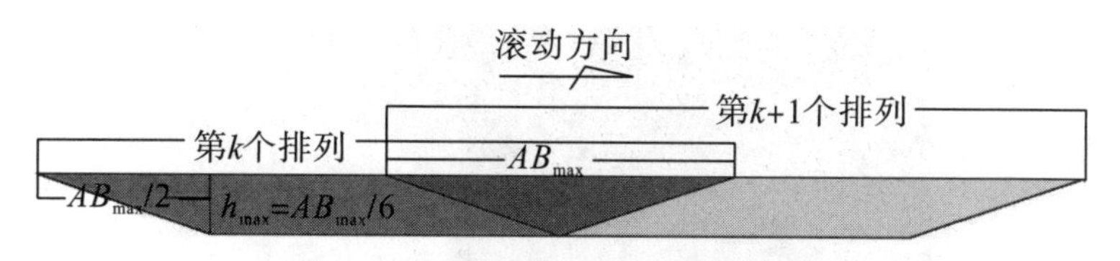

图 5.3-9 高密度电法排列滚动示意图

表 5.3-5 不同工作参数下的高密度电法排列的滚动方式一览表

电极间距（m）	探测深度（m）	需要的最大间隔系数（层）	单个排列的总电极数（个）	滚动时必须保留不动的电极数（个）	可以一次滚动的电极数（个）	可以一次滚动的距离（m）
3	50	33	120	100	20	60
5	50	20	120	60	60	300
10	50	10	120	20	100	1000

由表 5.3-5 可知，当探测深度和总电极数一致时，电极间距越大，滚动效率越高。

6. 高密度电法最佳工作方案

综上所述，电极间距越小，高密度电法的成果剖面反映的精细度越高，物探效果越好；但是需要测量的层数越多，需要测量的数据量越大，同样断面所需的测量时间越长，单个电极排列能够有效测量的断面长度越短，排列能够滚动的距离越短。由此可知，电极间距越小，高密度电法的工作效率越低。通过上述分析，兼顾考虑物探效果、探测深度、工作效率等因素，认为高密度电法测量仪采用温纳装置，电极间距设为 5 m，最大间隔系数设为 20，单个排列总电极数设为 120 个，可以一次滚动 60 个电极（即一次滚动距离为 300 m），为高密度电法工作的最优方案。

5.3.3.2 微动勘探法工作效果

1. 仪器设备

仪器设备首选重庆精凡科技有限公司生产的 Mole 微动勘探仪（见图 5.3-10），包括：单分量无线检波器 26 个，用于接收地面、地下的弹性波信号；笔记本电脑 1 台，用于汇总、记录各检波器的微动测量数据，控制检波器及监视测量数据质量；大功率无线路由器 1 台，用于实现笔记本电脑与各检波器之间的数据传输。

图 5.3－10　Mole 微动勘探仪

微动勘探仪的一致性一般没有固定的衡量标准，这里选择以仪器的波形及频谱曲线来作判断。

由图 5.3－11、图 5.3－12 可知，曲线的形状、趋势相近，说明仪器的一致性比较好，仪器比较稳定。

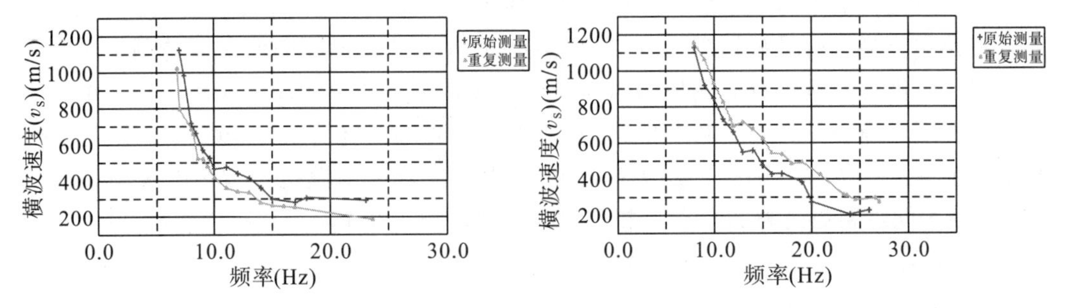

图 5.3－11　微动勘探质量检查 A 点（左）和 B 点（右）频散曲线一致性示意图

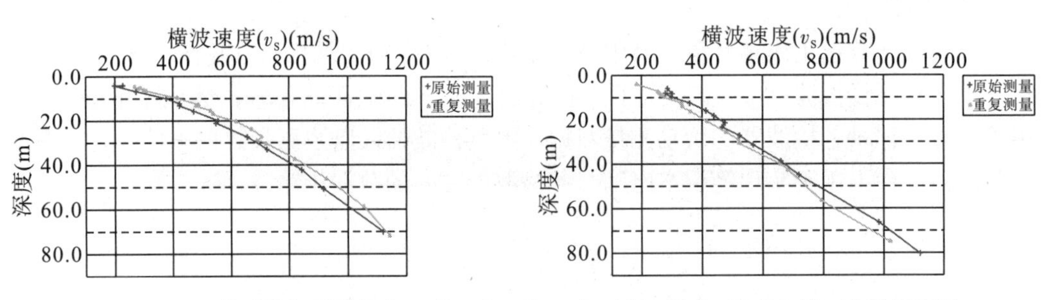

图 5.3－12　微动勘探质量检查 A 点（左）和 B 点（右）深度-速度曲线一致性示意图

选择地下介质均匀、地表平坦的区域，将全部仪器（检波器）放置到同一点处，紧密排列，同步采集不少于 20 min 的微动数据用于分析。各台仪器的一致性可通过信号波形一致性以及 FFT 变换后信号频谱的一致性来判断。

一致性试验是为了检查仪器的频响和幅值在探测深度要求的频率范围内是否一致，并以此判断仪器的稳定性和可靠性。如图 5.3－13 所示，该仪器的信号波形形状、幅值相近，说明稳定性良好。

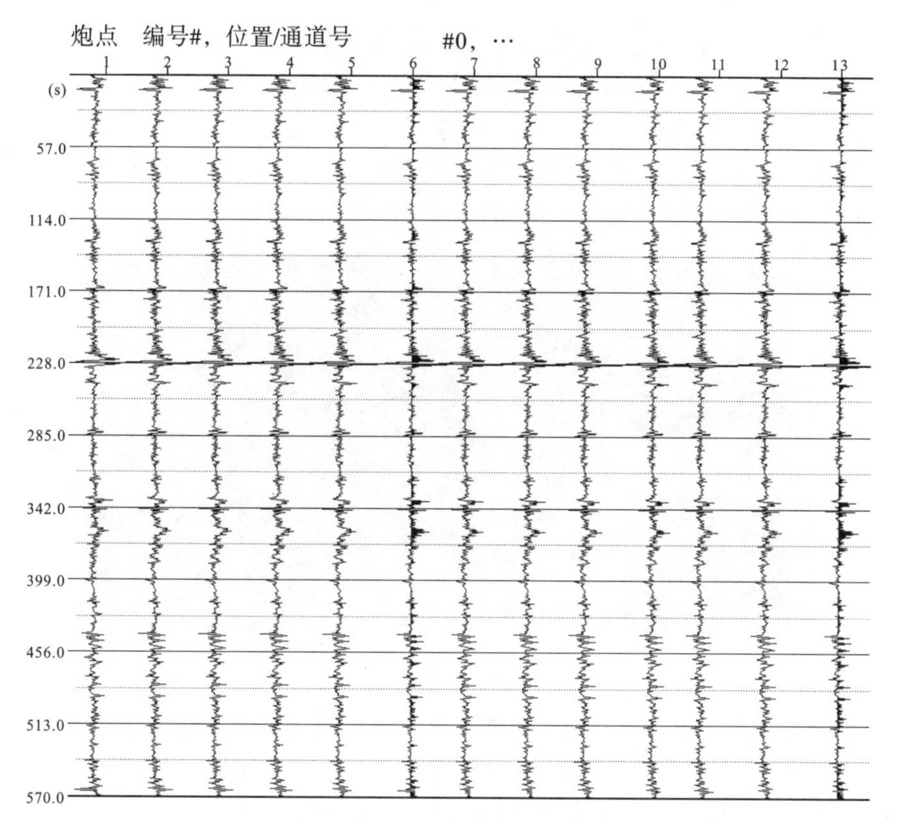

图 5.3−13 仪器信号波形图

从仪器各时段信号频谱图（见图 5.3−14）可以看出，在同一尺度上仪器之间记录的震动幅值相当、振幅谱频率响应分布特征相似，可见本试验所用仪器性能好、一致性好，为后续高质量开展野外数据采集和室内数据分析工作提供了条件。

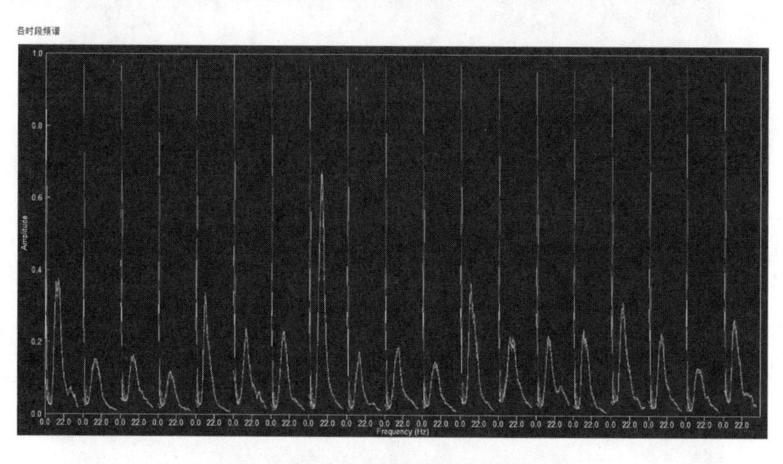

图 5.3−14 仪器各时段信号频谱图

2. 不同工作参数的工作效果

1）台阵类型

直线形台阵布设最为简单（见图 5.3−15），沿测线展布。本试验分别取道间距 2.5 m

和1.5 m，每个测点布设检波器的数量为25个。结果显示，当道间距为2.5 m时，最大探测深度$h=(25-1)\times 2.5=60$（m），完全满足50 m探测深度的设计要求。当道间距为1.5 m时，最大探测深度$h=(25-1)\times 1.5=36$（m），未满足设计要求，需要增加检波器个数。当点距为20 m时，只需要滚动8个检波器即可完成排列滚动；排列滚动需要的时间较短，约为5 min左右。

图5.3－15　直线形台阵布设

环形台阵布设较为复杂和烦琐（见图5.3－16），每个测点布设检波器13个，三角形最大边长为24 m，最大探深可达50 m，满足设计要求。如果一个组配备26个检波器，可同时测量2个测点。当点距为20 m时，每次可同时测2个测点，因此需要将整个台阵整体向滚动方向移动40 m并重新布设，滚动效率较差。从上一个测点回收检波器，再在下一个测点重新布设好台阵，用时超过30 min。结合研究区植被茂密的特点，台阵布设时无法保证每一个检波器都能精确定位，同时回收检波器较为耗时。

图5.3－16　环形台阵布设

2）测量时间

因测区范围内噪声影响较小，测点附近振动源较少，因此每个测点无论采用何种台阵，测量时间均可保持在 20～30 min 之间。

3. 微动勘探成果比较

试验提取的频散曲线如图 5.3－17 所示，采用直线形台阵测量得到的频散曲线在 4～30 Hz处最为清晰，可以反映深度 3～50 m 的地下信息。其中道间距为 1.5 m 时，高频成分较为清晰，对浅部的地质情况反映更好；道间距为 2.5 m 时，高频部分变得模糊，对浅部的地质情况反应不如道间距为 1.5 m 时。

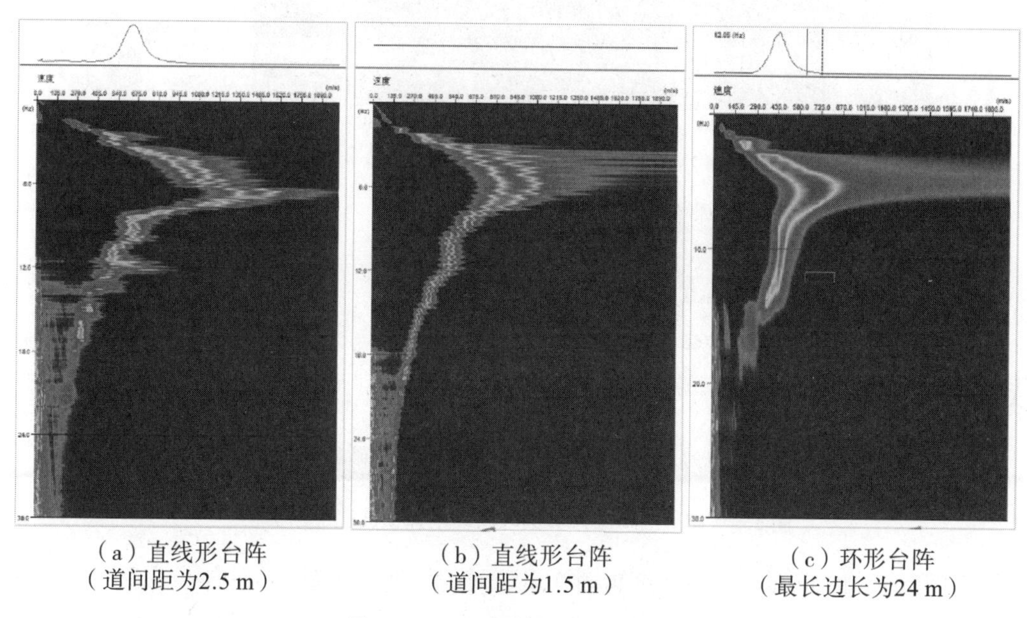

（a）直线形台阵（道间距为2.5 m）　（b）直线形台阵（道间距为1.5 m）　（c）环形台阵（最长边长为24 m）

图 5.3－17　试验提取的频散曲线

采用环形台阵测量得到的频散曲线［见图 5.3－17（c）］较为收敛，但是频率范围在 4～16 Hz 之间，高频信号丢失，结果存在较大的浅部盲区，10 m 以浅的信息全部丢失。按照以往的工作经验，环形台阵的效果应好于直线形台阵。分析后认为是由于场地植被的遮挡降低了检波器的定位精度，使检波器没有布设在相对正确的位置，相关性受到影响。

最后生成的横波速度断面图（见图 5.3－18）较好地反映了地下的横波速度特征，其中道间距为 2.5 m 和 1.5 m 的直线形台阵的成果基本一致，其 500 m/s 的横波速度等值线深度基本一致。

根据表 5.3－2，横波速度在 500 m/s 以上时即可以判断为强风化泥岩，根据两种参数的直线形台阵的速度剖面成果，横波速度为 500 m/s 的分界线在深度 19～21 m 之间，与钻孔揭露的基覆界面基本一致。而环形台阵横波速度为 500 m/s 的分界线在深度 15 m 左右，较实际情况浅［见图 5.3－18（c）］。

由于强风化泥岩的横波速度为 500 m/s 左右，而基岩上覆的密实卵石层的横波速度为 450 m/s 左右，两者相差不大，所以在横波速度断面上很难形成明显的界面，因此只能靠横波速度断面 500 m/s 的等值线来勾画基覆界面。

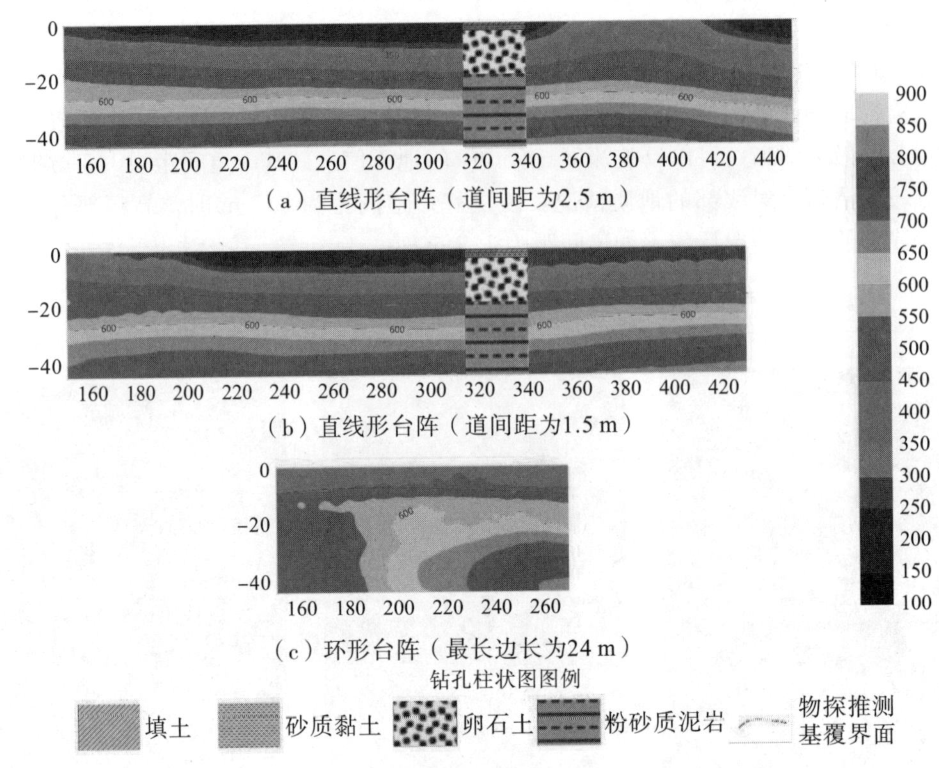

（a）直线形台阵（道间距为2.5 m）

（b）直线形台阵（道间距为1.5 m）

（c）环形台阵（最长边长为24 m）

图 5.3-18　三种工作参数的微动勘探横波速度断面图

由图 5.3-19 可知，横波速度为 500 m/s 时的深度也在 20 m 左右。

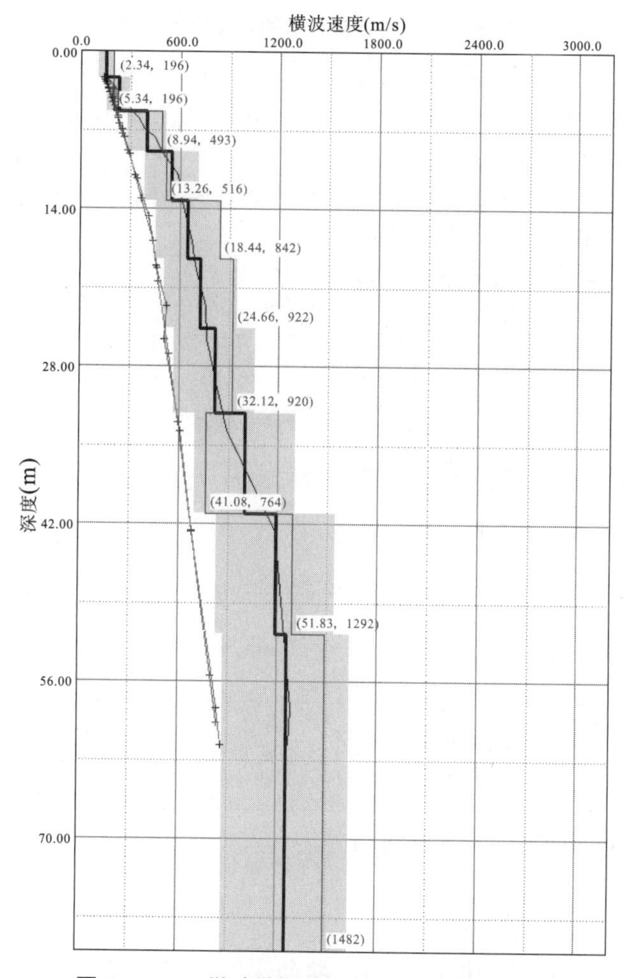

图 5.3－19　微动勘探深度-横波速度反演曲线

从物探效果来看，直线形台阵要好于环形台阵。但按照以往经验，环形台阵的效果应好于直线形台阵。在本次试验工作中，环形台阵要取得更好的效果需要提高检波器的布设精度。要提高物探效果，可使用 RTK 或全站仪放样进行台阵布设，但这样做效率太低。因此为兼顾效率和成本，选择使用直线形台阵，道间距为 2.5 m。

5.3.3.3　综合比较

1. 物探方法效果综合比较

综合来看，高密度电法的物探效果要好于微动勘探法，详见表 5.3－6。

表 5.3-6　两种物探方法的物探效果一览表

物探方法	工作参数	物探效果			
		分层效果	浅部盲区	有效探深	受地形影响
高密度电法	电极间距为 3 m，最大间隔系数为 33；温纳装置	卵石层顶底板清晰，基覆界面准确、清晰	约 0.75 m 以浅	勉强达到 50 m	可做地形改正，受地形影响小
	电极间距为 5 m，最大间隔系数为 20；温纳装置	卵石层顶底板清晰，基覆界面准确、清晰	约 1.25 m 以浅	达到 50 m	可做地形改正，受地形影响小
	电极间距为 10 m，最大间隔系数为 10；温纳装置	基覆界面准确，但呈起伏形态，第四系中高阻层位厚度变化特征的细节体现不够	约 2.50 m 以浅	达到 50 m	可做地形改正，受地形影响小
微动勘探法	直线形台阵，道间距为 2.5 m，25 道	能准确反映基覆界面	约 3 m 以浅	达到 50 m	受地形影响较大
	直线形台阵，道间距为 1.5 m，25 道	能准确反映基覆界面	约 3 m 以浅	为 36 m，未达到探深要求	受地形影响较大
	环形台阵，最长边长为 24 m，13 道	未能准确反映基覆界面	约 10 m 以浅	达到 50 m	受地形影响较大

由图 5.3-20 可知，高密度电法与微动勘探勾画的基覆界面深度是一致的，均在 19~21 m 之间，且两者与钻孔揭露的基覆界面也是一致的，三者可以相互印证。由于高密度电法的点距只有 5 m，而微动勘探的点距是 20 m，高密度电法的测点远比微动勘探的测点密集，因此高密度电法能够反映的细节远多于微动勘探。

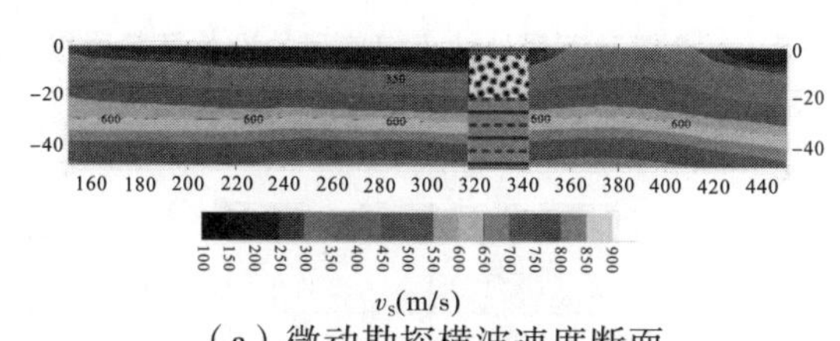

（a）微动勘探横波速度断面
（直线形台阵，道间距为2.5 m）

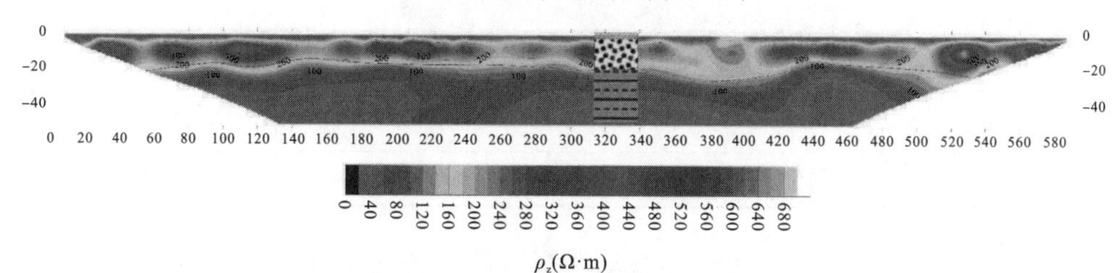

（b）高密度电法反演电阻率断面（a=5 m）

钻孔柱状图图例

填土　砂质黏土　卵石土　粉砂质泥岩　物探推测基覆界面

图 5.3－20　高密度电法与微动勘探成果对比

2. 施工难度比较

1）设备重量方面

高密度电法需要的设备和工具较多，主要设备有仪器主机、电缆、电极、分布式转换开关、主机连接线、干电池箱等。一个高密度电法外业小组使用的设备及其质量见表 5.3－7。

表 5.3－7　一个高密度电法外业小组使用的设备及其质量一览表

设备名称	单个质量（kg）	数量（个/根）	质量（kg）
仪器主机	3	1	3
电缆	4	16	64
电极	0.2	160	32
分布式转换开关	0.3	16	4.8
主机连接线	0.1	2	0.2
干电池箱	8	6	48
榔头	1	2	2
盐水	10	2	20
其他	5	1	5
质量合计（kg）			179

微动勘探需要的设备和工具较少，主要有检波器、路由器、笔记本电脑及辅助的重锤、铁板等。一个微动勘探外业小组使用的设备及其质量见表 5.3－8。

表 5.3−8　一个微动测量外业小组使用的设备及其质量一览表

设备名称	单个质量（kg）	数量（个）	质量（kg）
检波器	0.5	26	13
铁板	3	1	3
重锤	5	1	5
路由器	0.2	1	0.2
笔记本电脑	3	1	3
其他	5	1	5
质量合计（kg）			29.2

由表 5.3−7 和表 5.3−8 可知，微动勘探所需设备的质量远小于高密度电法所需设备。

2）工作效率方面

根据本次试验结果，并结合以往同类型物探方法野外工作的实际经验，可推出高密度电法在电极间距为 5 m、最大间隔系数为 20、总电极数为 120 个、地形较为平坦的情况下，一天能测量的有效断面长度为 1～1.5 km，极限为 2 km。微动勘探在道间距为 2.5 m、检波器为 26 个、点距为 20 m、测深为 50 m 的情况下，一天能测量的有效断面长度为 0.3～0.4 km，极限为 0.5 km。因此高密度电法的工作效率远高于微动勘探法。

5.3.4　研究结论

在成都地区进行浅埋基底物探研究时，主要选择高密度电法。高密度电法的测点远比微动勘探的测点密集，因此高密度电法能够反映的细节远多于微动勘探。如果要使微动勘探达到高密度电法那样的效果，必须加大点距，但是这样做会大幅增加工作成本，对于现阶段开展的勘察工作来说并不划算。

因此从实际的物探效果、工作效率、工作成本、困难的可克服性等来看，高密度电法更合适作为本研究的技术方法，仪器型号及主要技术参数见表 5.3−9；辅助技术方法为微动勘探，主要技术参数及作用见表 5.3−10。

表 5.3−9　高密度电法使用的仪器型号及主要技术参数

仪器型号	主要技术参数				
	电极间距	最大间隔系数	电法装置	电极总数	电极排列滚动方式
N2 型高密度电法测量仪	5 m	20	温纳装置	120 个	一次滚动电极 60 个，滚动距离为 300 m

表 5.3−10　辅助技术方法的主要技术参数及作用

辅助技术方法	主要技术参数	作用
微动勘探	直线形台阵，道间距为 2.5 m，检波器为 26 个，采样时长为 1200 s，点距为 20 m	标定分层深度

5.4 成都浅埋（0~3 m）空洞探测研究

5.4.1 现场踏勘

研究技术小组在收集整理资料和初步工作部署的基础上，分区、分道路类型设计了踏勘路线，并针对成都市现有不同道路分布特点和三维探地雷达施工条件及影响因素，开展了城区典型道路、典型路线踏勘，明确了研究区的基本情况。踏勘内容涵盖路线踏勘（城区雨污水管网分布调查、下穿隧道船槽部位特征调查、三维/二维探地雷达的施工条件）和重点地区的探测方法现场试验，并拍摄了野外典型照片，形成了踏勘记录表、踏勘路线小结、物探试验剖面小结和踏勘小结。在成都中心城区设计的踏勘路线共计长约 300 km，物探试验剖面有 7 条。

5.4.1.1 路线踏勘情况

1. 本次踏勘的主要目的任务

本次踏勘的主要目的任务：①在既有资料和现场踏勘访问的基础上，了解和初步掌握研究区内主要道路的施工条件与探地雷达数据采集的干扰源类型及分布、大型障碍类型及分布，以及主要地表条件特征等。②初步掌握研究区内各类道路雨污水管网的分布情况。③选取已知渗漏点，开展现场试验，获取不同路面条件下探地雷达采集参数的选择；同时查明探地雷达探测施工的难点所在。

据上述目的任务，按照《城市地下病害体综合探测与风险评估技术标准》（JGJ/T 437—2018)、《三维探地雷达探测技术规程（征求意见稿)》、《城市测量规范》（CJJ/T 8—2011)，本标段共设计了 4 条踏勘路线：

路线 1：高新西区西源大道（三环路口）—西源大道（南北大道路口)，编号 GXX01。

路线 2：高新南区东部科华南路—梓州大道，编号 GXN02。

路线 3：锦江区顺江路军区 452 医院旁—二环高架静居寺段—静安路与成龙大道交汇处—成龙大道三环立交交叉口—成龙大道绕城高速交叉口，编号 JJ03。

路线 4：高新南区西部绕城高速机场立交内侧金家路口—美洲花园至肖家河段—火车南站东路与科华路交叉口—天府三街，编号 GXN04。

上述道路既包括横跨东西的主干道路，也包括本标段内三个区域内具有代表性的道路。研究技术小组实地调查了路线两侧的建筑工地、地铁施工情况，主要干扰源类型及分布情况。踏勘点主要集中在线路起止位置、大型交叉路口、河流穿越位置，并提出探地雷达探测施工难点的解决措施。

2. 路线踏勘情况

1）路线编号：GXX01

路线起止：高新西区西源大道（三环路口）—西源大道（南北大道路口）（见图 5.4−1)。

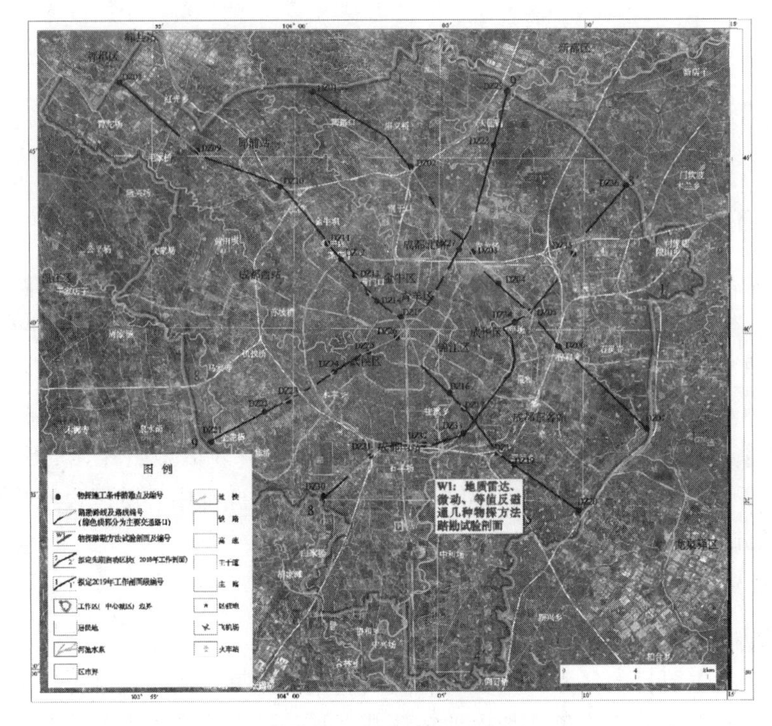

图 5.4－1　踏勘路线图

踏勘目的：该条道路为东西横跨高新西区的主干道路，了解该道路沿线主要干扰源、大型障碍物及地表地质条件类型及分布，分析探地雷达探测施工的可行性，并预估实施难点，提出解决措施。

踏勘日期：2021 年 2 月 19 日—2021 年 2 月 21 日。

踏勘路线长度：12.7 km。

踏勘点数量：8。

天气：晴。

踏勘路线小结：GXX01 路线整段为跨高新西区的主干道路，全段为新修道路，路面平整。西源大道地下为综合管廊，断面尺寸为 8.75 m×7.80 m，入廊管线有供水、雨污水、燃气、电力、通信及广播电视等，主要位于西源大道人行道与非机动车道以下。通行条件较为顺畅，中间要穿过绕城高速大型交叉路口，主干路交叉路口复杂；干扰源主要来自车流及各种通信设备、地下管道、高压线塔等电磁干扰，对测量质量影响很大；部分地段打围施工，道路较为狭窄，施工过程中需注意行车安全，并做好警示标志。西源大道道路中线为有轨电车蓉 2 号线通行轨道，轨道上方存在高压电缆，因此在该条道路施工前需调查清楚高压电缆释放的电磁波信号对 GPS-RTK 定位和探地雷达探测的干扰源。建议采用车载三维探地雷达挂载多通道屏蔽型探地雷达天线施工以提高数据采集信噪比。建议施工时段为 20:00 至次日凌晨（见表 5.4－1）。

表 5.4－1　GXX01 路线踏勘点施工条件统计表

编号	记录表类型	踏勘内容分析	处理办法	位置
DZ09	地物地貌	西源大道与绕城高速交汇，大型立交桥下长约 1 km；立交桥下路口复杂，且主干公路车流量大，地表水泥路面与绿化带交互出现，物探工作难度大	夜间施工以二维探地雷达为主；需提前与交管部门协商，采取足够的施工安全措施	绕城高速桥下
DZ10	地物地貌	道路宽阔，雨污水管线位于非机动车道，路面平整，交通状况良好	道路宽度适于车载三维探地雷达通行，但需注意保障道路上非机动车及行人安全	电子科大校门口
DZ11	地物地貌	主干路交叉路口沿测线近 500 m 长，旁边立交桥正在施工；主干路车流量大，有高压电线，地表以水泥路面为主，物探工作难度大	避开交通高峰时间段施工，局部辅以二维探地雷达测量；施工前需与交管部门协商，采取足够的施工安全措施	西源大道西三环
DZ20	地物地貌	大型主干交叉路口，车流量大，公路右侧有特高压输电塔，物探工作难度较大	深夜施工以三维探地雷达为主；需提前与交管部门协商，采取足够的施工安全措施	南北大道交叉口
DZ08	地物地貌	单向行驶车道，车流量较大，沿途路口较多，车道两侧有绿化带，物探难度较大	以浅层地震多次叠加法错开交通高峰期可施工，其他方法可正常开展；需提前与交管部门协商，施工安全措施	科新路与南北大道交叉口

GXX01 路线施工的典型地段如图 5.4－2 所示。

电子科大校门口　　　　科新路与西源大道交叉口

图 5.4－2　GXX01 路线施工的典型地段

成都锦城学院校外

绕城高速跨线桥

西源大道机动车道雨水管线

西源大道综合管廊

图 5.4—2（续）

2）路线编号：GXN02

路线起止：高新南区东部科华南路—梓州大道（图 5.4—1）。

踏勘目的：该条道路位于高新南区，纵跨高新南区的主干道路。了解该道路沿线主要干扰源、大型障碍物、地表地质条件类型及分布，分析探地雷达探测施工的可行性，并预估实施难点，提出解决措施。

踏勘日期：2021 年 2 月 19 日—2021 年 2 月 20 日。

踏勘路线长度：13.8 km。

踏勘点数量：12。

天气：晴。

踏勘路线小结：GXN02 路线整段为纵跨高新南区的主干道路，南起红星路南延线，顺江北上，途经科华南路，北至南三环路三段桂溪立交，继而沿三环路东进至三环路琉璃立交，接着顺锦华路北上，沿顺江路到一环路东五段。该路线以三环路为界，路线南端无论是主道还是支路，均呈现出路面平整、地势开阔的特点。但下穿隧道多，车流量急，排水管线规模大，在下穿隧道船槽和三环路高架附近 RTK 信号弱、干扰大。进入三环以后，在二环路和一环路之间的区域路面逐渐变窄，地铁的打围施工逐渐增多，道路开始出现凹陷甚至塌陷，沿江路面尤为严重。

支路的行道树高耸，RTK 信号弱，雷达车拖行施工困难。通行条件较为顺畅，中间穿越多个长下穿隧道，主干路交叉路口复杂；干扰源主要来自车流及各种通信设备、地下管道、高压线塔等电磁干扰，对测量质量影响很大；部分地段打围施工，道路较为狭窄，施工过程中需注意行车安全，并立好警示标志。下穿隧道船槽位置对 GPS-RTK 定位锁定卫星信号遮挡严重，建议采用车载三维探地雷达挂载多通道屏蔽型探地雷达天线施工以提高数据采集信噪比，建议施工时段为 20:00 至次日凌晨（表 5.4—2）。

表 5.4—2　GXN02 路线踏勘点施工条件统计表

编号	记录表类型	踏勘内容分析	处理办法	位置
DZ09	地物地貌	梓州大道与新通大道交叉路口管线横穿街道，路口复杂，且主干公路车流量大，地表水泥路面与绿化带交互出现，物探工作难度大	深夜施工以二维探地雷达为主；需提前与交管部门协商，采取足够的施工安全措施	梓州大道与新通大道交叉路口管线横穿街道
DZ10	地物地貌	道路宽阔，雨污水管线位于非机动车道，路面平整，交通状况良好	道路宽度适于车载三维探地雷达通行，但需注意保障道路上非机动车及行人安全	科华南路与南三环辅路交叉路口管线穿越绿化带和辅道
DZ11	地物地貌	主干路交叉路口沿测线近 500 m 长，旁边立交桥正在施工；主干路车流量大，有高压电线，地表以水泥路面为主，物探工作难度大	避开交通高峰时间段施工，以车载三维探地雷达为主，局部辅以二维探地雷达测量；施工前需与交管部门协商，采取足够的施工安全措施	梓州大道与新通大道交叉口下穿隧道
DZ20	地物地貌	大型主干交叉路口，车流量大，公路右侧有特高压输电塔，物探工作难度较大	施工以二维探地雷达为主；需提前与交管部门协商，采取足够的施工安全措施	立交下方排水管线
DZ08	地物地貌	人行道旁有绿化带，车辆进入困难，需人工拖拽探地雷达施工	施工以二维探地雷达为主；需提前与交管部门协商，采取足够的施工安全措施	科华南路人行道下方雨水管线
DZ08	地物地貌	单向行驶车道，车流量较大，沿途路口较多，车道两侧有绿化带，物探难度较大	避开交通高峰时间段施工，以车载三维探地雷达为主，局部辅以二维探地雷达测量；施工前需与交管部门协商，采取足够的施工安全措施	科华南路与南三环交汇处雨水管线

GXN02 路线施工的典型地段如图 5.4—3 所示。

梓州大道与新通大道交叉路口管线横穿街道

科华南路与南三环辅路交叉路口管线穿越绿化带和辅道

梓州大道与新通大道交叉口下穿隧道

立交下方排水管线

科华南路人行道下方雨水管线

科华南路与南三环交汇处雨水管线

图 5.4－3　GXN02 路线施工的典型地段

3）路线编号：JJ03

路线起止：锦江区顺江路军区 452 医院旁—二环高架静居寺段—静安路与成龙大道交汇处—成龙大道三环立交交叉口—成龙大道绕城高速交叉口（见图 5.4－1）。

踏勘目的：了解沿线主要干扰源、大型障碍物、地表地质条件类型及分布，分析物探方法施工的可行性。

踏勘日期：2021 年 2 月 19 日—2021 年 2 月 20 日。

踏勘路线长度：21.5 km。

踏勘点数量：13。

天气：晴。

踏勘路线小结：该路线由顺城大街穿过城中心繁华商业区，沿锦江左岸绿化带至龙舟路，最后沿成都东南的主干道（静居寺路、静安路、成龙大道）结束。通行条件总体较好，中间要穿过7个大型交叉路口（大型立交桥、成灌高速入口及高铁线路），静居寺段穿过沙河，而市中心商业活动频繁、中心主干路交叉路口复杂，这些大型障碍导致本条测线总体工作难度很大；同时，中心城区人流、车流及各种通信设备、地下管道、高压线塔等电磁干扰强烈，对测量质量影响很大，特别是三环以内只有在24:00之后才具备施工条件（锦江左岸受干扰较小，但交通通行条件不好，可白天施工），三环外至绕城段最好也在22:00之后进行测量，绕城以外部分路段避开交通繁忙时间可施工；二环以内绿化带较少、不连续，主要以硬化水泥路面为主，三环至绕城段两侧除路口外绿化带较宽、较连续，方便施工，绕城高速外科新路段两侧绿化带较连续方便施工。下穿隧道船槽位置对GPS-RTK定位锁定卫星信号遮挡严重，建议采用车载三维探地雷达挂载多通道屏蔽型探地雷达天线施工以提高数据采集信噪比。建议施工时段为20:00至次日凌晨（见表5.4−3）。

表5.4−3　JJ03路线踏勘点施工条件统计表

编号	记录表类型	踏勘内容分析	处理办法	位置
DZ16	地物地貌	沿江公路，左侧有地铁施工，车流量较大；公路左侧地表以水泥路面为主，公路右侧主要为沿江绿化带，物探工作难度一般	避开交通高峰时间段施工，以车载三维探地雷达为主，局部辅以二维探地雷达测量；施工前需与交管部门协商，采取足够的施工安全措施	顺江路军区452医院旁
DZ17	地物地貌	一环内主干路交叉路口沿测线近400 m长，人车流量大，地表以水泥路面为主，物探工作难度大	避开交通高峰时间段施工，以车载三维探地雷达为主，局部辅以二维探地雷达测量；施工前需与交管部门协商，采取足够的施工安全措施	二环高架静居寺段
DZ18	地物地貌	大型交叉路口，与中环路、铁路相交沿测线长度近500 m，人车流量大，公路两侧有狭窄绿化带，物探工作难度大	避开交通高峰时间段施工，以车载三维探地雷达为主，局部辅以二维探地雷达测量；施工前需与交管部门协商，采取足够的施工安全措施	静安路与成龙大道交汇处
DZ19	地物地貌	大型主干交叉路口沿测线长度近400 m，立交桥下道路两侧有管道施工，人车流量大，公路外侧局部有狭窄绿化带，物探工作难度大	避开交通高峰时间段施工，以车载三维探地雷达为主，局部辅以二维探地雷达测量；施工前需与交管部门协商，采取足够的施工安全措施	成龙大道三环立交交叉口

续表5.4－3

编号	记录表类型	踏勘内容分析	处理办法	位置
DZ20	地物地貌	大型主干交叉路口，人车流量大，公路右侧有特高压输电塔，左侧有较多大型农家乐，公路两侧绿化带较宽，物探工作难度较大	避开交通高峰时间段施工，以车载三维探地雷达为主，局部辅以二维探地雷达测量；施工前需与交管部门协商，采取足够的施工安全措施	成龙大道绕城高速交叉口

JJ03路线施工的典型地段如图5.4－4所示。

三环路口

高速入口

顺江路军区452医院旁地铁施工

二环高架静居寺段大型立交

静安路与成龙大道交汇处跨铁路桥

成龙大道三环立交内侧管道施工

图5.4－4　JJ03路线施工的典型地段

成龙大道与三环立交交叉口

成龙大道与绕城高速交叉口

图 5.4-4（续）

4）路线编号：GXN04

路线起止：高新南区西部绕城高速机场立交内侧金家路口—美洲花园至肖家河段—火车南站东路与科华路交叉口—天府三街（见图 5.4-1）。

踏勘目的：了解沿线主要干扰源、大型障碍物及地表地质条件类型及分布，分析物探方法施工的可行性。

踏勘日期：2021 年 2 月 19 日—2021 年 2 月 21 日。

踏勘路线长度：26.4 km。

踏勘点数量：15。

天气：晴。

踏勘路线小结：GXN04 路线由双流机场高速绕城高速岔口内侧经中心城区二、三环之间至成金快速通道绕城岔口内侧，是本标段高新南区西南方向的主要道路。本路线的排水管线大多位于机动车道下方，局部位于人行道与非机动车道下方，踏勘主要为机场主干道（双流机场高速底下）到中环路，沿火车南站出南三环，最后沿成金快速通道至绕城内侧结束。通行条件总体一般，中间要穿过 7 个大型交叉路口（大型立交桥及高铁线路），而中心城区商业活动频率、主干路交叉路口复杂，特别是杉板桥至龙潭路多段在进行地铁施工，两侧建筑工地多，这些大型障碍导致本条路线总体工作难度大；同时，城区人流、车流及各种通信设备、地下管道、高压线塔等电磁、震动干扰强烈，对测量质量影响很大，建议施工时段为 20:00 至次日凌晨（见表 5.4-4）。

表 5.4-4　GXN04 路线踏勘点施工条件统计表

编号	记录表类型	踏勘内容分析	处理办法	位置
DZ30	地物地貌	有大型立交桥，车流量大；公路左侧有绿化带，地下埋有燃气管道，物探工作难度较大	三维探地雷达错开交通高峰期可施工，局部以二维探地雷达进行测量；需提前与交管部门协商，采取足够的施工安全措施	绕城高速机场立交内侧金家路口

表5.4-4

编号	记录表类型	踏勘内容分析	处理办法	位置
DZ31	地物地貌	主干路交叉口复杂，沿测线近1.4 km长；其上有机场高速，交通流量大；道路中间局部有绿化带，两侧地表以水泥路面为主，物探工作难度大	深夜施工以三维探地雷达进行探测，局部辅以二维探地雷达测量；需提前与交管部门协商，采取足够的施工安全措施	美洲花园至肖家河段
DZ32	地物地貌	主干路大型立交桥，路边有高压线、信号基站，车流量大，地表以水泥路面为主，物探工作难度大	深夜施工以三维探地雷达进行探测，局部辅以二维探地雷达测量；施工前需与交管部门协商，采取足够的施工安全措施	火车南站东路与科华路交叉口

GXN04路线施工的典型地段如图5.4-5所示。

绕城高速机场立交内侧交通繁忙

美洲花园至肖家河段

火车南站东路与科华路大型叉口

锦华路一段穿过沙河

图5.4-5　GXN04路线施工的典型地段

5.4.1.2　典型道路排水管网分布情况

1. 主干道路

本标段区域包括高新南区、高新西区和锦江区，高新西区包括西源大道、西芯大道、南北大道等多条主干道路，高新南区由放射状的人民南路及南延的天府大道、科华路及其南延的红星路和梓州大道、成龙大道，环状的一环路、二环路、中环路、三环路组成。本标段内各主干道均有各自相应的雨污排水主管线，排水主管线的管径均大于 800 mm。其中，科华路至其南延的红星路和梓州大道有一条管径达 2000 mm 的城市主污水排水管线，该管线在科华南路和红星路南延线段紧邻府河，在往年的雨季中发生过数次渗溢。区内的主干道雨污设施齐全，排水量大，是重要的探测区域；主干道交通情况较为便利，较适宜以车载三维探地雷达进行区域扫面（见图 5.4−6）。

图 5.4−6　主干道路管道分布情况

本次踏勘中，主干道发现的问题主要有以下三类：

（1）研究区内主干道车流大，车速快，尤其在三环路快车道，限速更是达到 100 km/h。

（2）研究区内众多排水管线横穿道路，其中，科华南路与南三环辅路交叉路口的雨污管线更是从三环路的快车道穿越至辅道，最后还穿越了绿化带。对于这样的路况，数据的连续采集和拼接都十分困难。

（3）成都市区内存在多个地铁、道路修建等大型市政建设工程。这些工程大多都有打围施工的情况存在。在众多的打围施工的范围内，很多地下排水管线穿越施工围挡，导致这些数据无法采集。针对部分管道位于快车道的情况，施工过程中需要在施工车辆前后设置警示标志，必要时需设置路障。测量车辆行驶过程中需控制车速，遵守道路交通法规。

2. 支路、街道、巷道、下穿隧道

研究区内支路四通八达，虽然不如主干道管网那样繁复，但也十分齐全。其中包括三色路沿沙河直至益都大道静康路的管径为 2000～2400 mm 的主污水管线。支路车流量较小，适宜在白天开展探地雷达探测施工（见图 5.4−7）。

图 5.4−7　支路、街道、巷道、下穿隧道管网分布情况

研究区内支路发现的问题主要有以下四类：

（1）研究区内的多个支路都规划有临街停车位，现场踏勘可见很多排水管线直接位于停车位下方。且停车位现场车辆停放也十分拥挤。

（2）现场踏勘可以见到很多小型道路的排水管网直接敷设在非机动车道、人行道和绿化带上。管网直接埋设于行道树或路灯杆的正下方，导致雷达无法拖行。

（3）在本次踏勘中，发现有很多道路的路面不平整。这当中，有道路本身产生的凹陷和塌陷，也有很多人为施工或重车碾压造成的道路崎岖不平。路面不平整将直接影响数据的采集质量。

（4）测区内的下穿隧道船槽主要位于区内几大干道上，其中，以梓州大道为最多。主要施工难点在于车流量大，人文干扰强，协调工作难度高。区内船槽内接收到的 GPS 信号普遍偏弱。

支路、巷道道路普遍较窄，排水管道通常分布在机动车道上，部分位于非机动车道，并且此类道路两侧常常有车辆占道停靠，对三维探地雷达探测施工会造成一定影响。必要时需联系交管部门对重点隐患区进行临时交通管制、清理管道上方所停车辆，以确保探测区域完整。在下穿隧道施工过程中，需提前在隧道外设置警示标志，确保交通安全。

3. 施工打围路段、人行道、绿化带

测区内的下穿隧道船槽主要位于区内几大干道上，其中，以梓州大道为最多。主要施工难点在于车流量大，人文干扰强，协调工作难度高。

高新南区东和锦江区主干道，由放射状的人民南路及南延的天府大道、科华路及其南延的红星路和梓州大道、成龙大道，以及环状的一环路、二环路、中环路、三环路组成。主要的干扰点来自几个环状主道的立交桥。三个环路的立交桥下均有不同程度的城市雨污排水主管网埋设，这些排水管线穿过立交桥会导致 GPS 无信号，从而导致采集的数据精度下降。区内支路四通八达，虽然繁复程度不如主干道管网，但也十分齐全。其中包括三色路沿沙河直至益都大道静康路的管径为 2000～2400 mm 的主污水管线。这些支路大多存在道旁建筑过高、行道树林立、GPS 信号弱的现象。部分排水管道位于地铁、大型建筑物等施工打围范围内、人行道上、绿化带内（图 5.4－8），导致车载三维探地雷达在该地段不能施工，需辅以二维探地雷达及其他物探方法进行综合探测。

图 5.4－8　施工打围路段、人行道、绿化带管网分布情况

图 5.4−8（续）

4. 社会影响力较大区域（政府、景点、商业区）

成都市是西南地区的经济文化中心，其中的景点、商业区等人流量较大（见图 5.4−9），在成都市中心城区开展排水管道地下病害体排查工作时，应坚决维护成都全国知名文化旅游城市的形象，注意文明施工、绿色施工。

图 5.4−9 社会影响力较大区域（政府、景点、商业区）管网分布情况

5.4.2 场地试验

5.4.2.1 方法选择

国内近些年有学者逐渐开始对城市道路病害体的探测研究。早期的探测研究主要采取二维探地雷达、高密度电法、瞬变电磁法、微动勘探法、面波勘探法等。在方法的选择上，根据场地条件及探测需求灵活组合，以主要方法和辅助方法相结合的方式进行

探测。

自 20 世纪 80 年代开始我国就对探地雷达展开了研究，经过几十年的努力，在理论研究和实际应用方面都有了极大提升。探地雷达主要采用 MHz 级别的电磁波，通过采集反射双程走时的方式对地下目标体进行探测。一般发射天线的发射频率从 50 MHz 到 2 GHz 不等，其发射的电磁波频率越高，电磁波波长越短，分辨率越高。应用于城市道路病害体探测的天线频段主要为 100 MHz、200 MHz 和 400 MHz。三维探地雷达于 2013 年引入我国，并于 2015 年开始应用于道路工程领域。目前，国内外三维探地雷达无损检测技术在道路工程中的应用大致可分为以下三个方面：一是道路结构层厚度检测；二是沥青路面施工均匀性评价；三是道路内部结构物探测，包括管道、病害等。三维探地雷达，由于其独特的天线阵列技术，可比传统的二维探地雷达更好地实现区域厚度的获取、介电常数的获取以及道路内部结构物的三维雷达图像获取。三维探地雷达与传统道路检测设备相比较，其检测结果具有代表性高与准确性高的特点，并且对道路的检测可做实时成像处理，对路面无破损危害。

高密度电法是由日本在 20 世纪 80 年代首先提出的一种适用于山地物探的电法勘探技术。作为直流电法的一种，高密度电法结合了电测深和电剖面的功能，其野外工作方法、数据处理和解释均比较简单，且数据信息丰富，对探测低阻中的无充填空洞或高阻中的充水、湿土空洞具有较好的效果；但是对于低阻中的充填水、湿土空洞或高阻中的无充填空洞，探测效果不理想。对于单个剖面的数据采集，地面电极只需进行一次布设，但每测量一次都需要重新布设电极和电缆，较为烦琐。此外，高密度电法对于浅层小型异常体的识别能力较差，且地表电性不均匀亦会导致浅层数据质量较差，影响探测效果。

瞬变电磁法最早于 20 世纪 50 年代被西方学者提出，国内于 70 年代开始对该方法进行研究。90 年代末，随着物探仪器的数字化与智能化，瞬变电磁法开始被应用于工程、环境、灾害地质调查。近年来，国内中南大学席振铢等在浅层瞬变电磁仪器的研制上取得了重要进展。

微动勘探法是近几年兴起的一种被动源面波勘探法，其利用天然噪声作为震源，随着无线网络技术的发展，无线微动勘探设备在数据采集方面比传统的弹性波法更加快捷、高效。现已被逐步用于岩土工程、地质调查、坝基检测、滑坡调查、空洞探测等诸多领域，是一种具有良好前景的物探方法。

面波具有垂直椭圆周极化的特点，自由表面附近的质点在垂直平面内做逆行椭圆振动。利用面波的这一特性，对地下目标体进行探测。由于面波的能量比反射波和折射波的能量更强大，面波在浅层勘探中分辨率更高，被广泛应用于工程地球物理勘探。

国内许多学者和工程物探工作者对将这些方法用于城市道路病害体探测做了许多工作。尤其是近年来以探地雷达为主的物探方法的研究更加频繁。二维探地雷达较早用于道路检测，并取得了不错的结果（张忠良等，1995）；张山（2003）将二维探地雷达用于公路路基脱空检测，取得了突出成果，证明了探地雷达对路基脱空具有优秀的识别能力；董荣伟、周立军（2009）采用二维探地雷达对高速公路病害体进行了系统检测与研究，对不同的道路病害体进行了详细分析；秦镇等（2018）采用二维探地雷达对城市道路地下空洞进行了详细研究，分析了其波形特征，取得了一定成果；罗传熙（2018）对探地雷达在道路无损检测的应用上进行了系统研究，对三维探地雷达的介电常数标定、成像技术分析以及道路地下病害体探测进行了深入研究，从原理到应用都做了深刻探讨。

此外，其他物探方法也被广泛应用于城市道路病害体探测研究。何兴晨（2018）采用高密度电法对地下空洞进行了探测；程逢（2018）对微动勘探理论进行了研究，其在城市地区采用微动勘探对道路进行无损探测，取得了一定成果；王成楠等（2017）采用瞬态面波法和高密度电法的组合模式对道路地下空洞进行了探测，取得了一定成果。

上述一些传统物探方法可应用于道路病害体的探测，二维探地雷达之外的其他方法都只能识别出一种或者两种道路病害体；但二维探地雷达只能进行单测线测量，测线线距会影响探测效果。在此情况下，得益于能够高效率扫面、高精度的成像技术，三维探地雷达成了不可取代的一种探测方法。

5.4.2.2　场地试验成果

整理、分析以往的探地雷达资料，筛选出七处试验场地，针对道路病害体探测进行场地试验。

七处试验场地为玉沙路、金牛大道、东较场、万年路、南北大道支路、将军碑和五福桥东街，交通位置分布如图 5.4－10 所示。

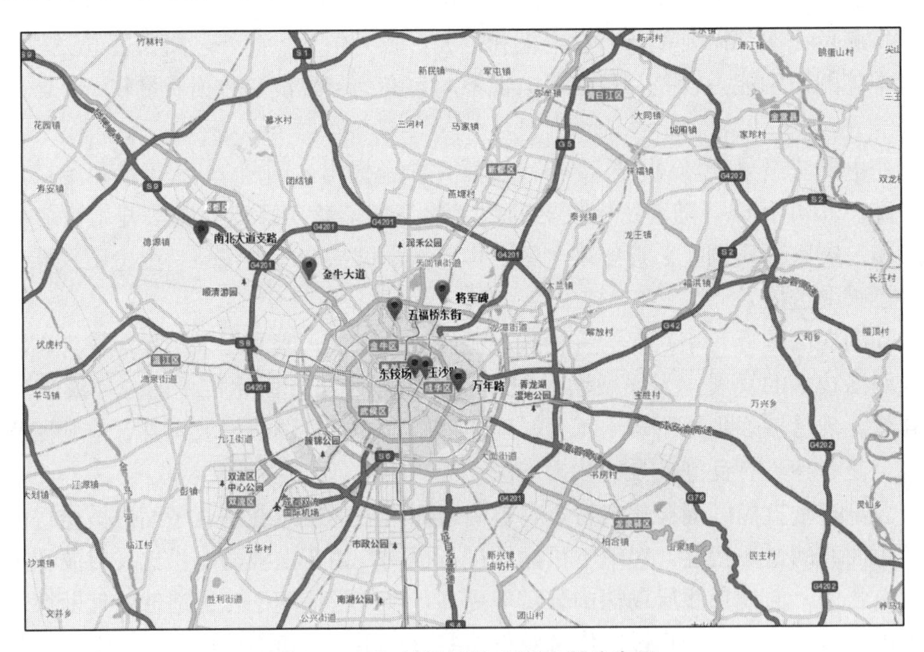

图 5.4－10　试验场地交通位置分布图

1. 玉沙路

玉沙路（见图 5.4－11）某段道路路面出现轻微形变以及路面开裂，现场踏勘推测，路面以下存在病害体。施工场地主要为机动车道，采用三维探地雷达和二维探地雷达探测，雷达测线布设和施工现场分别如图 5.4－12、图 5.4－13 所示。

图 5.4-11　玉沙路试验场地交通图

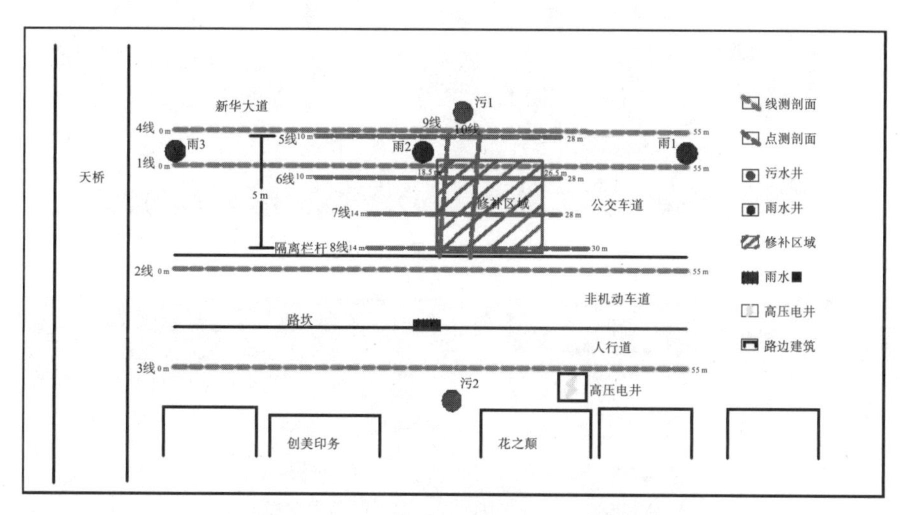

图 5.4-12　玉沙路雷达测线布设示意图

图 5.4-13　玉沙路施工现场图

采用三维探地雷达在6号测线上方进行覆盖探测，在相似的深度发现强反射异常，并且从探测深度上看，同为200 MHz天线，三维探地雷达探测深度几乎接近二维探地雷达的两倍，得到的深部信息比较丰富。

在三维探地雷达水平剖面上可以清楚地看到空洞（或疏松体）的规模和位置，并且可以根据水平切片的对应深度来判断空洞（或疏松体）在垂直方向上的大小（见图5.4－14），即空洞顶板到底板之间的大致距离。这些功能都是二维探地雷达无法实现的。由横向切片（见图5.4－15）可以判断空洞在横向上的大小，也可以从中推知空洞的大致埋深。

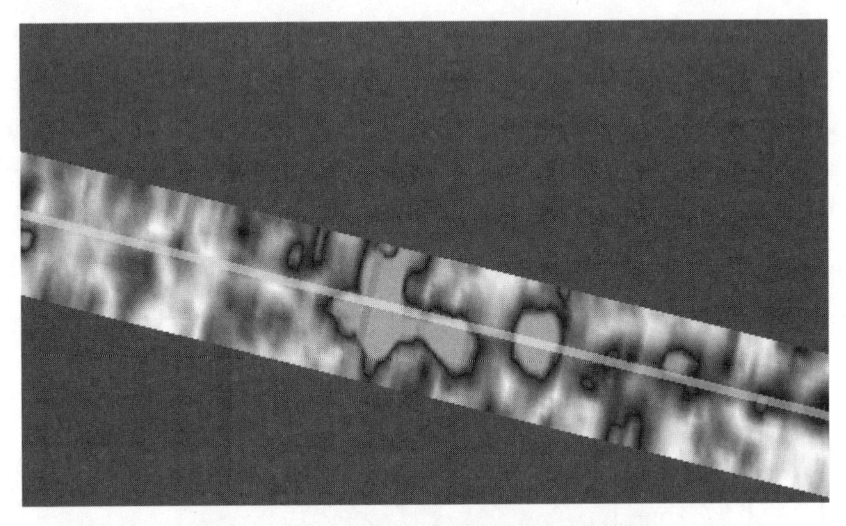

图5.4－14　玉沙路三维探地雷达水平切片图

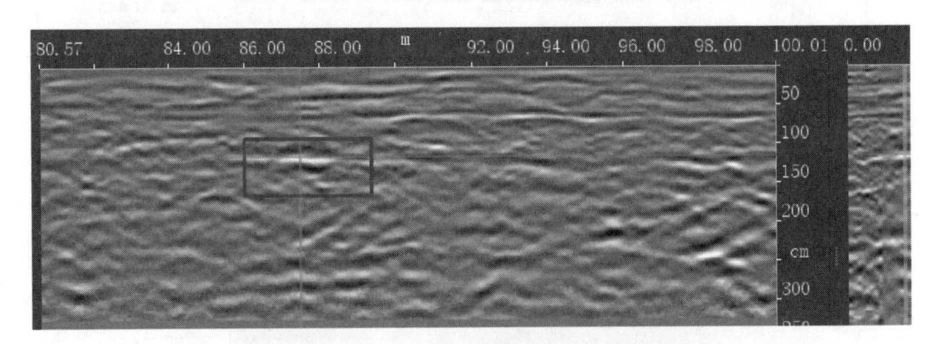

图5.4－15　玉沙路三维探地雷达纵向和横向切片图

依据已有探地雷达资料（见图5.4－16），在测线里程为4.0～6.5 m、深1.0～1.5 m处有强烈的反射异常，下方可见多次波出现，推断此处为空洞（或疏松体）。该路段地下病害体为空洞（或疏松体），部分路段有轻微脱空但未形成空洞，且深度较浅，探地雷达完全满足探测需求。因此未采取其他地球物理方法进行辅助探测。玉沙路探地雷达工作共布设测线10条，总长度为244 m，钻孔验证与探地雷达探测结果吻合，说明效果突出（见图5.4－16～图5.4－18）。

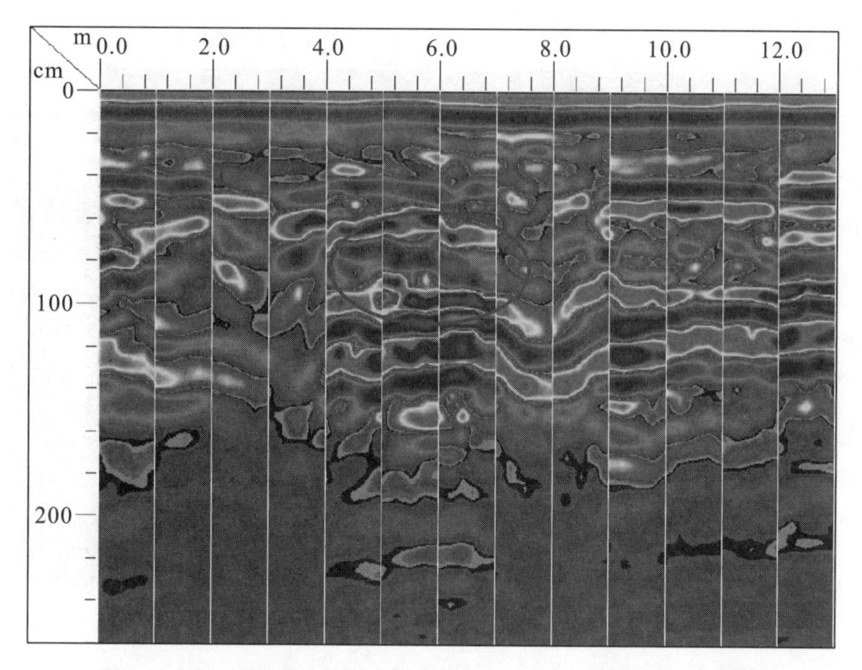

图 5.4-16 玉沙路 7 测线二维探地雷达（200 MHz 天线）剖面图

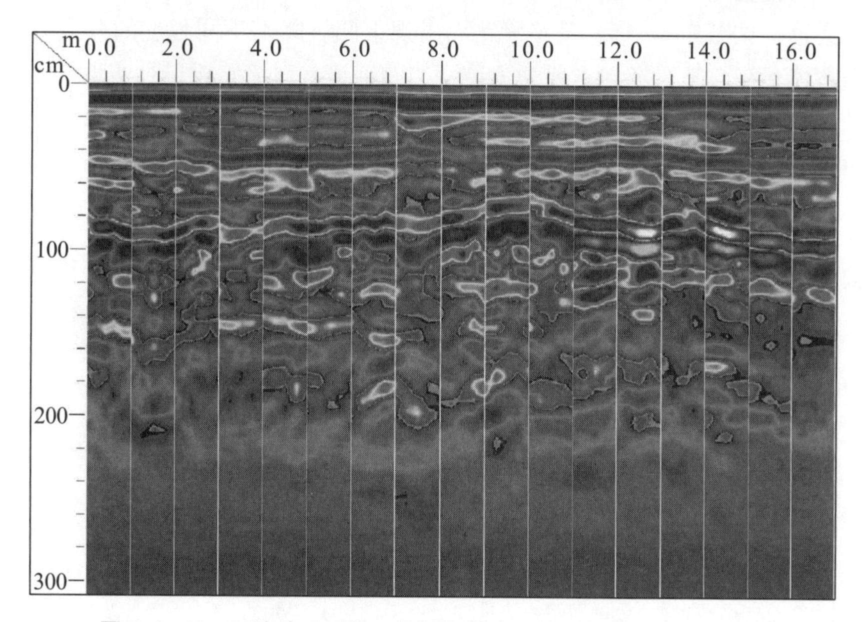

图 5.4-17 玉沙路 6 测线二维探地雷达（200 MHz 天线）剖面图

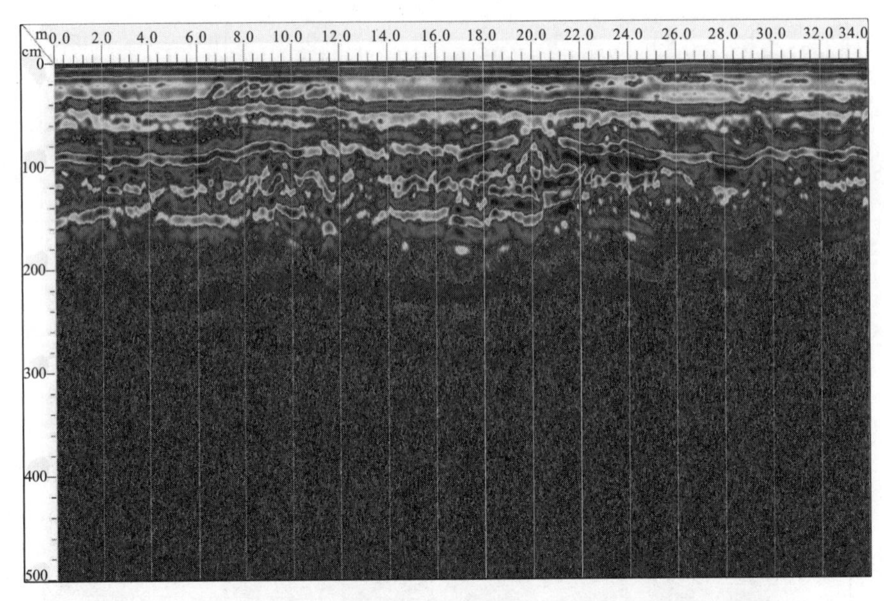

图 5.4－18　玉沙路 1 测线二维探地雷达（200 MHz 天线）剖面图

2. 金牛大道

金牛大道（见图 5.4－19）某路段路面出现下凹沉降及不同程度的开裂，路面以下疑似有病害体存在。施工场地主要为主道旁边的辅道，对该路段进行实地探测，主要方法为三维探地雷达、二维探地雷达，辅助方法为微动勘探法和瞬态面波法。金牛大道物探测线布设和施工现场分别如图 5.4－20、图 5.4－21 所示。

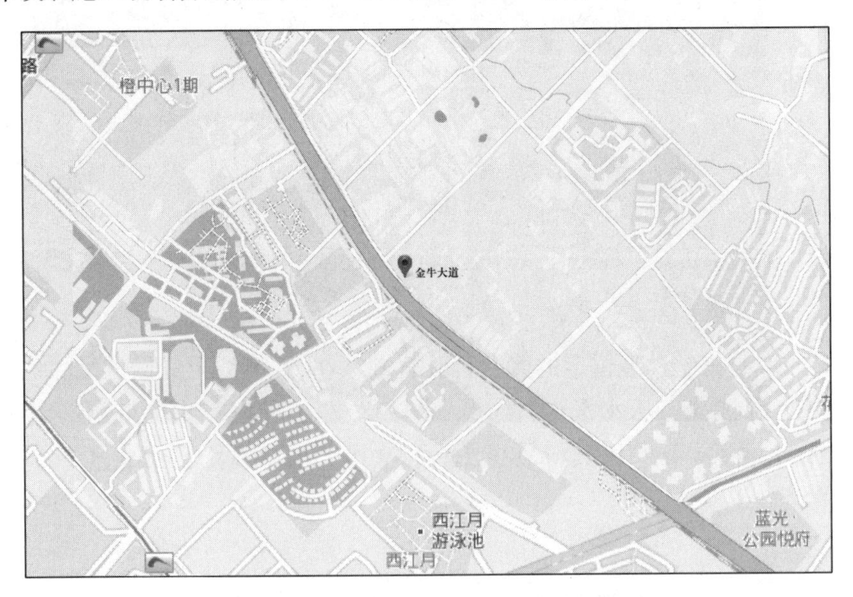

图 5.4－19　金牛大道试验场地交通图

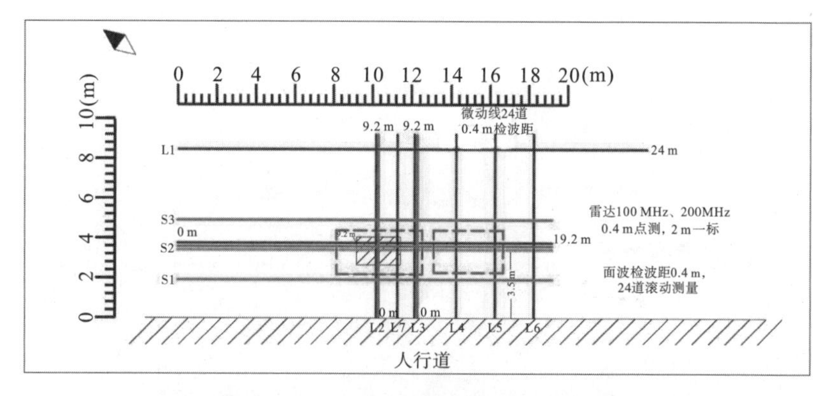

图 5.4－20 金牛大道物探测线布设示意图

图 5.4－21 金牛大道施工现场图

图 5.4－22 是三维探地雷达的探测行驶轨迹，在 S2 测线上方做三维探地雷达覆盖探测，检测空洞情况。从水平切片（见图 5.4－23）可以看出，空洞的范围大致为 1.5 m×2 m，范围比二维探地雷达稍小一点。

从横向切片（见图 5.4－24）可以看出，深度与纵向切片一致，并且垂直于公路方向可以很明显地看出空洞所对应的抛物型反射波，宽度为水平切片（见图 5.4－23）上的一半左右，即 1 m 左右。

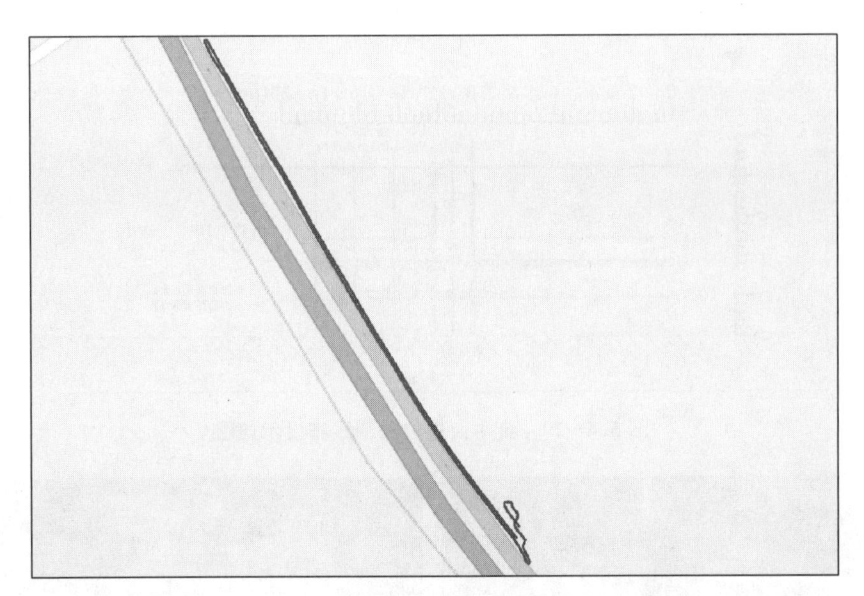

图 5.4-22　金牛大道三维探地雷达探测行驶轨迹图

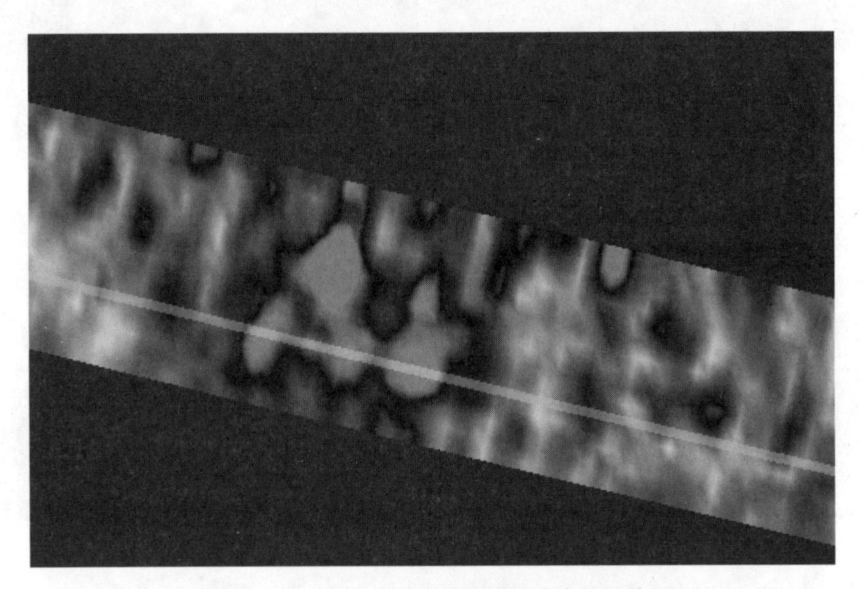

图 5.4-23　金牛大道三维探地雷达水平切片图

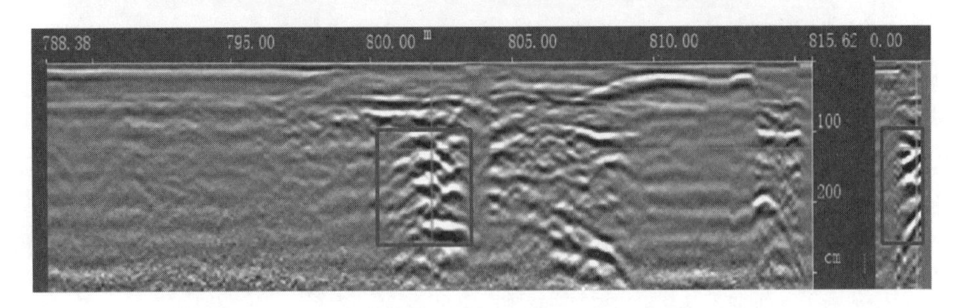

图 5.4-24　金牛大道三维探地雷达纵向和横向切片图

从纵向切片（见图 5.4-25）可以看出，空洞深度为 1.5～2.5 m，与微动勘探深度差异不大，沿公路方向约为 2 m。

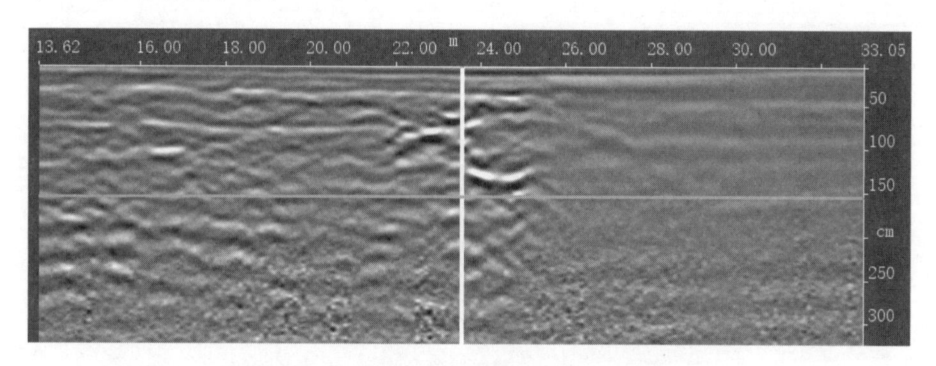

图 5.4−25 金牛大道三维探地雷达纵向切片图

以 S2 测线为例，已得到的二维探地雷达资料（见图 5.4−26）显示，测线里程 8.0～12.0 m、深 2.8 m 处有强烈双曲型反射异常，多次波比较明显，符合空洞的探地雷达反射异常特征，推测为空洞；且在测线里程 8.0～16.0 m、深 1.0～3.0 m 的反射同相轴连续性差，推测为松散层。

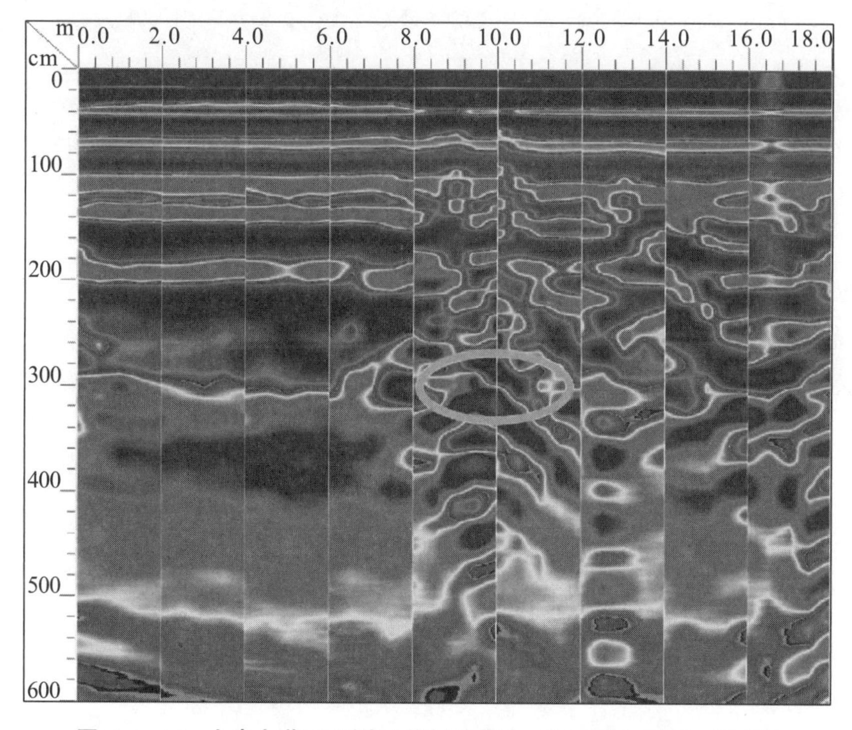

图 5.4−26 金牛大道 S2 测线二维探地雷达（100 MHz 天线）剖面图

金牛大道地下病害体主要为空洞、疏松体，在该路段布设 8 条测线，总长度为 98 m，并采取钻孔验证。对 S2 测线采用微动勘探法和瞬态面波法进行探测，其成果如图 5.4−27 和图 5.4−28 所示。

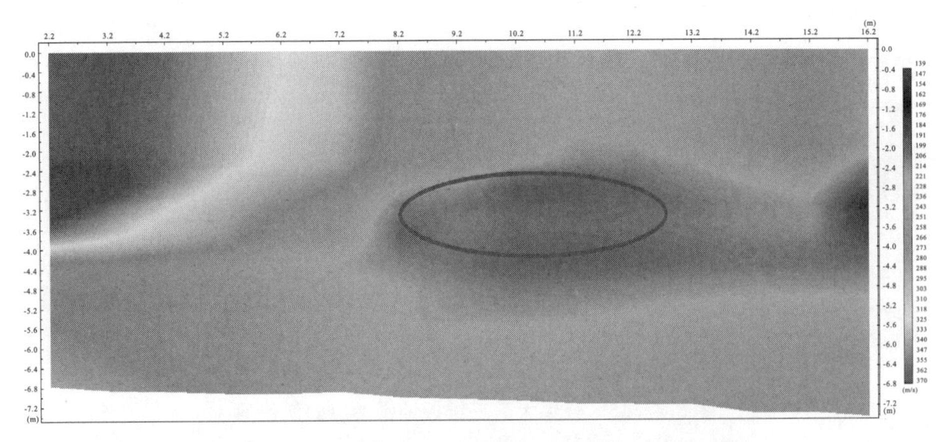

图 5.4－27　金牛大道 S2 测线微动勘探法反演剖面图

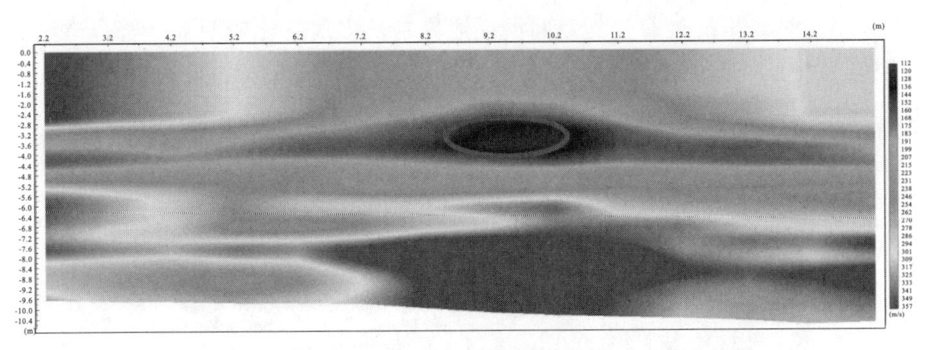

图 5.4－28　金牛大道 S2 测线瞬态面波法反演剖面图

从微动勘探法和瞬态面波法的探测结果来看，非常接近于探地雷达的结果。

3. 东较场

东较场（见图 5.4－29）某路段路面出现轻微下沉及路面形变，现场踏勘推测路面以下存在病害体。对该路段进行实地探测，主要方法为三维探地雷达、二维探地雷达，辅助方法为瞬态面波法和等值反磁通瞬变电磁法。物探测线布设和施工现场分别如图 5.4－30、图 5.4－31 所示。

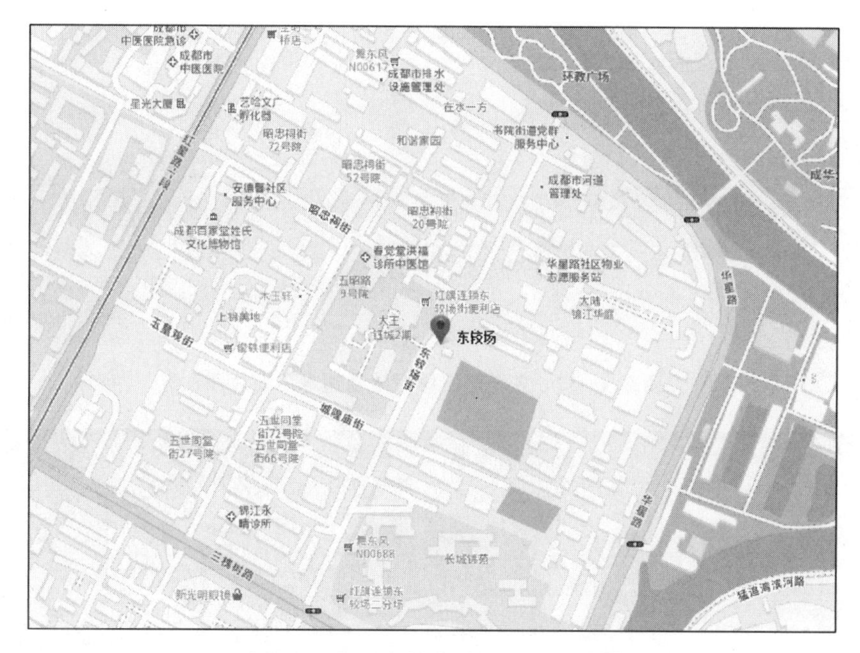

图 5.4-29 东较场试验场地交通图

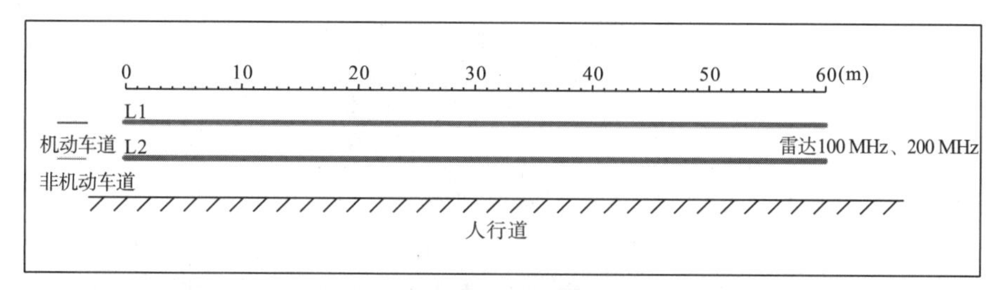

图 5.4-30 东较场物探测线布设示意图

图 5.4-31 东较场施工现场图

如图 5.4－32 所示，沿着道路方向的管线在水平剖面上呈现一片沿着测量方向的长条形状的强反射区域，并且连续性较强；在纵向切片（见图 5.4－33）上，呈现的是一条长度较大、较为平缓且相对比较直的反射波，但一般不会出现多次反射波，而且由于反射和吸收，管道反射波下方的反射能量都较弱，在实际探测中比较好判断。从横向切片（见图 5.4－33）上看，在相同深度上，出现了比较明显的抛物型反射波，这与管道理论反射波形状较为相似，且结合纵向切片来看能够判断结果。

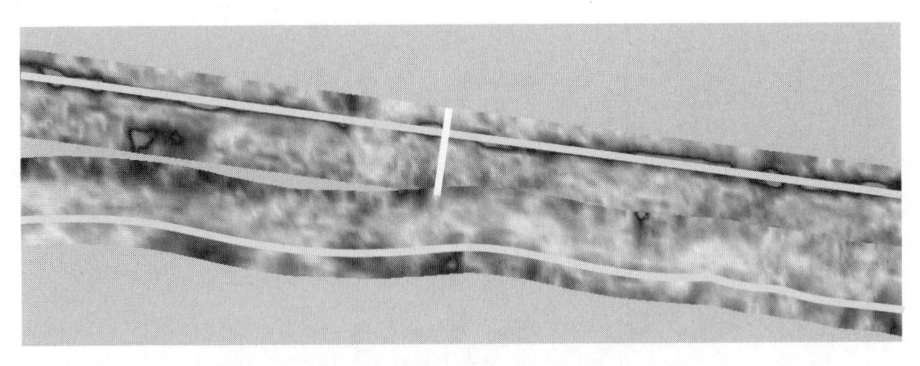

图 5.4-32　东较场三维探地雷达水平切片图

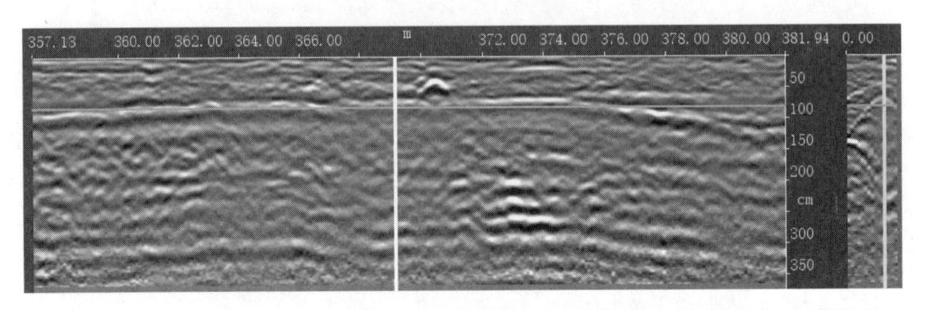

图 5.4-33　东较场三维探地雷达纵向和横向切片图

另一处水平切片（见图 5.4-34）上有一长条状的强反射区域，与下水道的反射特征相似，但纵向切片（见图 5.4-35）上的反射波较为杂乱，多种波形交错在一起，难以分辨。横向切片（见图 5.4-35）上的多次波发育明显，单纯空洞的多次反射波较为明显，但纵向切片上的多次波反而不太明显，如果考虑地下管道渗水的情况（会导致周围土石的介电性质发生改变），那么就能凭这种波形判断为由管道破损引起的地下空洞造成的雷达反射波。

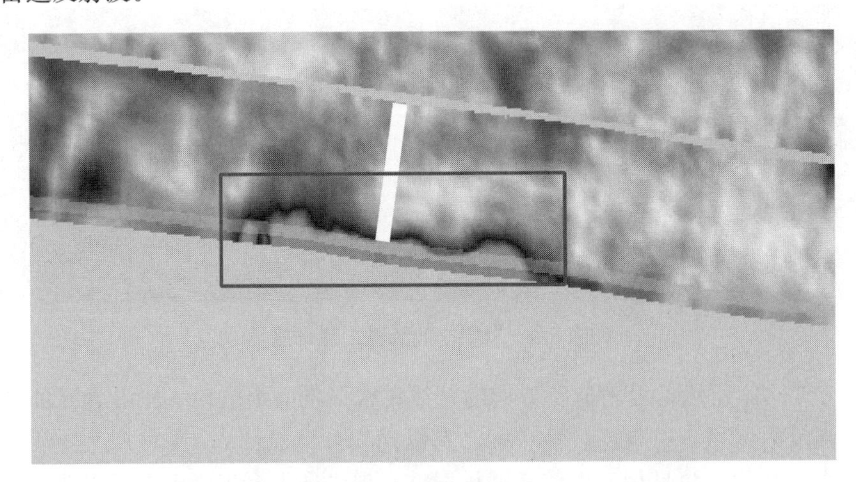

图 5.4-34　东较场三维探地雷达另一处水平切片图

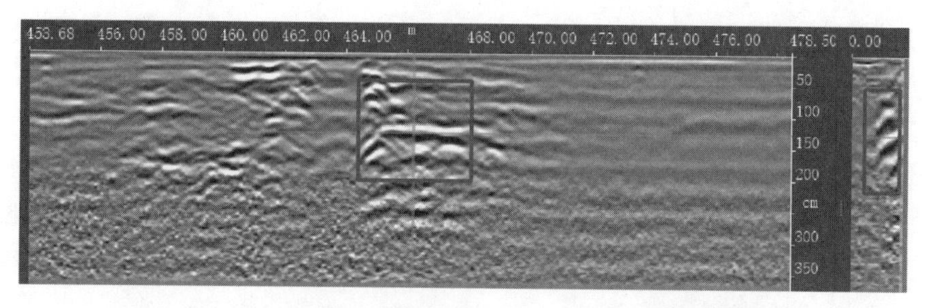

图 5.4-35 东较场三维探地雷达另一处纵向和横向切片图

以测线 1 为例，图 5.4-36 所示测线里程 40～46 m 处，同相轴发生严重错断，且出现明显下凹状异常，推测该处为路基受地下水侵蚀下沉，或有可能产生空洞；辅以瞬态面波法和等值反磁通瞬变电磁法进行探测，成果如图 5.4-37、图 5.4-38 所示。

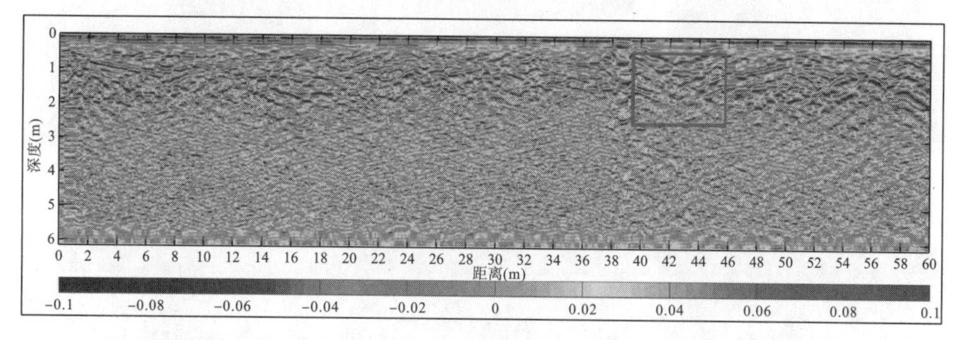

图 5.4-36 东较场测线 1 二维探地雷达（100 MHz 天线）剖面图

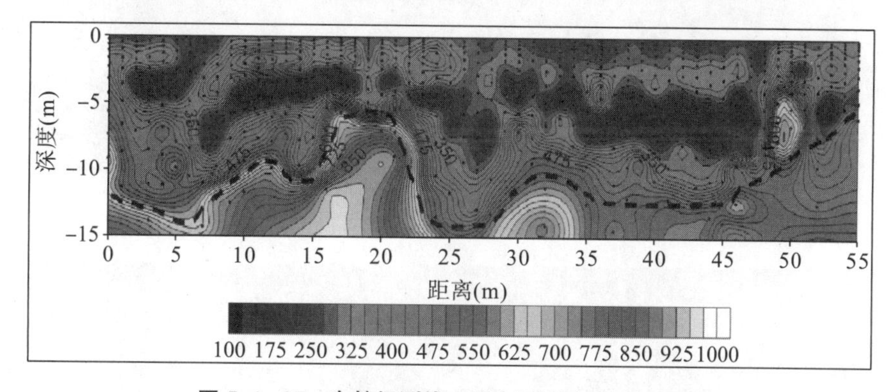

图 5.4-37 东较场测线 1 瞬态面波法反演剖面图

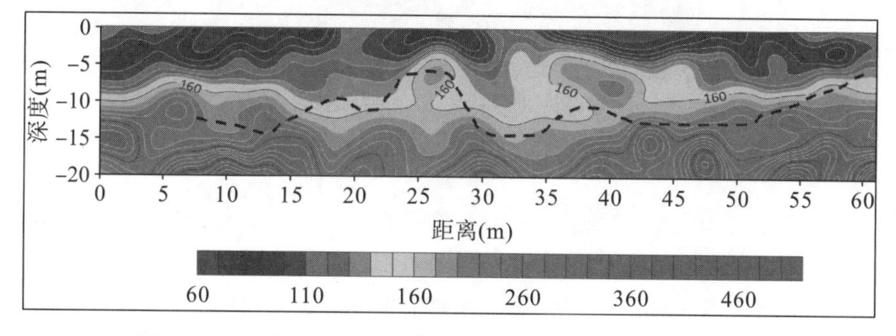

图 5.4-38 东较场测线 1 等值反磁通瞬变电磁法反演剖面图

在瞬态面波法的剖面中，能在相同的测线里程处看出低速异常区域，而且能分辨出道路下方的填埋层。

在后来的实际探测中，发现东较场街以下的空洞较多。由图 5.4－39 可知，该处空洞由污水管线周边土体不密实所致，建议及时对该处空洞病害做处理。由图 5.4－40 可知，该处空洞由雨水管线周边土体不密实所致，建议及时对该处空洞病害做处理。由图 5.4－41可知，该处空洞由道路下方土体不密实，在路面振动及雨水渗入的情况下形成，建议开挖注浆回填。

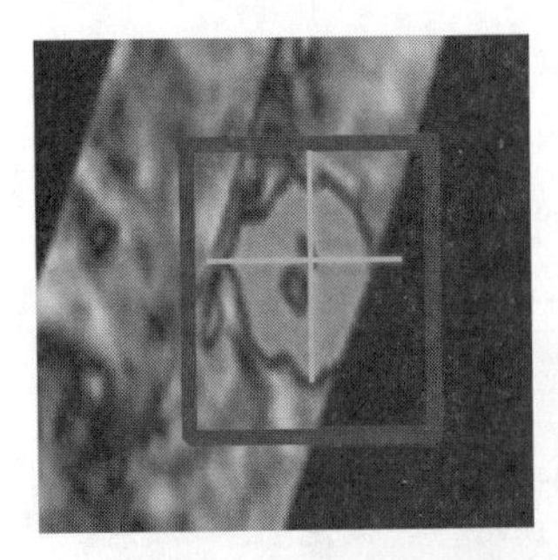
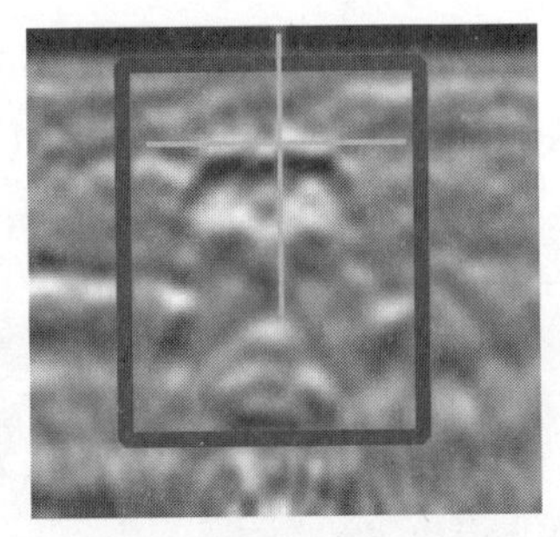
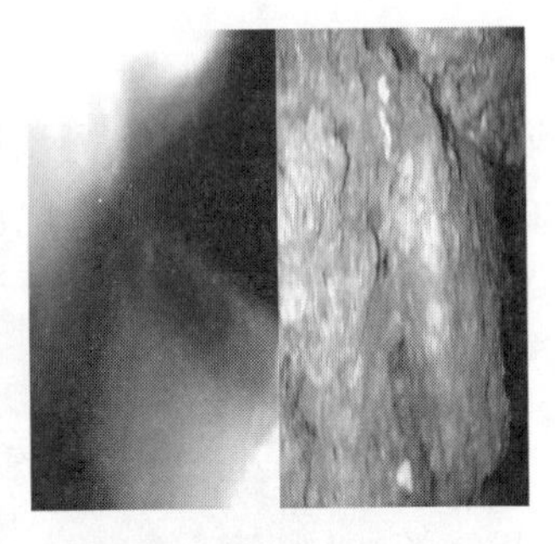

图 5.4－39　东较场某一处空洞平剖、水平切片、空洞底部内窥图

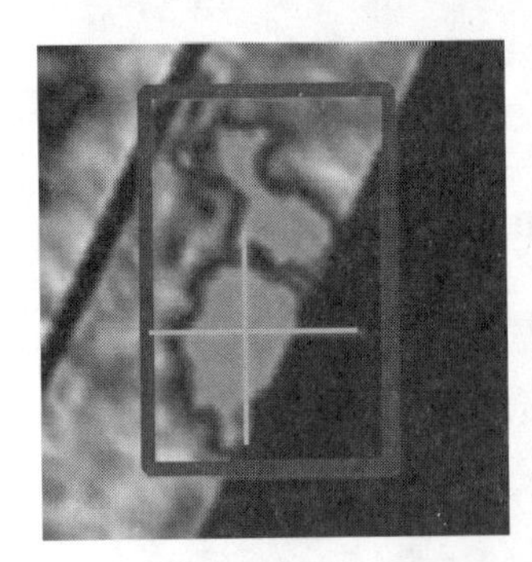
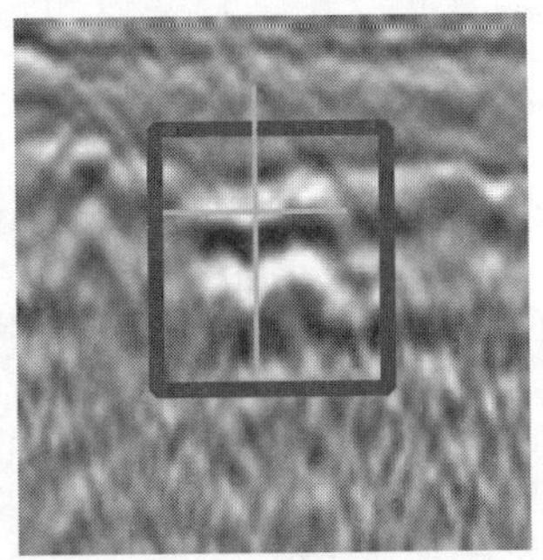
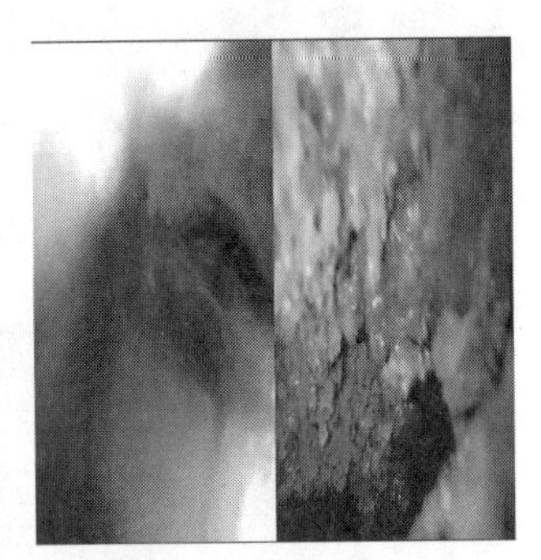

图 5.4－40　东较场另一处空洞平剖、水平切片、空洞底部内窥图

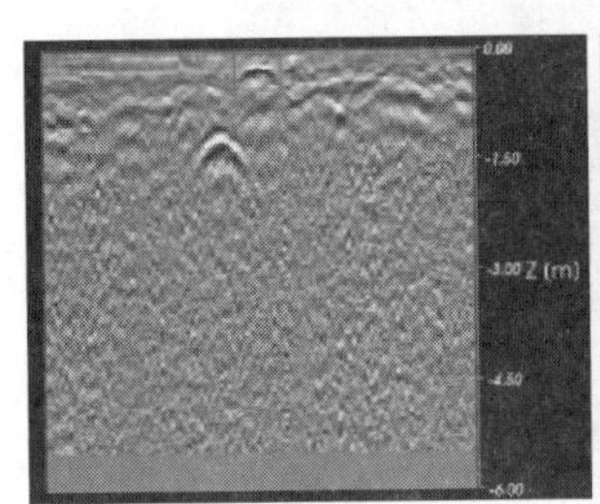

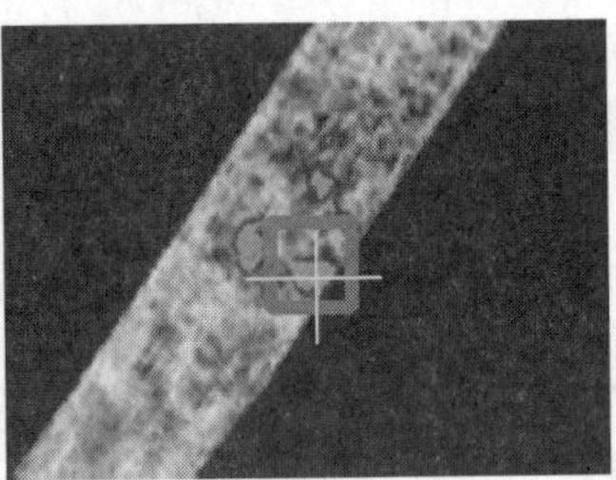
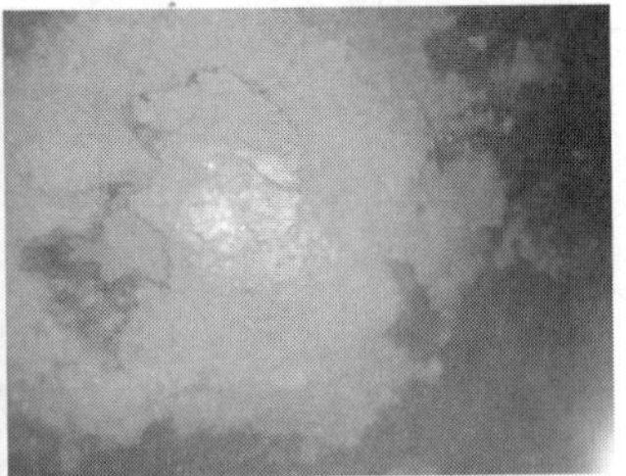

图 5.4－41　东较场第三处空洞平剖、水平切片、空洞底部内窥图

4. 万年路

万年路（见图 5.4－42）某段路面有轻微的形变，下方有管道经过，现场踏勘后进行实地探测，主要方法为三维探地雷达、二维探地雷达，辅助方法为瞬态面波法和等值反磁通瞬变电磁法。万年路探地雷达测线布设和施工现场分别如图 5.4－43、图 5.4－44 所示。

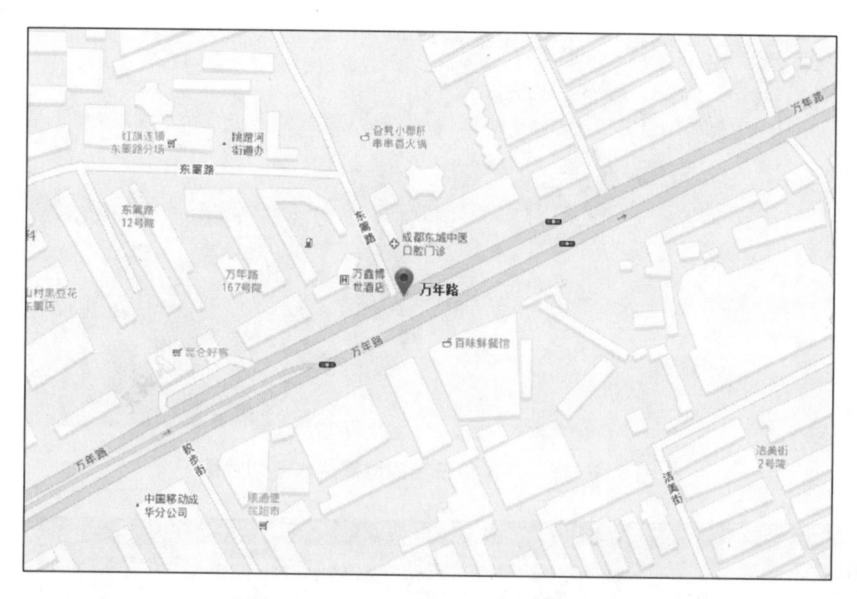

图 5.4－42　万年路试验场地交通图

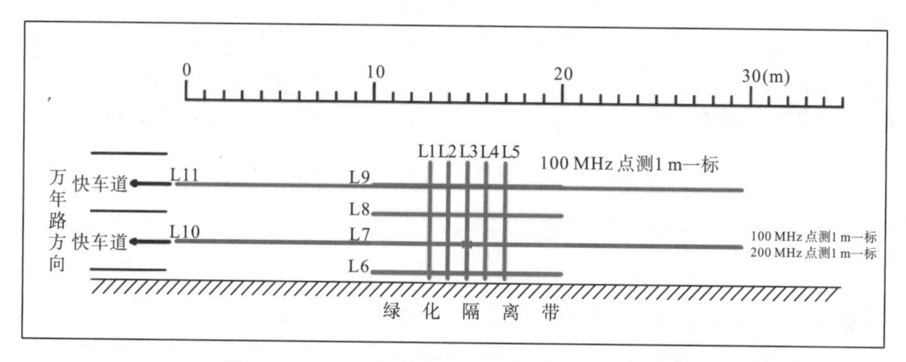

图 5.4－43　万年路探地雷达测线布设示意图

图 5.4－44　万年路施工现场图

采用三维探地雷达沿内侧车道进行探测，从水平切片（见图 5.4－45）上可以看到，该路段路面以下强反射区域比较广，不规则的较强反射能量分布在一片较大的区域内，但相邻车道并无明显的反射特征。从纵向切片（见图 5.4－46）上可以看到，该路段路面以下雷达反射波比较杂乱，反射波与绕射波相互干涉叠加，分层效果比较差，与二维探地雷达出现的沉降松散体比较接近。

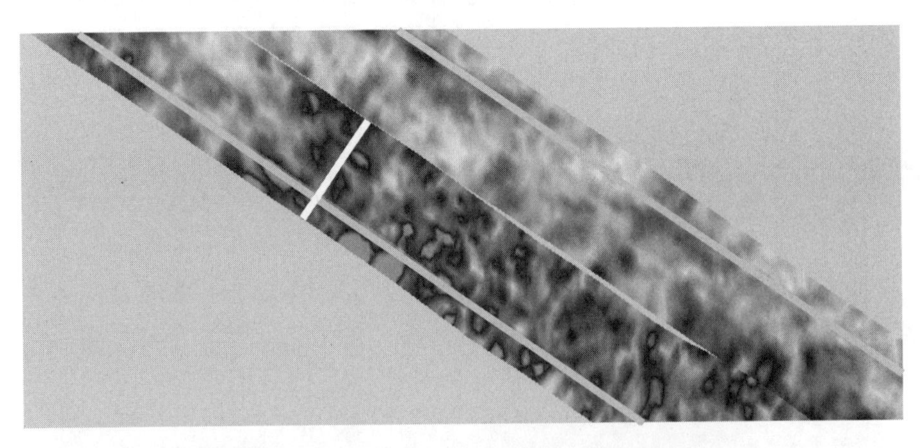

图 5.4-45 万年路三维探地雷达水平切片图

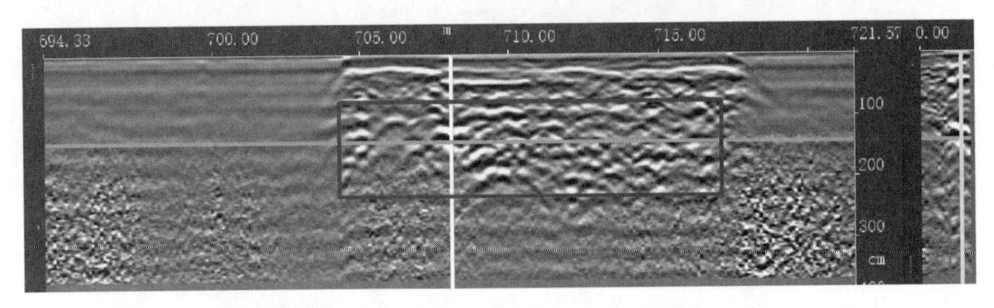

图 5.4-46 万年路三维探地雷达纵向和横向切片图

根据测得的探地雷达资料（见图 5.4-47），测线里程 4.4～8.0 m、深度 2 m 处的同相轴发生形变，但连续性较好，并未有典型的空洞反射异常，推测此处为路基下沉，或发生管道渗漏现象。经钻孔验证，该处为管道渗漏，侵蚀路基，使其发生下沉。在同一施工路段采取瞬态面波法和等值反磁通瞬变电磁法进行辅助探测，结果与探地雷达一致。

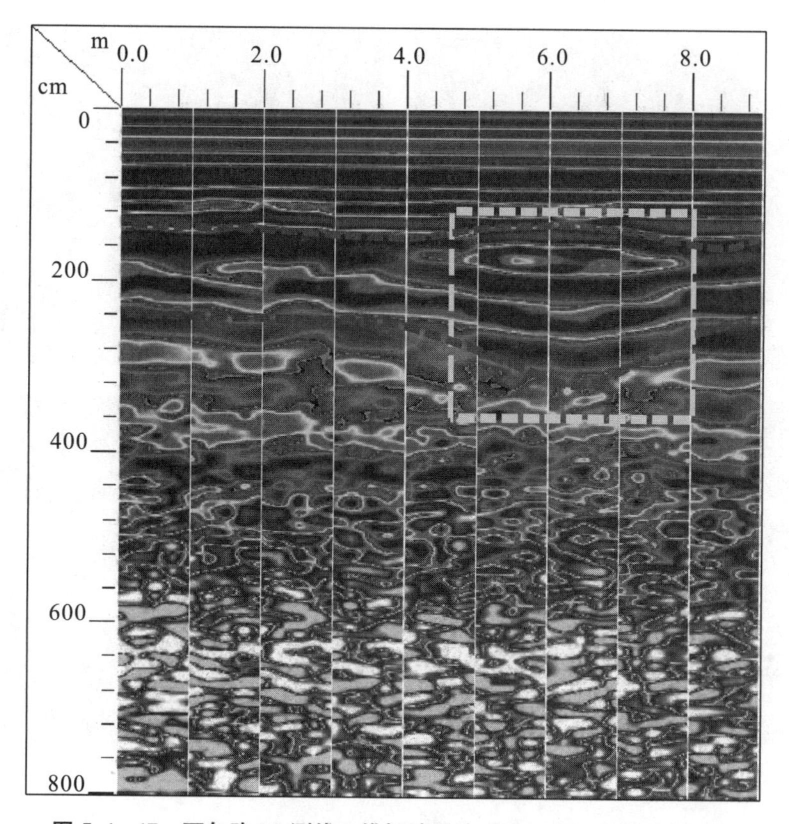

图 5.4−47　万年路 L9 测线二维探地雷达（100 MHz 天线）剖面图

5. 南北大道支路

南北大道支路（见图 5.4−48）为双向单车道，排水管道分别分布于两条车道下方，路面井盖较多，采用三维探地雷达进行扫面探测（见图 5.4−49）。

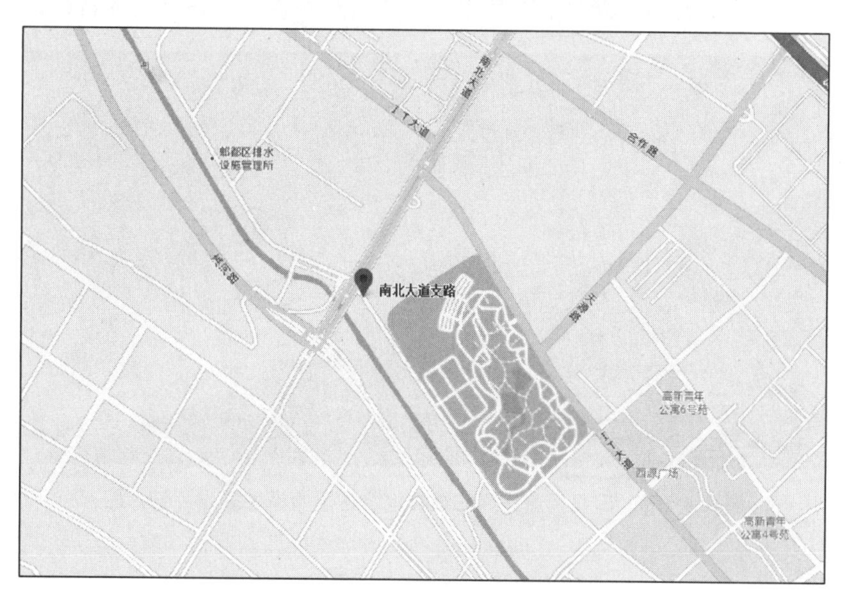

图 5.4−48　南北大道支路试验场地交通图

图 5.4－49　南北大道支路施工现场图

如图 5.4－50 所示，下水道井盖在水平切片中有良好的显示，反射波能量很强，且只出现在相对较小、较稳定的一片区域。在纵向切片（见图 5.4－51）上，从接近地表的位置开始一直到接近 4 m 深度范围内都有较强的多次反射波形，是典型的下水道井盖的反射波形图。在横向切片和纵向切片上出现了几乎一模一样的反射波形，多次波非常发育，且波形范围大小和纵向剖面几乎一致，符合圆形下水道井盖的特征。

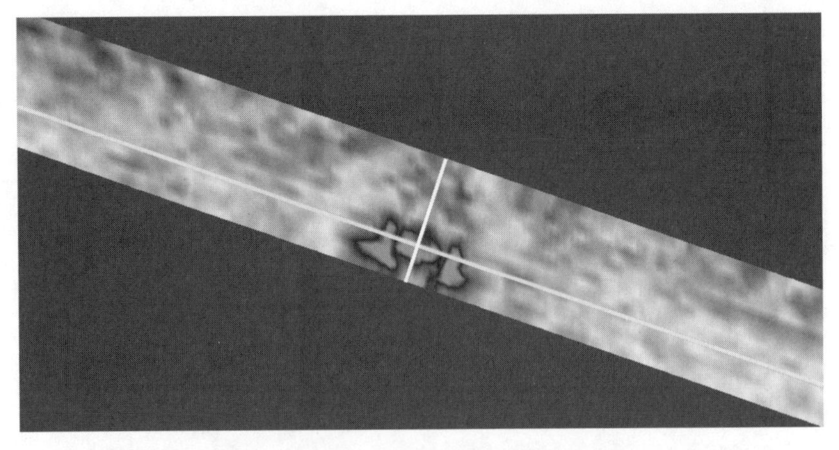

图 5.4－50　南北大道支路三维探地雷达下水道井盖水平切片图

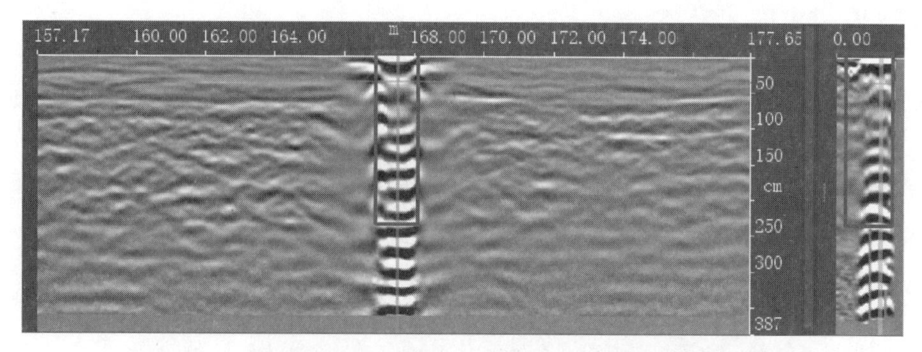

图 5.4－51 南北大道支路三维探地雷达下水道井盖纵向和横向切片图

如图 5.4－52 所示，水平切片上出现一处圆形，属于小范围的强反射区域，结合纵向切片（见图 5.4－53）来看，在深度为 2 m 的地方有一处强反射波形（如左边实线方框内所示），并且在其下方可见多次波发育。在发育空洞（或疏松体）的情况下，二次波或者多次波会出现在首道反射波之后。在横向切片上也出现了类似的现象。此外，虚线方框内出现的一片弱反射区域表明该处道路下方压实程度较高。

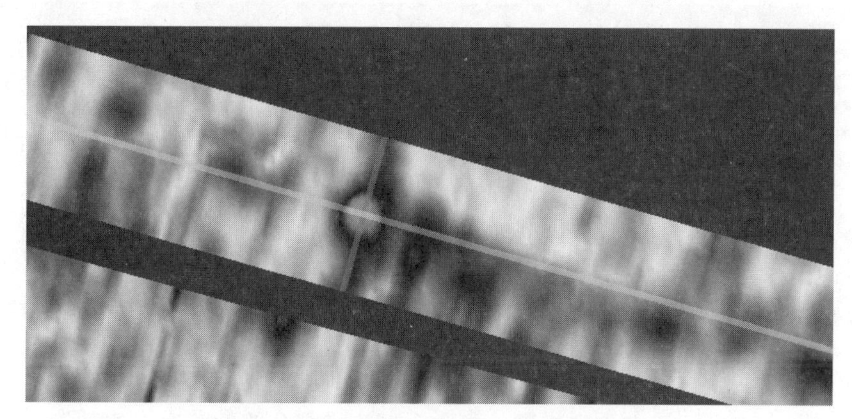

图 5.4－52 南北大道支路三维探地雷达地下空洞水平切片图

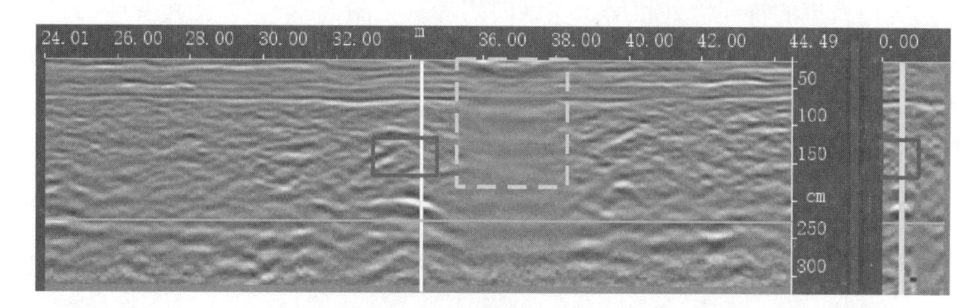

图 5.4－53 南北大道支路三维探地雷达地下空洞纵向和横向切片图

如图 5.4－54 所示，沿着道路方向的管线在水平剖面上一般呈现一片沿着测量方向的长条形状的强反射区域，并且连续性较强。在纵向切片（见图 5.4－55）上，其呈现的是一条长度较大、较平缓且相对比较直的反射波，一般不会出现多次反射波。而且由于反射和吸收的原因，管道反射波下方的反射能量都较弱，因此在实际探测中，比较好判断。从横向切片上看，在相同深度上，出现了比较明显的抛物线型反射波，这与管道的理论反射波形状比较相似，且结合纵向切片来看能够判断得出结果。

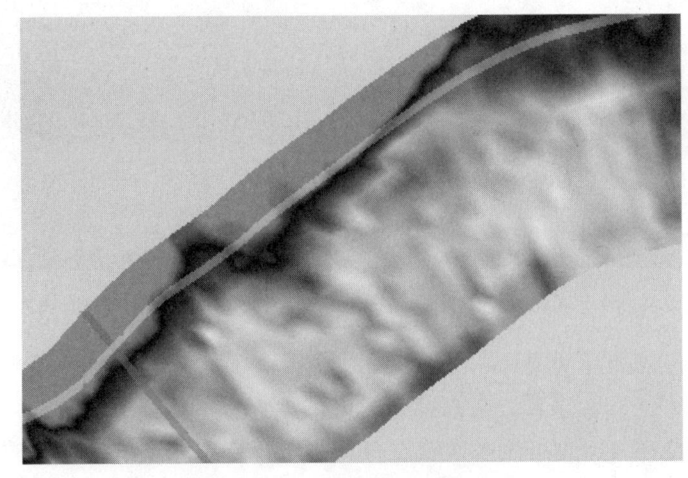

图 5.4－54　南北大道支路三维探地雷达地下管道（沿路方向）水平切片图

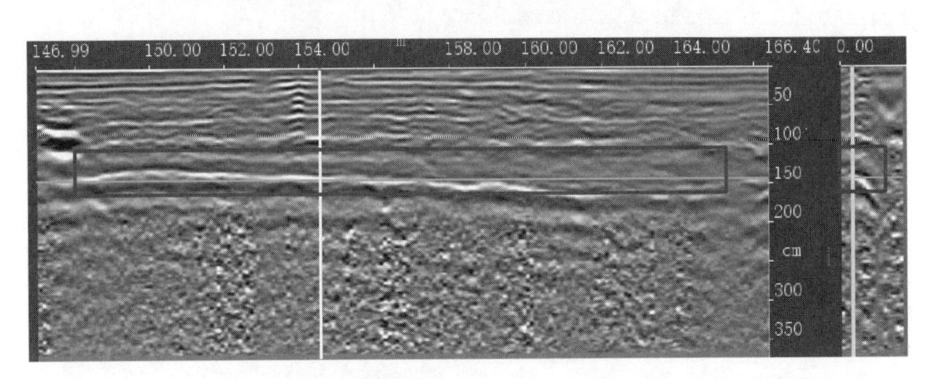

图 5.4－55　南北大道支路三维探地雷达地下管道（沿路方向）纵向和横向切片图

如图 5.4－56 所示，在实际探测中常常会遇到横穿公路的管道，这种管道的特征与沿着公路方向管道的特征恰好相反。在纵向切片（见图 5.4－57）上可见十分明显的抛物线型反射波，无多次波发育，和管道的理论雷达反射波基本一致。在横向切片（见图 5.4－57）上，呈抛物线型较平缓，且连续性较强，反射波下方几乎没有反射能量，恰好与沿着公路方向的管道的雷达探测结果相反。

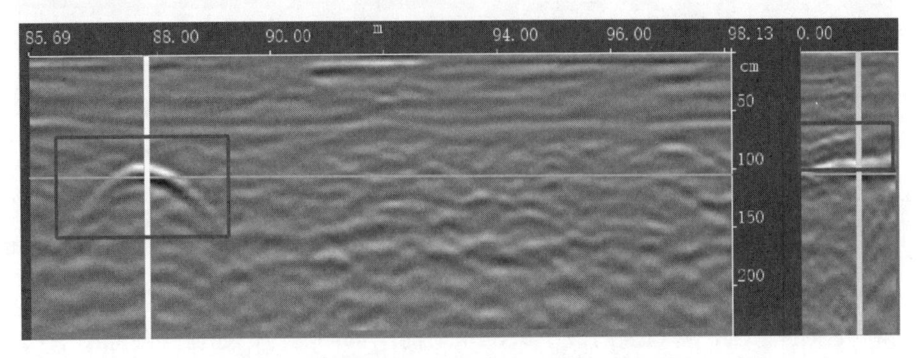

图 5.4－56　南北大道支路三维探地雷达地下管道（横穿公路）水平切片图

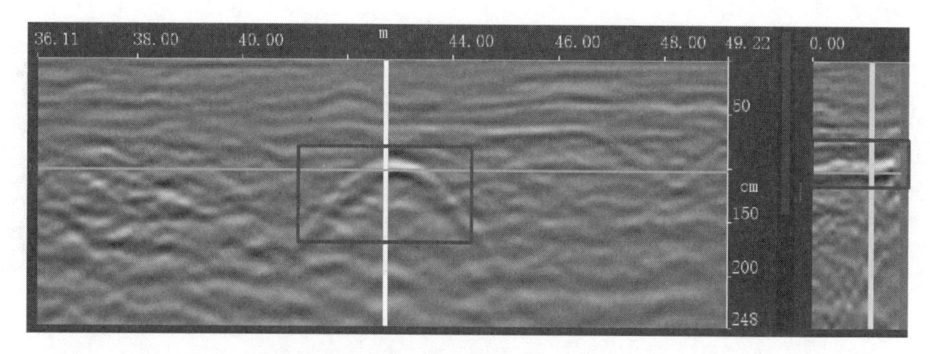

图 5.4－57 南北大道支路三维探地雷达地下管道（横穿公路）纵向和横向切片图

根据以上试验成果，研究技术小组在南北大道支路探测了多处空洞。如图 5.4－58～图 5.4－62 所示，这 5 个空洞主要是由于道路下方土体不密实所致，其次是在路面振动及雨水渗入的情况下形成的，建议开挖注浆回填。

图 5.4－58 南北大道支路第一处空洞平剖、水平切片、空洞底部内窥图

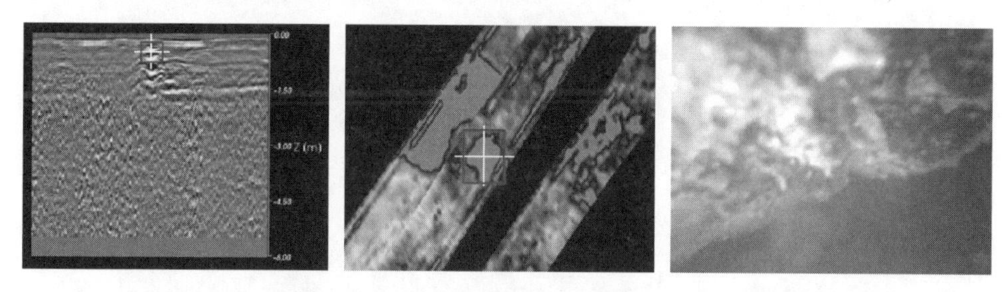

图 5.4－59 南北大道支路第二处空洞平剖、水平切片、空洞底部内窥图

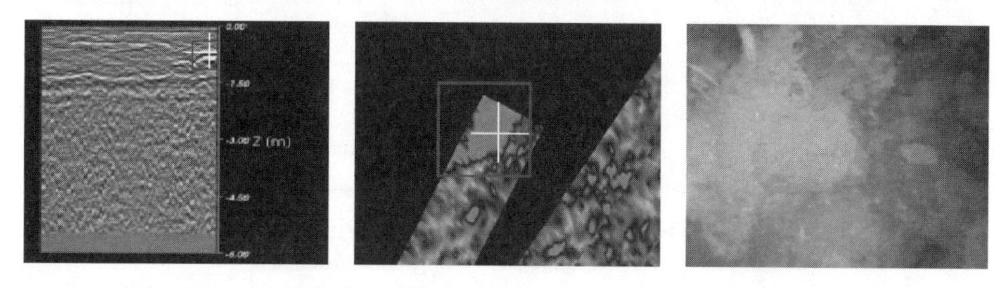

图 5.4－60 南北大道支路第三处空洞平剖、水平切片、空洞底部内窥图

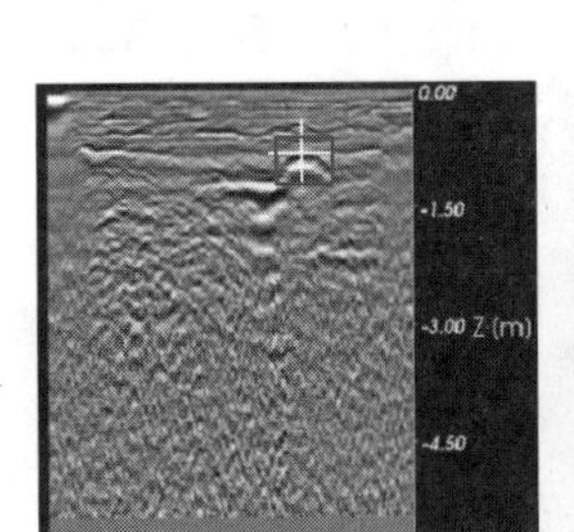

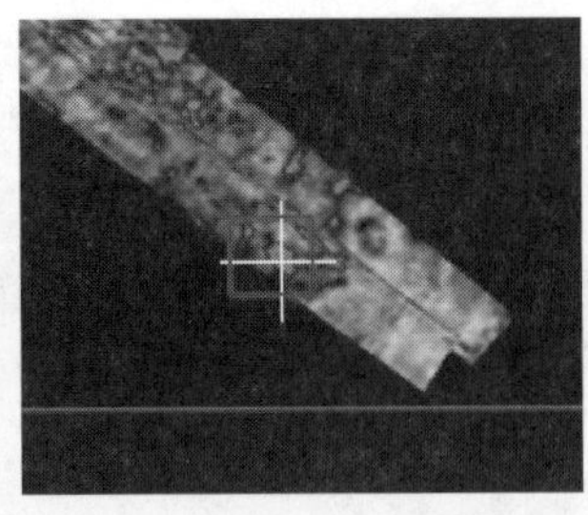
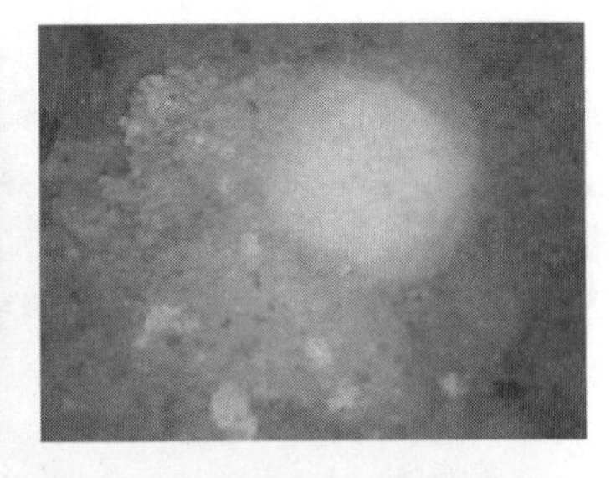

图 5.4−61　南北大道支路第四处空洞平剖、水平切片、空洞底部内窥图

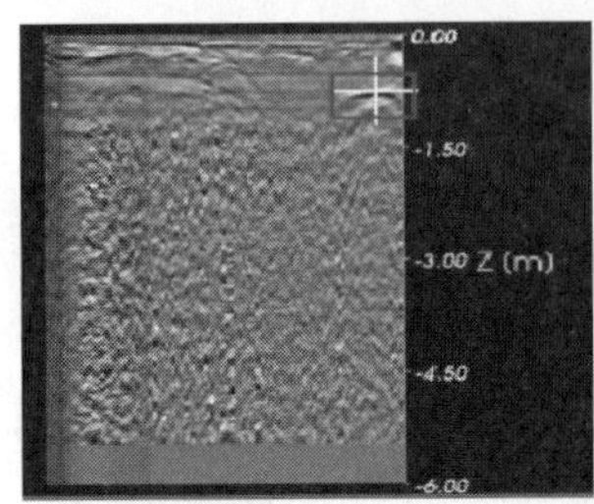

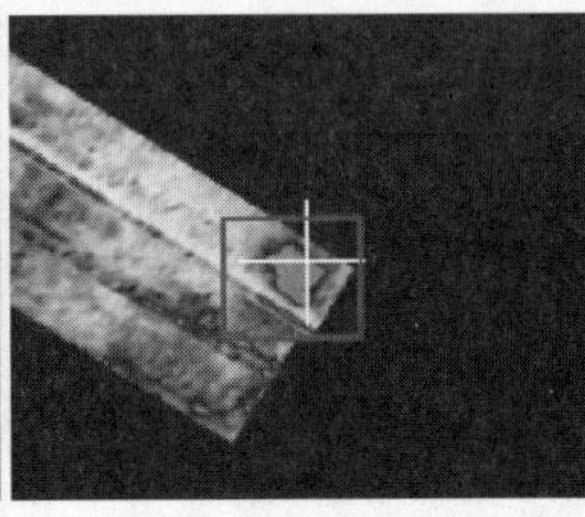

图 5.4−62　南北大道支路第五处空洞平剖、水平切片、空洞底部内窥图

6. 将军碑

将军碑试验场地位于将军碑西二路与蓉都大道交叉口附近（见图 5.4−63），靠近将军碑西二路一侧，车流量较多。此处采用三维探地雷达进行测量（见图 5.4−64）。

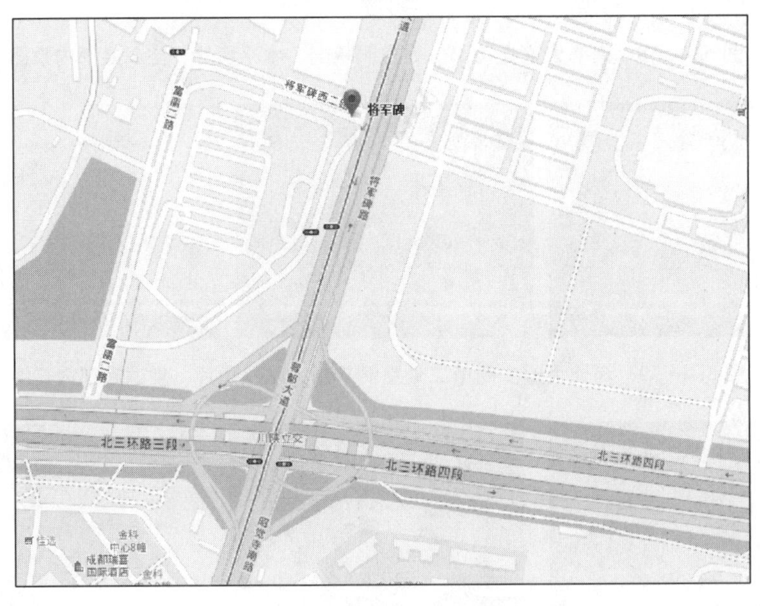

图 5.4−63　将军碑试验场地交通图

图 5.4－64　将军碑施工现场图

如图 5.4－65 所示，在水平切片上可以看到近似线形的强反射能量，垂直于道路方向。在纵向切片（见图 5.4－66）上，该反射波形特征与下水道井盖的反射波形特征较为相似，但是其起始深度为 50 cm 左右，且从地表开始，多次波延伸深度也并未达到雷达探测最大深度，因此不是下水道井盖。结合水平切片来看，该种反射波形与较小的金属管线类似，也可能是钢筋等强反射介质导致的反射异常。

图 5.4－65　将军碑三维探地雷达地下钢筋水平切片图

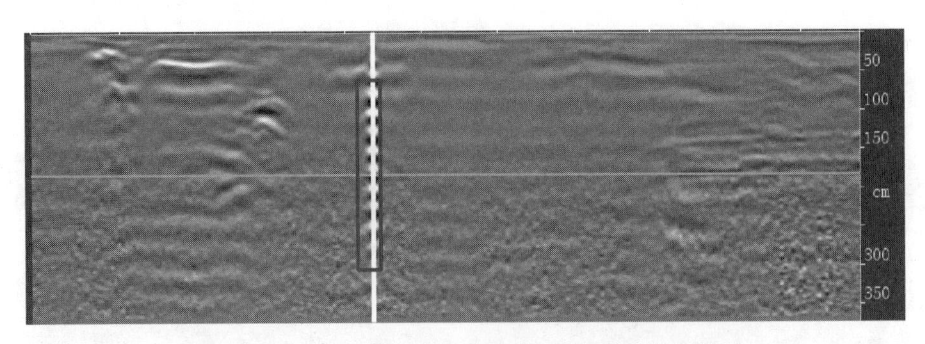

图 5.4-66　将军碑三维探地雷达地下钢筋纵向切片图

如图 5.4-67 所示，在水平切片上可见相邻两切片位置相近的地方都有较强的反射能量，且范围较为接近，所以属于同一构造体所引起的反射异常。从两个纵向切片（见图 5.4-68、图 5.4-69）来看，两者的反射波形都比较杂乱，且范围超出了水平切片，单从纵向切片来看，空洞的反射特征并不明显，但结合横向切片（见图 5.4-67、图 5.4-68）可以看见很明显的多次波，而多次波是空洞雷达反射波的明显特征。

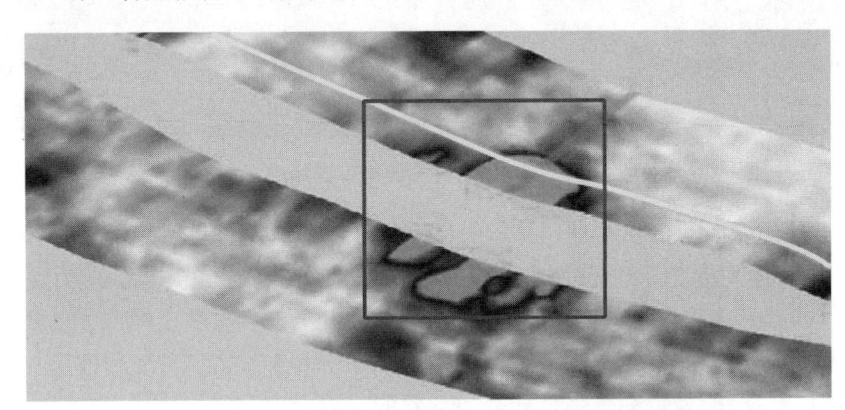

图 5.4-67　将军碑三维探地雷达地下疏松体水平切片图

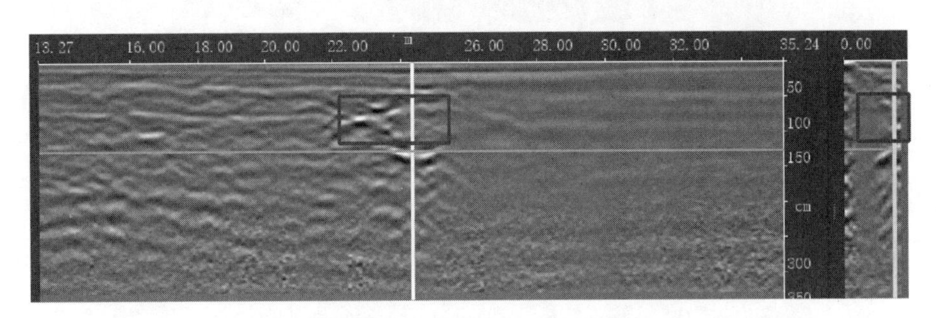

图 5.4-68　将军碑三维探地雷达地下疏松体纵向和横向切片图一

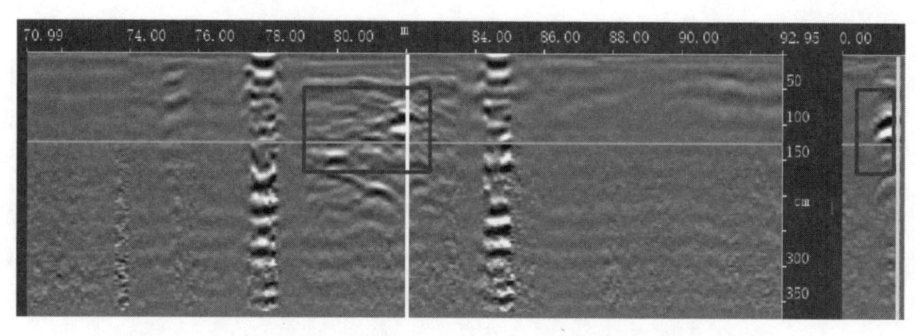

图 5.4-69 将军碑三维探地雷达地下疏松体纵向和横向切片图二

从将军碑二路的探测结果来看，三维探地雷达的优势较为明显。在二维探地雷达无法判断的情况下，三维探地雷达由于多了水平切片和横向切片，得到的探测信息更加丰富，能够帮助研究人员做出更加准确的判断和识别。

7. 五福桥东街

五福桥东街试验现场位于成都市金牛区五块石五福桥东街龙湖北城天街小区门口硬化沥青道路（见图 5.4-70），路面可见一处明显沉降以及两处既往道路修补区域，推测沉降下方为空洞或疏松体。雷达测线布设和施工现场分别如图 5.4-71、图 5.4-72 所示。

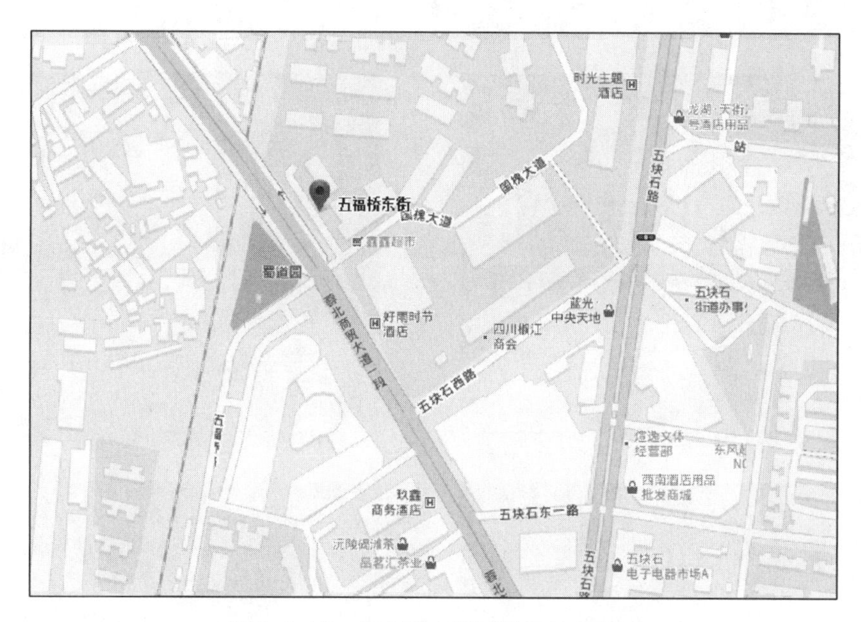

图 5.4-70 五福桥东街试验场地交通图

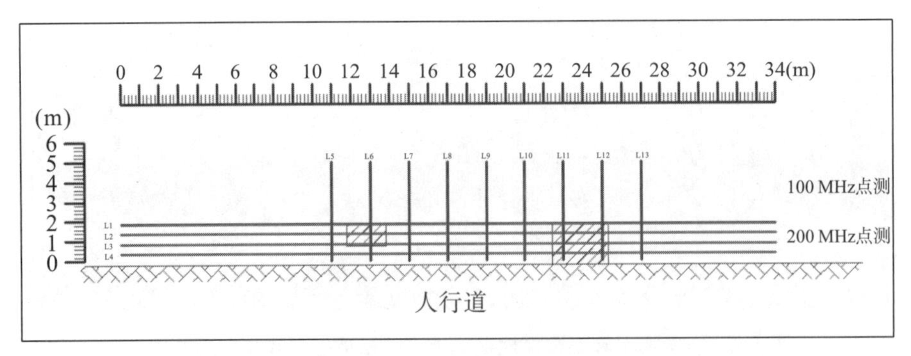

图 5.4−71 五福桥东街北城天街试验现场雷达测线布设示意图

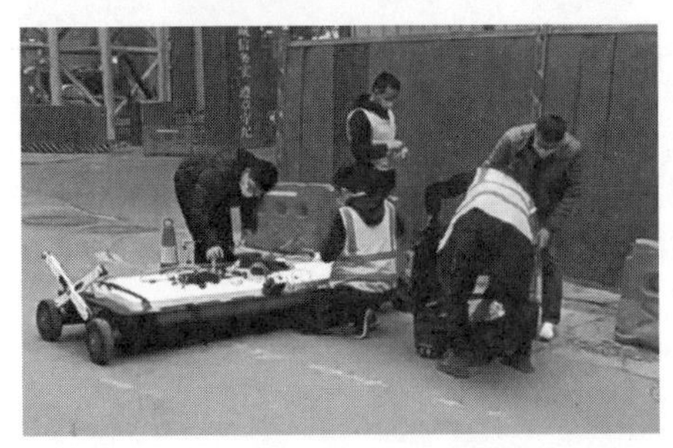

图 5.4−72 五福桥东街北城天街现场施工图

如图 5.4−73 所示，水平切片上实线方框内的强反射区域面积较大，与实际道路修补区域重合。纵向切片（见图 5.4−74）上实线方框内的反射波都较强，多次波比较发育，是典型的空洞雷达反射波特征，且空洞发育规模较大。虚线方框内的反射波较强，但是没有多次波出现，应该是道路下方铺设的钢筋网所致。这一点在二维探地雷达结果上也比较明显。

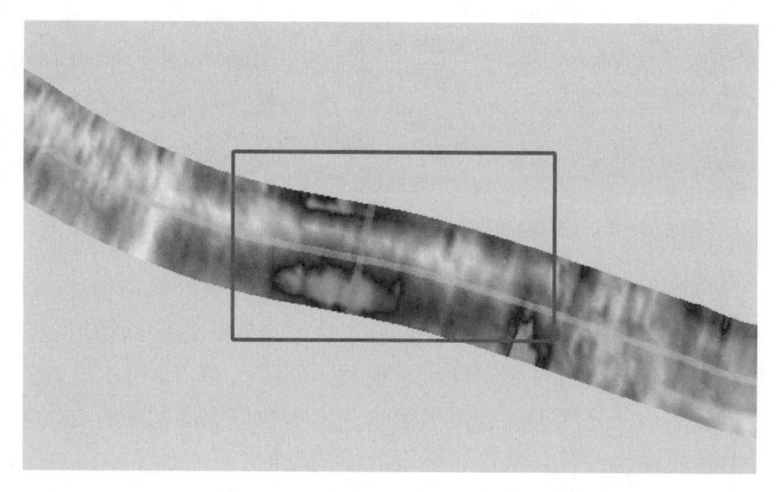

图 5.4−73　五福桥东街三维探地雷达地下空洞与塌陷水平切片图

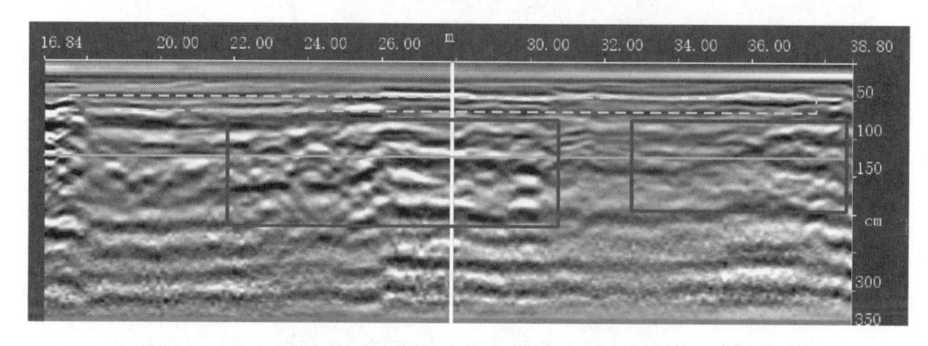

图 5.4−74　五福桥东街三维探地雷达地下空洞与塌陷纵向切片图

如图 5.4−75 所示，水平切片上强反射区域较大，且连续性较好。纵向切片（见图 5.4−76）上实线方框内的反射波较强且多次波明显，符合空洞雷达反射波的特征。

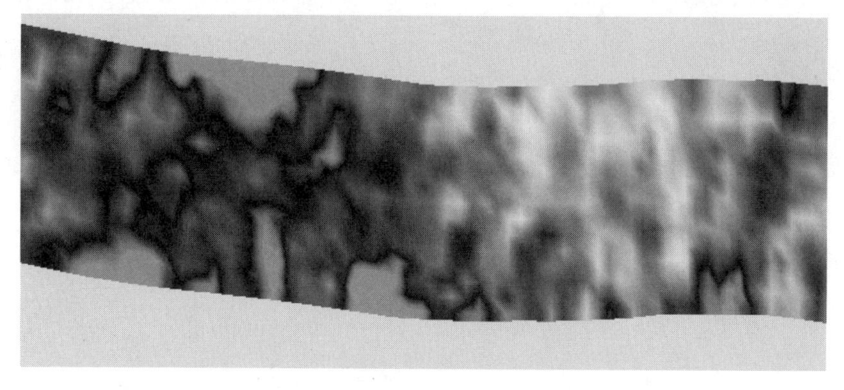

图 5.4−75　五福桥东街三维探地雷达地下疏松体水平切片图

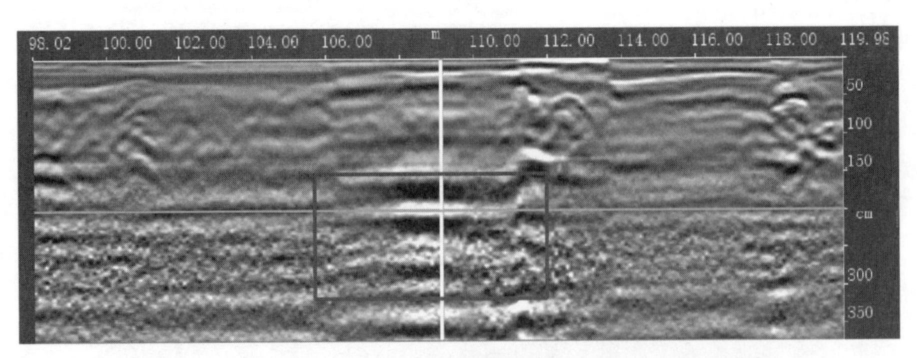

图 5.4−76　五福桥东街三维探地雷达地下疏松体纵向切片图

如图 5.4−77 所示，水平切片上反射能量较强，区域较大；纵向切片（见图 5.4−78）上实线方框内显示有较为强烈的反射波，且有二次波产生。但中间绕射波等其他杂波较多，除了空洞发育，此处很有可能出现渗水现象。如图 5.4−79 所示，方框中波能量被强烈吸收且杂波较多，就是因为此处发生渗水。渗水会使周围的土石湿度发生变化，使探地雷达的介电性质发生改变，从而影响电磁波的反射。

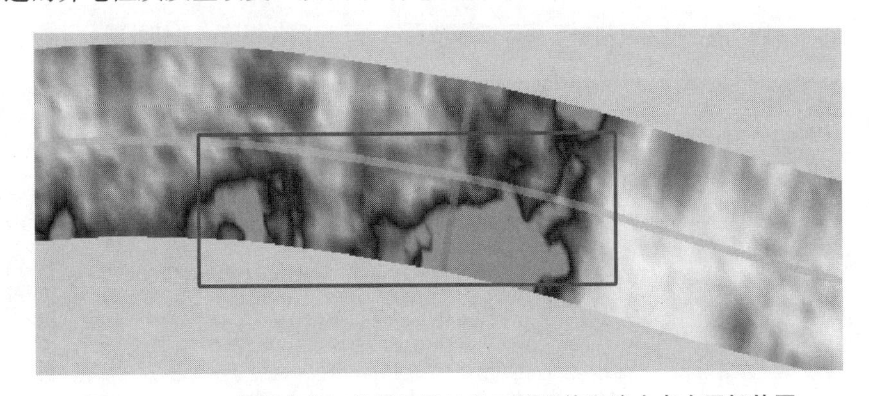

图 5.4−77　五福桥东街三维探地雷达地下疏松体和渗水点水平切片图

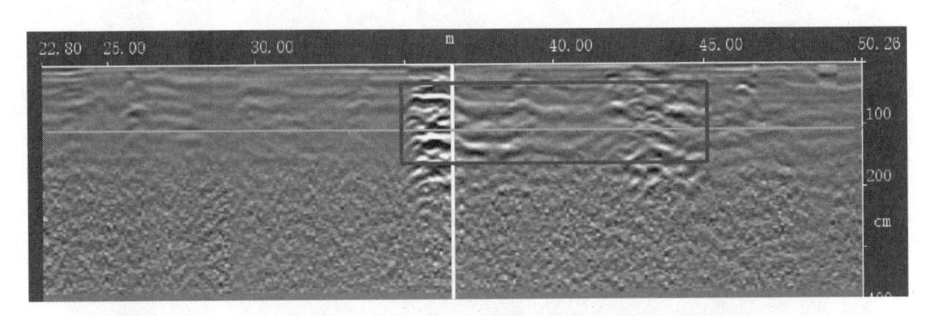

图 5.4−78　五福桥东街三维探地雷达地下疏松体和渗水点纵向切片图

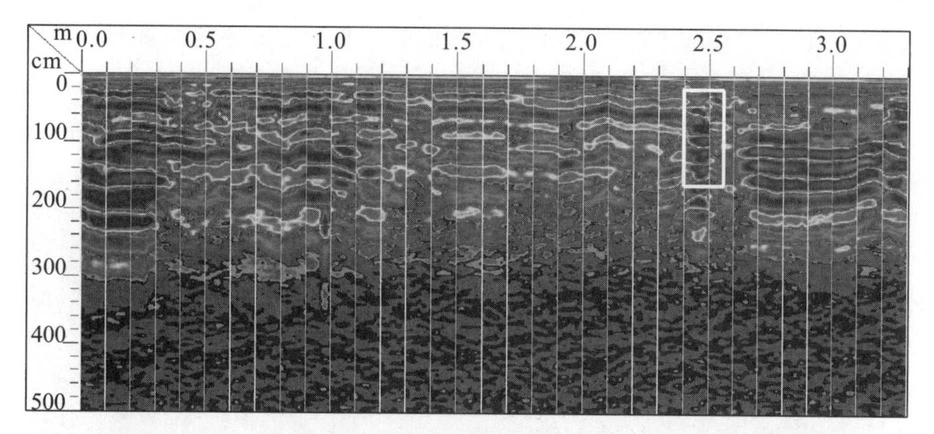

图 5.4−79　五福桥东街 1 测线二维探地雷达（200 MHz 天线）剖面图

如图 5.4−80 所示，实线方框内为修补区填充物，虚线椭圆框处为弱反射区域。

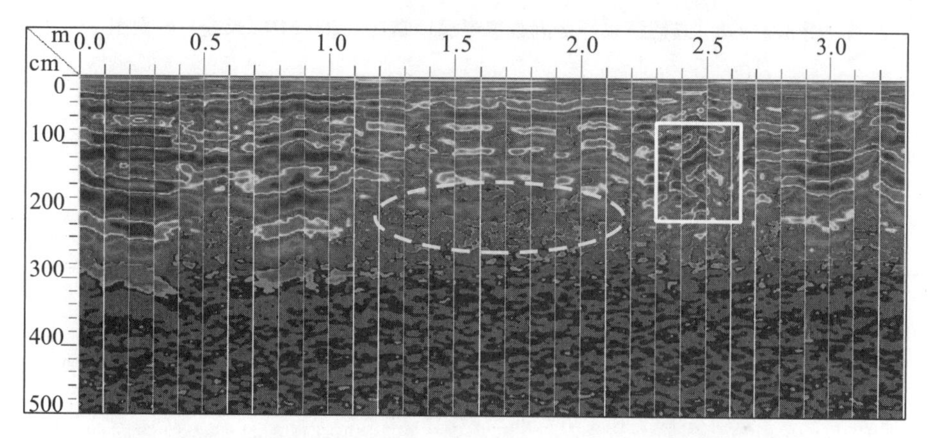

图 5.4−80　五福桥东街 2 测线二维探地雷达（200 MHz 天线）剖面图

如图 5.4−81 所示，3 测线的雷达反射特征与 2 测线的基本一致，均有反射薄弱区域。且该区域有深约 1.3 m 的钻孔，孔底为不致密泥土、松散体；24 m 处有空洞发育。

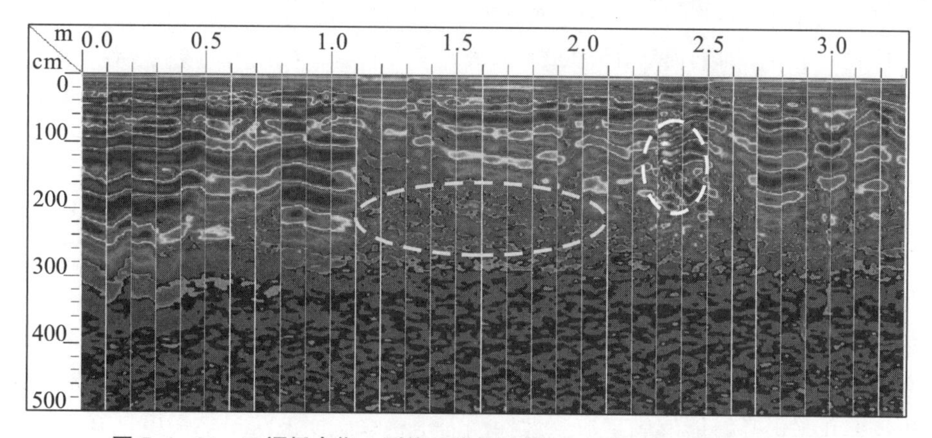

图 5.4−81　五福桥东街 3 测线二维探地雷达（200 MHz 天线）剖面图

由图 5.4−82 可知，4 测线 22～25 m 内的修补区域在雷达反射剖面上较为明显，在纵向测线13～18 m、深度1.0～2.1 m范围内有较明显的反射不连续现象，能量较弱，符合松散体特征，疑似地下水侵蚀形成松散体，容易造成塌陷等危险状况。

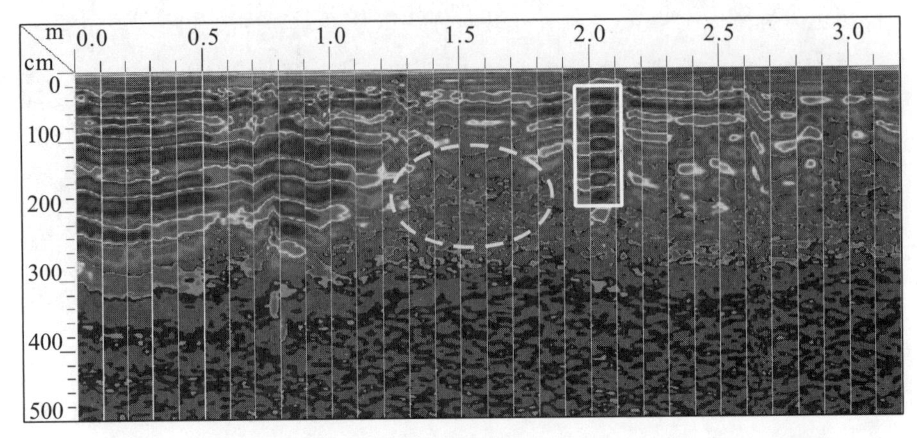

图5.4－82　五福桥东街4测线二维探地雷达（200 MHz天线）剖面图

5.4.2.3　试验总结

综合分析玉沙路、金牛大道、东较场、万年路、南北大道支路、将军碑和五福桥东街共7个场地试验结果，主要道路病害体的探地雷达响应特征见表5.4－5。

表5.4－5　道路病害体探地雷达响应特征一览表

道路病害体		波形与振幅特征	相位与频谱特征
脱空		顶部有板状且连续性好的反射波组，多次波明显；整体振幅强	顶部反射波与入射波同向，底部反射波与入射波反向，频率高于背景场
空洞		球状空洞反射波呈双曲型，矩形状空洞反射波呈连续平板状且绕射波和多次波明显；整体振幅强	顶部反射波与入射波同向，底部反射波与入射波反向，频率高于背景场
疏松体	严重疏松	顶部同向反射波组连续性强，多次波明显，绕射波明显，内部波形结构比较杂乱；整体振幅偏强	顶部反射波与入射波同向，底部反射波与入射波反向，频率高于背景场
	一般疏松	顶部同向反射波组连续性强，多次波不明显，绕射波不明显，内部波形结构比较杂乱；整体振幅较强	顶部反射波与入射波同向，底部反射波与入射波反向，频率高于背景场
富水体		顶部同向反射波组连续性强，绕射波不明显，底部反射波不明显；顶部反射波振幅强但衰减快	顶部反射波与入射波反向，底部反射波与入射波同向，频率低于背景场

在金牛大道、东较场、万年路和南北大道支路4个场地上进行以探地雷达为主，微动勘探法、瞬态面波法、等值反磁通瞬变电磁法等为辅的场地试验，探测道路路面以下的病害体。从试验结果来看，探测浅层道路病害体最佳的地球物理方法是探地雷达，其精度和效率几乎最高，能够满足应急性探测需求；瞬态面波法虽然精度良好，但效率较低；微动勘探法与等值反磁通瞬变电磁法虽然效率较高，但是对于道路病害体的识别精度有限，因此在浅层道路病害体探测中不能作为主要探测方法。

从探测深度来看，探地雷达对于深部病害体的识别能力有限，分辨率会受到探测深度的影响，故而在探测深度需求较大时宜采用微动勘探法和等值反磁通瞬变电磁法进行辅助探测，横向分辨以探地雷达为主，纵向分辨依靠微动勘探法和瞬变电磁法，以此获得最佳的道路病害体探测能力。

探地雷达能够较为精确地对小型异常体进行识别；微动勘探法对于深部异常的识别能力较强，但对小型异常体的识别能力不足，一般而言，其最小识别半径不低于其道间距，且其对浅部异常体的识别也存在盲区；瞬态面波法对于小型异常体的识别能力与微动勘探法差异不大，但其在横向上的分辨能力优于微动勘探法，极少出现横向异常偏移的现象；等值反磁通瞬变电磁法的精度比微动勘探法和瞬态面波法更差，很难对细小异常体进行准确识别。

从环境因素来看，当道路下方铺设有金属网时，雷达容易受到干扰，此时应采用微动勘探法或瞬态面波法进行辅助探测；当道路出现积水现象时，探地雷达会受到严重干扰，电磁波穿透能力会大打折扣，导致探测深度大为降低。

根据已经进行的场地试验结果来看，探地雷达及其他几种可应用于道路病害体探测的地球物理方法，具有表 5.4－6 所列的一些特征。

表 5.4－6　道路病害检测物探方法特征一览表

地球物理方法	主要特征	主要干扰因素
探地雷达	探测精度最高，横向分辨率最高，纵向分辨率受到深度影响；简单易操作，探测效率高；对脱空、空洞、富水体以及疏松体等道路病害体的识别能力强	容易受到地下金属网线以及地面积水的干扰
瞬态面波法	探测精度高，但只能识别空洞和疏松体；探测效率较低	容易受到场地积水、地表高差、噪声和天气因素的影响
微动勘探法	对小规模道路病害体分辨能力不够，只能识别空洞和疏松体；探测效率较低	容易受到场地积水、地表高差、不规律噪声及天气的干扰
等值反磁通瞬变电磁法	分辨率低，只能分辨空洞和富水体；探测效率高	容易受到地面积水和金属的干扰

由表 5.4－6 可知，对于常见道路病害体的识别，探地雷达具有很大的优势，几乎能够识别出城市道路下方所有病害体。尤其是对于道路脱空这种其他地球物理方法无法识别的小型道路病害体，探地雷达有着得天独厚的优势，能够较早地将其识别出来以避免其进一步扩大。但是探地雷达很容易受到金属物品的干扰，也容易受到地面积水的影响。水的介电常数远大于岩石和土壤以及路面沥青会极大地影响探地雷达发射的电磁波穿透性。表 5.4－7 列出了常见道路病害体探测常用的几种方法及施工注意事项。

表 5.4-7　道路病害体探测物探方法及施工注意事项

地球物理方法	施工注意事项
探地雷达	地面有积水或下雨时应停止作业，以保证数据质量；注意避免地下金属管线及金属支护网格的干扰
瞬态面波法	下雨天应注意检波器的防水保护，地面有积水时停止作业
微动勘探法	下雨天应注意检波器的防水保护，地面有积水时停止作业
等值反磁通瞬变电磁法	应避免外界的电磁干扰，以及地下金属管线的干扰

总的来说，探地雷达可以对一定深度内所有的道路病害体进行有效且快速地探测，而其他地球物理方法只能够探测出一部分道路病害体，且其分辨率、效率都不如探地雷达。因此，以探地雷达为主要方法，其他地球物理方法为辅助的综合物探方法才是探测道路病害体的最佳工作方案。

5.5　隐伏构造物探方法精细识别

5.5.1　前人推断成都平原断裂位置及走向

根据物探异常推测成都市区隐伏断裂的分布的依据是以往得到的成都市电测深成果，关于研究区的断裂构造信息：电测深曲线类型突变，或电测深曲线类型相同，但曲线特征点突变；视电阻率断面上电性不连续，等值线陡立密集，高阻与低阻等值线明显分异，或者视电阻率等值线产生扭曲；基岩高程等值线、第四系厚度等值线以及大极距视电阻率等值线出现密集的线性梯度带；大极距视电阻率等值线发生扭曲以及高阻等值线封闭圈被明显错开。其中断裂构造两侧电测深曲线形态变化最为明显。成都市区断裂分布表明，区内隐伏断裂通常控制了某套地层的发育，而地层的缺失反映在电测深曲线上则表现为形态发生突变。全区电测深曲线形态及推测的断裂分布参考图 5.5-1。

由西北向南东方向，电测深曲线整体变化趋势为 K 型-KQ 型-G（A）或 H（A）型变化，其中 K 型曲线特指在大极距时所反映的形态（见图 5.5-1），$AB/2$ 在 100 m 左右时视电阻率出现极大值，$AB/2$ 大于 100 m 后视电阻率逐渐减小，这种形态表明其下地层完整；KQ 型曲线与 K 型曲线的区别在于，KQ 型曲线的极大值通常出现在 $AB/2$ 为十几米或 60 m 以下，$AB/2$ 等于 100 m 左右时已出现视电阻率极小值，其后视电阻率幅值逐渐增高，这反映出中、下更新统地层的缺失，视电阻率极小值通常是强风化层的反映（见图 5.5-2），这一类型的电测深曲线一般出现在覆盖层较薄，台地区与平原区的过度带上；G（A）和 H（A）型曲线通常位于台地区，更新统地层在台地区通常已经尖灭，地表的黏土层或填土层电阻率大小决定电测深曲线为 G（A）型或 H（A）型，地表电阻率低为 G（A）型，地表电阻率幅值相对较高则表现为 H（A）型。

剖面上电性不连续，视电阻率等值线发生扭曲等特征，在不同 $AB/2$ 时表现得非常明显。最典型的特征为小极距时双流—天回镇—新店子一线为高阻异常带，反映了上更新统砂卵石层的电性特征。

利用地震推断断裂，基岩纵波速度（v_P）突变，形成低速带或速度变化梯度带，并且曲线有时差反应，记录上地震波波组错断；在断裂两侧，地震波频率、振幅、波形、波长等动力学特征发生显著变化。

综上所述，利用以电法和地震成果划分断层的依据来推测断裂，编号为 F14～F21（见图 5.5−1）。

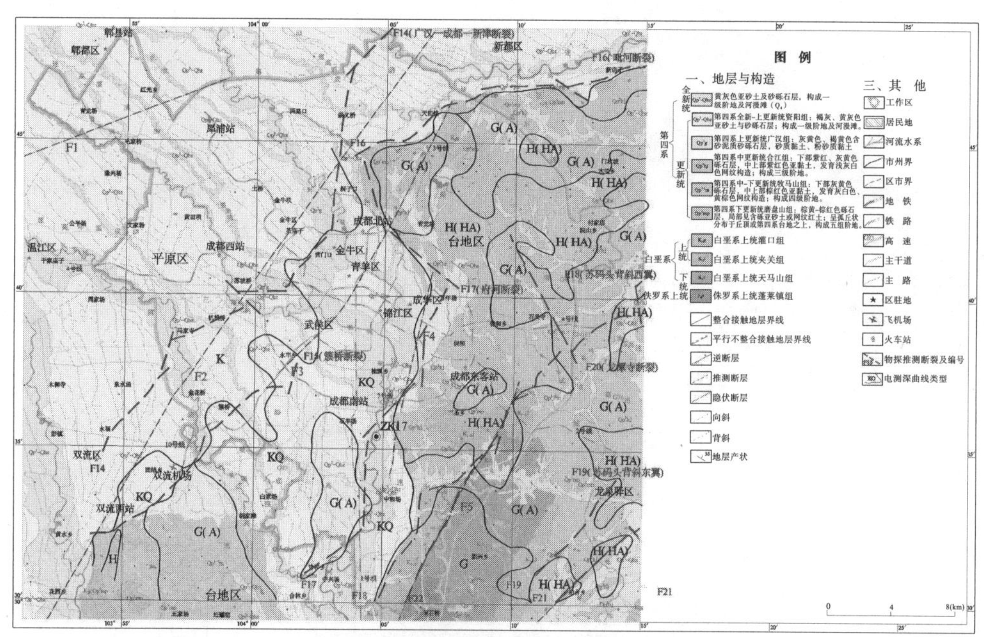

图 5.5−1 由物探成果推测的断裂及电测深曲线形态分布示意图

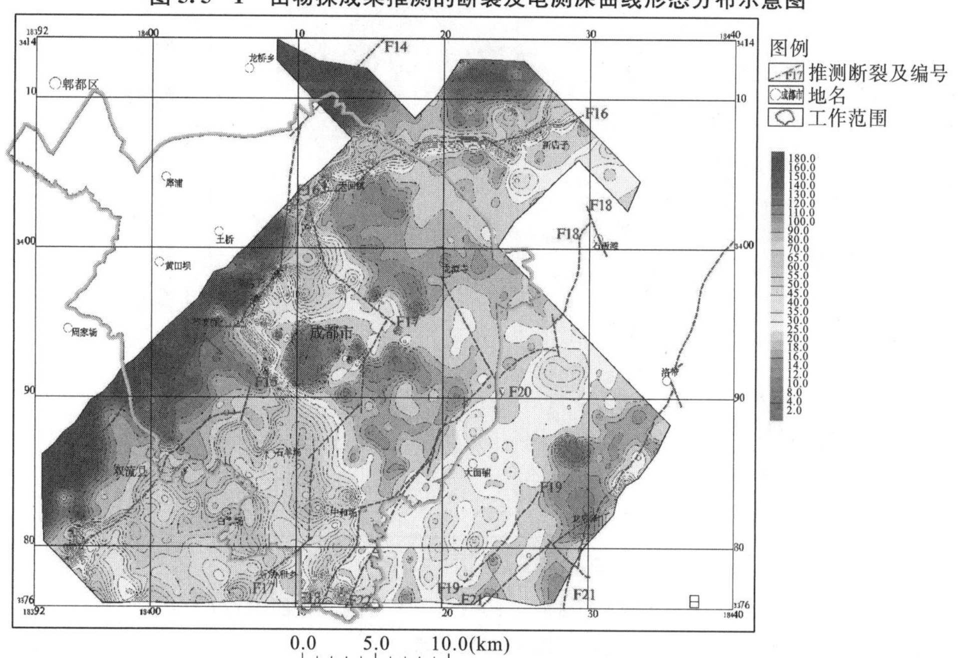

(a) $AB/2$ 为 65 m 的视电阻率等值线平面图

图 5.5−2 不同 *AB*/2 视电阻率等值线平面图

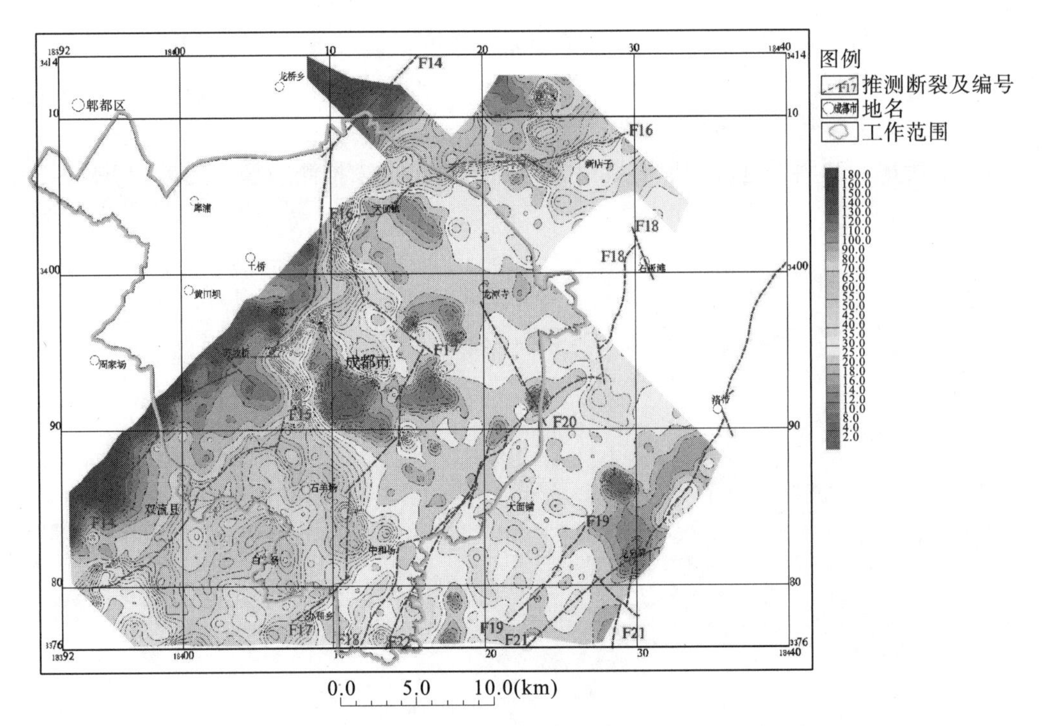

(b) *AB*/2 为 100 m 的视电阻率等值线平面图

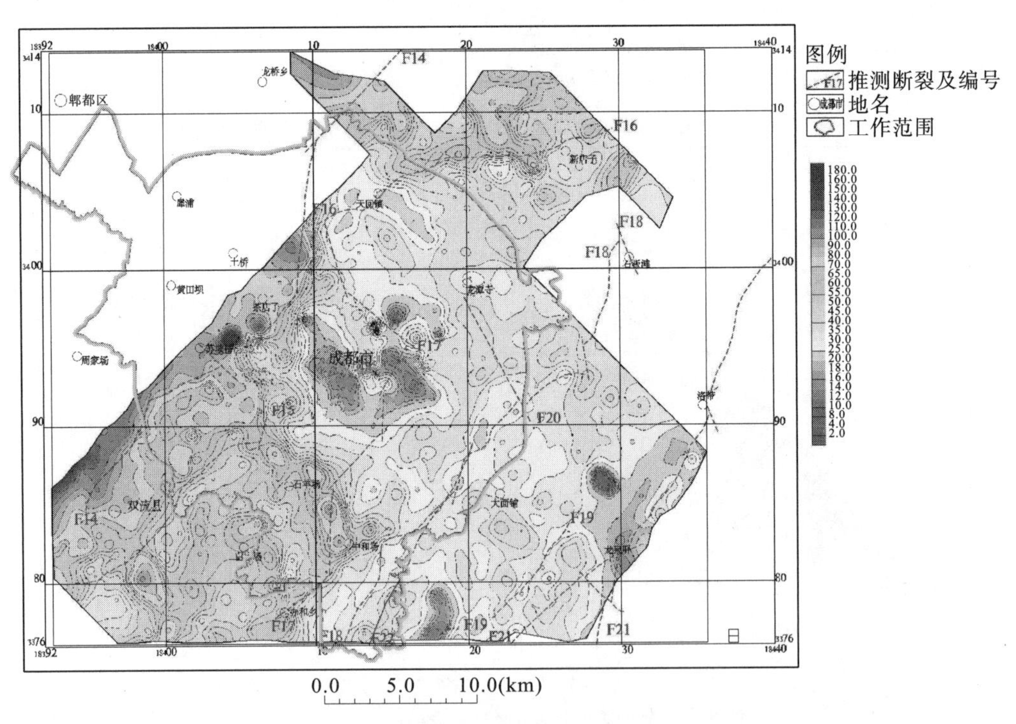

(c) *AB*/2 为 200 m 的视电阻率等值线平面图

图 5.5-2（续）

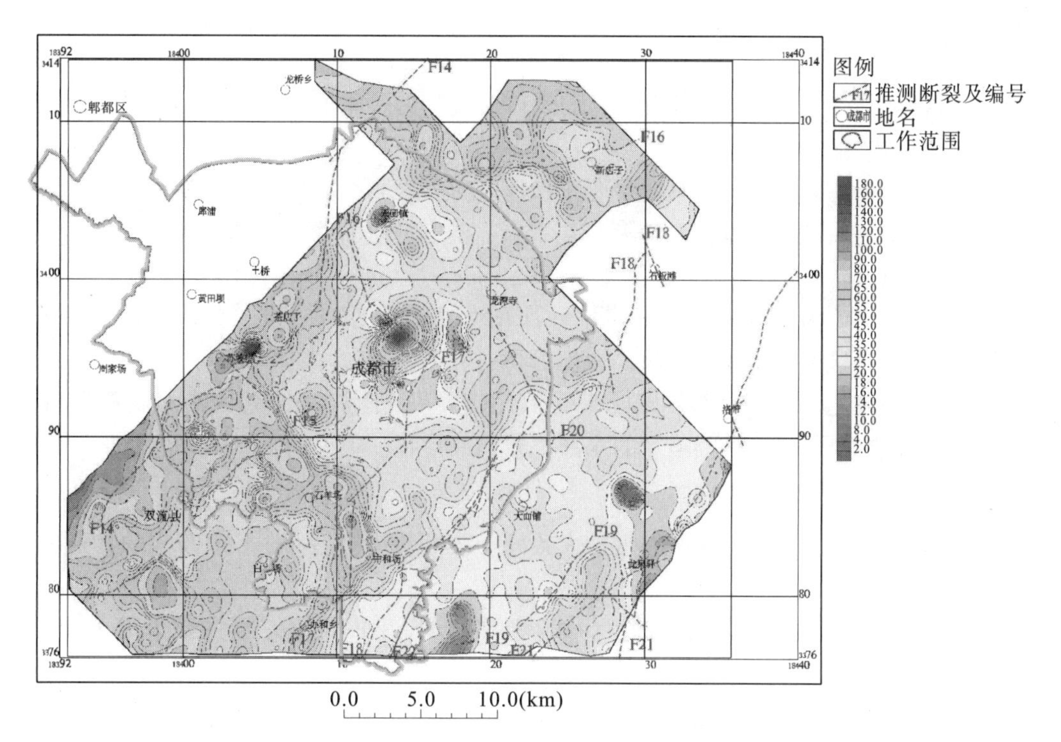

(d) $AB/2$ 为 300 m 的视电阻率等值线平面图

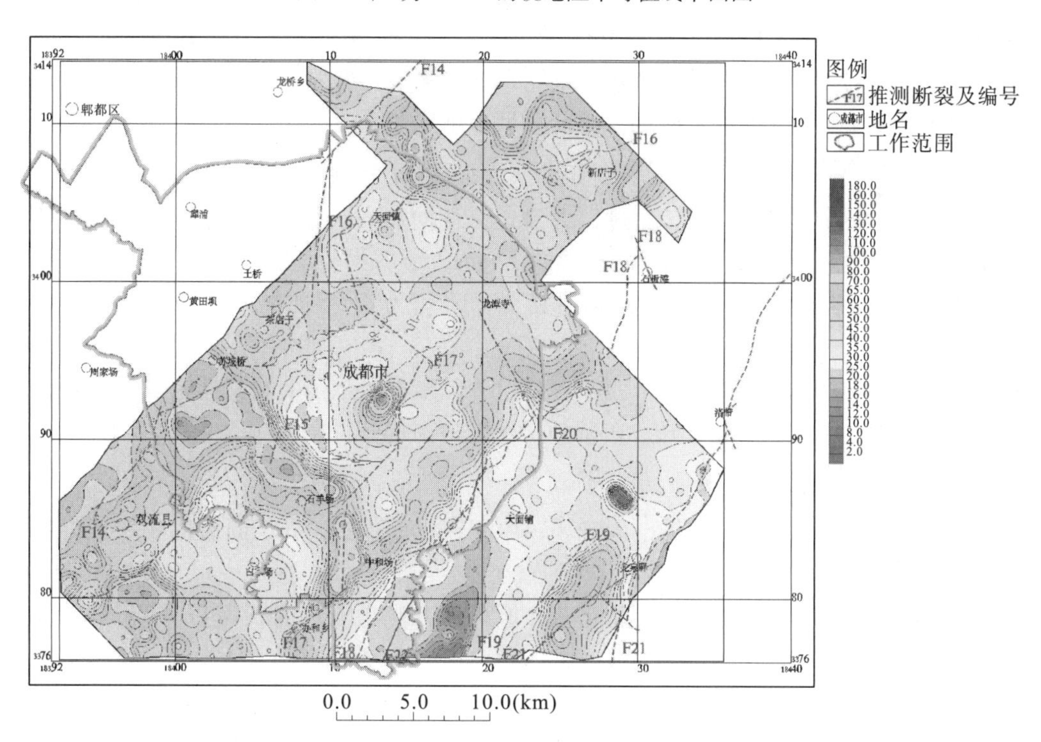

(e) $AB/2$ 为 500 m 的视电阻率等值线平面图

图 5.5-2（续）

5.5.1.1　F14 断裂（广汉—成都—新津断裂）

F14 断裂大致从双流县、苏坡桥、洞子口通过，为一北东 45°延伸且东倾的逆断层。F14 断裂的物探成果特征如下：

(1) F14 断裂处，第四系厚度等值线和基底高程等高线有密集线性梯度带，F14 断裂东西两侧第四系厚度和基底高程有明显差异。这是由于断裂构造的影响，西部下陷、东部上升所致。

(2) 在 $AB/2$ 为 500 m 的视电阻率平面图［见图 5.5−2 (e)］上，茶店子、苏坡桥、机投桥、马家寺一带视电阻率高阻闭合图被错开。

(3) 基底波速不连续、断裂破碎带为低速带。F14 断裂为研究区内主要控制性断裂。F14 断裂控制了“中央凹陷”的东部边界，并导致“中央凹陷”两翼明显抬升。

5.5.1.2　F15 断裂（簇桥断裂）

F15 断裂位于永丰乡、簇桥一带，大致与 F14 断裂平行展布。F15 断裂的物探成果特征如下：

(1) F15 断裂以西主要为 KQ 型曲线，局部为 K 型曲线；东侧主要为 K 型曲线，局部为 G (A) 型曲线。

(2) F15 断裂处基底电性不连续。

(3) 基岩纵波速度 (v_P) 突变。

(4) F15 断裂位于地震动力学特征突变处，F15 断裂左侧地震波频率低，波形宽缓、肥大；F15 断裂右侧波速频率高，波形尖锐、瘦小。动力特征的突变，显示了断裂两侧岩性的突变和断裂破碎带对地震波高频成分的吸收。

5.5.1.3　F16 断裂（毗河断裂）

F16 断裂从新店子、天回镇通过，大致近东西向展布，推断为南倾的逆断裂。F16 断裂的物探成果特征如下：

(1) F16 断裂两侧电测深曲线类型突变，北侧为 K 型曲线，南侧为 G (A) 型曲线。

(2) F16 断裂处电性不连续。西部有高阻砂砾卵石层，东部缺失低阻黏土层，推断其为断裂所致，由西部地层下降、东部地层抬升所引起。

5.5.1.4　F17 断裂（双桥子—包江桥断裂）

F17 断裂从凤凰山、琉璃场、中和场、中兴镇以西通过。F17 断裂的物探成果特征如下：

(1) F17 断裂两侧电深曲线类型突变，断裂南东侧电测深曲线为 G (A) 型，北西侧为 K 型。

(2) F17 断裂处基底电性不连续。

(3) F17 断裂带两侧基岩纵波速度 (v_P) 突变，地震记录波形混乱。

(4) α 卡曲线有异常显示。

由物探成果推测的 F17 断裂为府河断裂，其与地质推断的双桥子—包江桥断裂走向大致一致，可以认为是同一条断裂，但两者位置有一定偏差。由物探成果推测的 F17

断裂从凤凰山、琉璃场、中和场、中兴镇以西通过。

F15、F16、F17 断裂为 F14 主干断裂的次生断裂，F15、F16、F17 断裂将“中央凹陷”东翼改造成阶梯状抬升。F16、F17 断裂为东部台地前缘西部及北部边界。据此，我们研究认为是 F16、F17 断裂导致了东部台地的形成。

5.5.1.5 F18、F19 断裂（苏码头背斜西翼、东翼断裂）

F18、F19 断裂大致以苏码头背斜对称展布，均为倾向南东的逆掩断裂，但 F19 断裂规模比 F18 断裂小得多。F18、F19 断裂的物探成果特征如下：

（1）F18、F19 断裂处视电阻率等值线梯度带明显。

（2）F18、F19 断裂处基底电性不连续。

5.5.1.6 F20 断裂（龙潭寺断裂）

从 $AB/2$ 为 500 m 的视电阻率等值线平面图［见图 5.5－2（e）］可以看出，等值线扭曲、基底地层表现的电性不连续，故推断为 F20 断裂。

研究区内由于地下电缆、地下设施的干扰，所获电测深曲线受到不同程度的影响。F15 断裂北端，暂推断在永丰乡；F17 断裂虽推到凤凰山附近，但应指出，自琉璃场以北，由于市区电测深极距小，加之测点密度稀，推断依据不如其他地段充分。同样 F21 断裂推断依据也不充分。由图 5.5－2 可知，F14～F21 断裂在极距（$AB/2$）为 65～500 m 的视电阻率等值线平面图中均有分布。

5.5.2 震-电联合推断隐伏断裂

以地质推断的双桥子—包江桥断裂为例，该断裂位于平原区和台地区接触过渡带上，走向方位角为 12°，长 13 km 左右，与由物探成果推测的 F17 断裂（府河断裂）的位置大致相当。在包江桥一带，白垩系灌口组地层出露地表，产状变陡，以往开展的钻探成果表明白垩系灌口组地层在断裂两侧厚度变化较大，西侧厚度大于 300 m，东侧则只有 162 m 左右。

包江桥断裂位于研究区双林路新华公园附近（见图 5.5－3），四川省地质矿产勘查开发局物探队于 1991 年编制的《成都市城市物探工作报告》显示，在双林路新华公园附近开展过 2 号、3 号电测深剖面探测工作。本次探测工作的 6 号地震剖面部分段与 3 号电测深剖面重合。如图 5.5－4 所示，由西向东，曲线形态由 KQ 型向 G（A）或 H（A)型变化，变化最明显的地段位于 3 号电测深剖面 18 号、20 号测点之间，2 号电测深剖面 38 号、40 号测点之间。该位置西北段的电测深曲线形态还具备 KQ 型，该位置南东段电测深曲线形态全部呈现为 G（A）型或 H（A）型。本次研究对 2 号、3 号电测深剖面重新解译，形成新的地质剖面图（见图 5.5－5）。

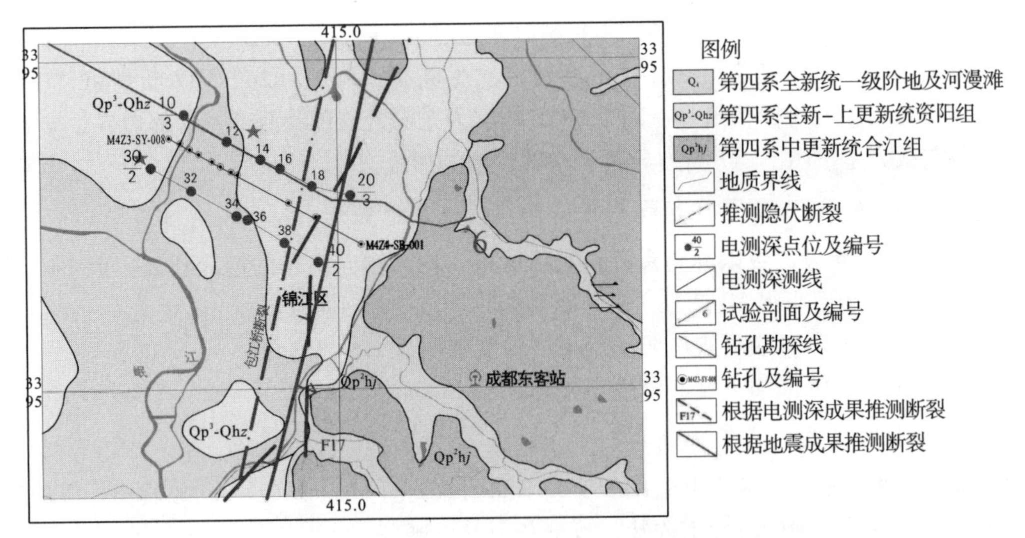

图 5.5-3　双林路段双桥子—包江桥断裂地质简图

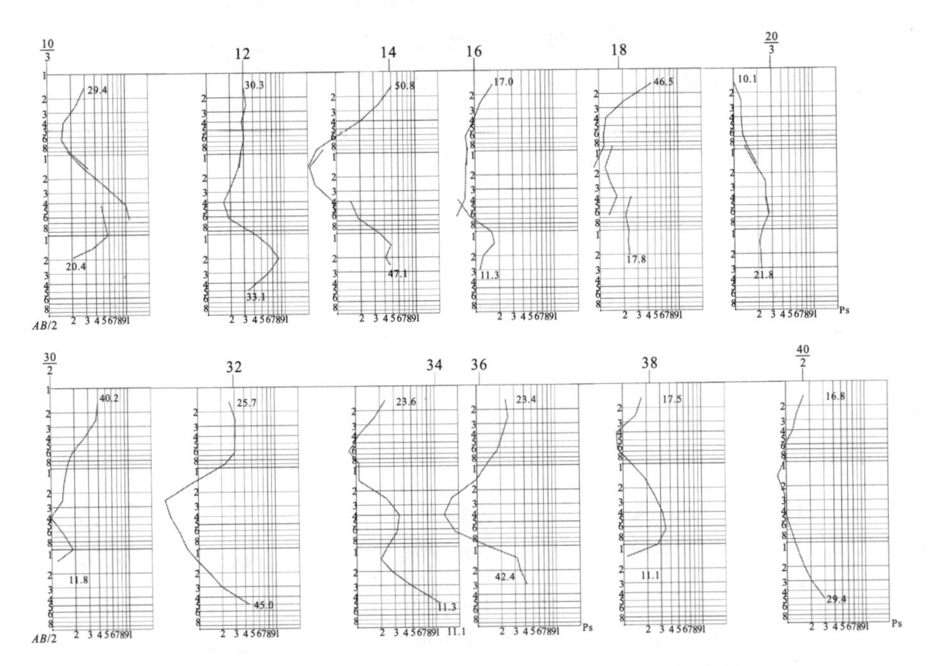

图 5.5-4　3 号（上）、2 号（下）电测深剖面曲线图

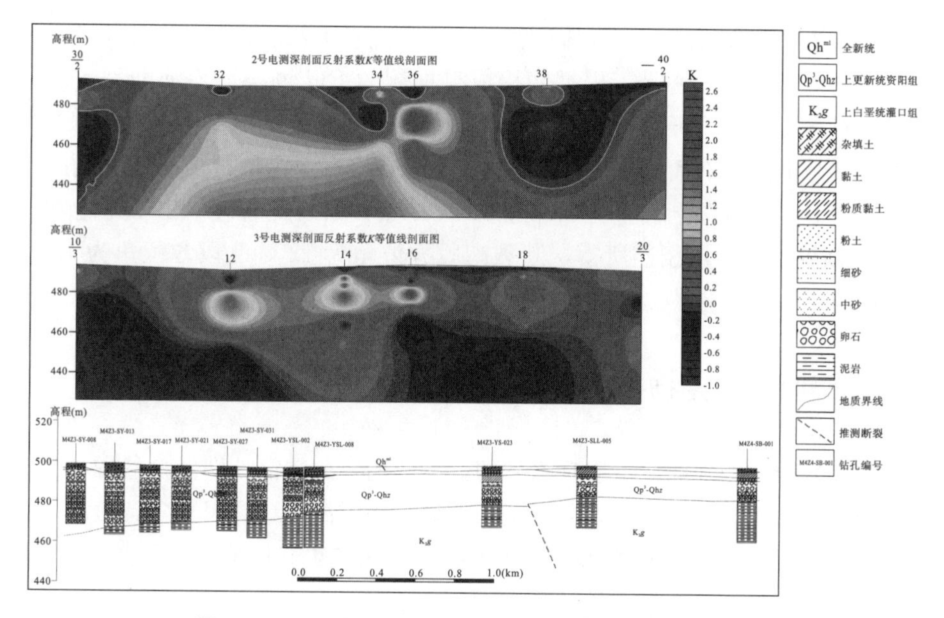

图 5.5-5　2 号、3 号电测深剖面重新解译地质剖面图

断裂在地震叠加剖面上有如下显示：

（1）同相轴中断：某一反射波错断或一组反射波组错断，且断点两侧波组关系稳定。

（2）同相轴形状突变、反射零乱或出现空白带：一方面，断层引起两侧地层受力作用产状突变，同时由于大断层一般伴随着较宽的断层破碎带以致地层反射波能量减弱出现空白带；另一方面，由于断层面地层结构的变化所产生的能量屏蔽和射线畸变作用，从而出现反射零乱现象。

（3）反射波同相轴强相位转换：稳定的一组强相位在追踪过程中突然消失，或者相位上窜或下移。

（4）反射波同相轴发生扭曲、分叉或合并等现象：在断距较小的情况下，错断特征不明显，导致反射波同相轴发生扭曲、分叉或合并等现象。

本次开展的浅层地震反射 6 号剖面部分段位置与 3 号电测深剖面一致，地震剖面显示，在桩号（SP）点 7201 附近（见图 5.5-6），同相轴发生了明显扭曲，未形成反射波同相轴空白区。这说明该断裂断距较小，破碎带不明显。从同相轴扭曲形态来看，断裂整体呈现南东倾斜的逆断层特征。

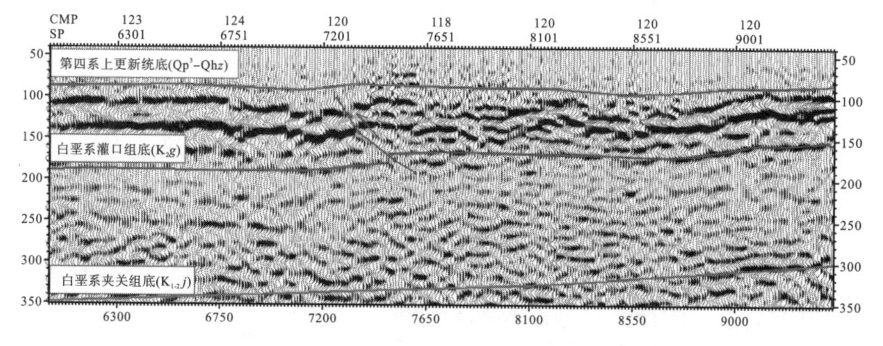

图 5.5-6　6 号地震剖面及地质解译简图

针对双桥子—包江桥断裂的具体位置，本书研究有了新的认识。以往由地质推断的断裂在二环路内新华公园一带，根据物探成果推测的F17断裂（府河断裂）南段与包江桥断裂位置基本一致，可认为是同一条断层，位于3号电测深剖面18号、20号测点之间，以及2号电测深剖面38号、40号测点之间；根据地震解译成果推测的断裂整体向东偏移，在3号电测深剖面上更加靠近20号测点，断裂展布方向由6号地震剖面和17号地震剖面确定的断点相连所得，断裂南段方位角为18°，北段方位角为14°，断裂整体向东偏移了635 m左右。

5.6 含膏盐泥岩层物探方法精细识别

含膏盐泥岩层在测井曲线上表现为“两低、两高”的特征，即低自然伽马、低声波时差、高视电阻率、高密度。在电测深剖面上显示相对高阻，是识别含膏盐泥岩层的特征之一。但我们通过摸索，电测深曲线反射系数K法能更好地分辨出含膏盐泥岩层。

5.6.1 电测深反射系数K法定性分析

5.6.1.1 含膏盐泥岩层电测深曲线特征

K剖面法又称反射系数K法，是一种电测深视电阻率（ρ_s）曲线资料的解释手段和处理方法。对视电阻率曲线进行一次求导，相当于把视电阻率曲线进行了一次高通滤波，放大了局部异常，压制了低频背景异常，从而使反射系数K值异常与局部不均匀地质体之间存在较好的形态相似性。在实际应用时，K值用差分代替微分，从野外实测曲线中求得：

$$K=\frac{\lg\frac{\rho_s(n)}{\rho_s(n-1)}}{\lg\frac{AO(n)}{AO(n-1)}} \tag{5.6-1}$$

式中，AO表示$\frac{1}{2}AB$极距。

当$K>0$时，似真电阻率计算公式为

$$\rho_z{}'=\sqrt{\rho_s(n)\rho_s(n-1)2^{-K}}\frac{1+K}{1-K} \tag{5.6-2}$$

当$K<0$时，采用式（5.6-2）对K值进行校正：

$$K_{校}=\frac{K(1-K)}{1.05(1-K)+K^2} \tag{5.6-3}$$

似真电阻率计算公式为

$$\rho_z{}'=\sqrt{\rho_s(n)\rho_s(n-1)2^{-K}}\frac{1+K_{校}}{1-K_{校}} \tag{5.6-4}$$

从图5.6-1可以看出，似真电阻率压制了低频背景场，凸显了局部异常，尤其是浅表含泥砂砾卵石的高阻层，以及中深部的含钙芒硝层位。

但如果电测深视电阻率曲线中出现高阻层位，尤其在近地表出现高阻，那么大极距的视电阻率上升幅度会较大，其斜率大于45°，根据式（5.6−1）计算的反射系数 K 值将大于1，式（5.6−2）的分母将为负值，计算的似真电阻率也为负值。此外，如果视电阻率上升幅度斜率接近于45°，反射系数 K 值趋近于1，式（5.6−2）的分母趋近于无穷小，似真电阻率将是一个非常大的值，与本区地质情况不吻合。实际成图时，要舍弃为负值的似真电阻率。

由图5.6−1可知，经过反射系数K法处理以后，滤掉了部分低频信息，突显了局部异常，异常形态更接近真实地层的反映。同时，反射系数 K 值和似真电阻率之间具有一定的正相关关系，利用反射系数K值作图，可在一定程度上替代似真电阻率剖面图。

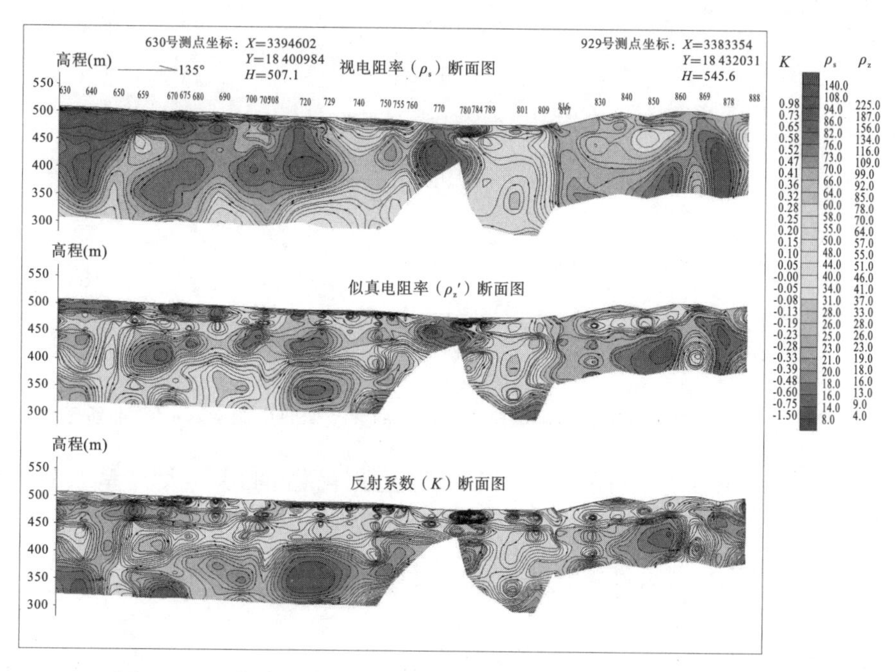

图5.6−1 视电阻率、似真电阻率、反射系数 K 值等值线剖面图

根据本次研究区测井资料可知，含膏盐泥岩层的电阻率幅值高于砂泥岩，低于砂岩。在1990年中心城区施工的钻孔ZK17号，地表为细砂，深度为0～1.8 m，上更新统下段含泥砂砾卵石，深度为1.8～8.3 m，第四系上更新统下段与其下灌口组呈不整合接触，白垩系灌口组泥质粉砂岩深度为8.3～100.0 m，以下未见白垩系夹关组。在灌口组中深度28.31～78.84 m处，可见较厚大的含膏盐泥岩层。

在1990年中心城区施工的钻孔ZK17号附近的电测深曲线为典型的K型曲线，地表视电阻率为37.4 Ω·m，在小极距至 $AB/2$ 为20 m的范围内，视电阻率逐渐上升，其后呈下降趋势；在 $AB/2$ 为75 m至以后的大极距时，视电阻率呈平缓上升的趋势，深部基岩白垩系灌口组地层视电阻率为60.1 Ω·m。电测深曲线中段及尾支部位反映了白垩系灌口组的视电阻率特征，曲线中段含膏盐泥岩 ρ_s 曲线下降，尾支 ρ_s 曲线上升幅度不大，为突出深部电阻率异常，采用反射系数K法绘制曲线。

将钻孔ZK17号的视电阻率（ρ_s）曲线图与似真电阻率（ρ_z'）曲线图进行对比（见

图 5.6−2)，以往对该类型 ρ_s 曲线类型一般判断为 K 型，但在 $AB/2$ 为 300 m 左右时，存在微弱的第二组 K 形态；在 $\rho_z{}'$ 曲线图上，第二组 K 曲线形态被放大，整个曲线形态表现为 KKH 型；根据钻孔成果，推断第二组 K 曲线形态是含膏盐泥岩层位的电性特征响应。

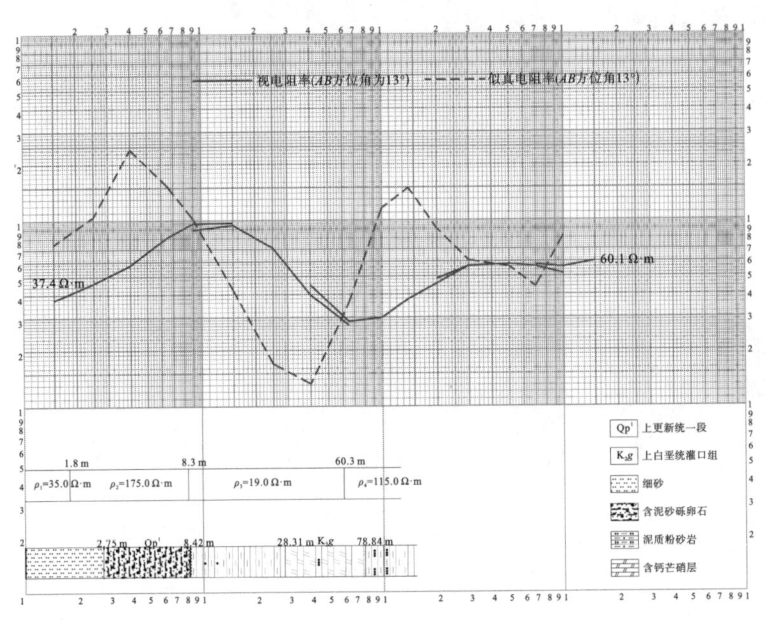

图 5.6−2　过钻孔 ZK17 的视电阻率（ρ_s）曲线及似真电阻率（$\rho_z{}'$）曲线图

$\rho_z{}'$（max）半值对应极距（$AB/2_{半}$）与钻孔揭露的层位大致呈（1～0.75）/log($AB/2_{半}$)的关系，随着 $AB/2$ 的增大，反应的层位深度与 $AB/2$ 大致呈指数衰减。

5.6.1.2　已知钻孔与测点电测深曲线类型对比分析

1. 平原区

收集研究区含膏盐泥岩层钻孔，膏盐层集中分布于 30～110 m 深度。通过对比钻孔与测点电测深曲线的对应关系（见图 5.6−3），钻孔钻到的含膏盐泥岩层对应 K 型和 KQ 型电测深曲线极大值下降段 K 曲线极小值分布区。这是由于 KQ 型电测深曲线分布在洞子口、茶店子、簇桥以西，K 型电测深曲线分布在崇义桥、琉璃场、中和场、白家场等地。K 型和 KQ 型电测深曲线分布区沉积有上更新统下伏中高阻的泥砂砾卵石层，因此 K 型和 KQ 型电测深曲线 K 值的极大值点对应了上更新统泥砂砾卵石层。而显示中阻特征的含膏盐泥岩层位于低阻的灌口组地层，因此含膏盐泥岩层的电测深曲线呈现出由高值向低值过渡的特征。

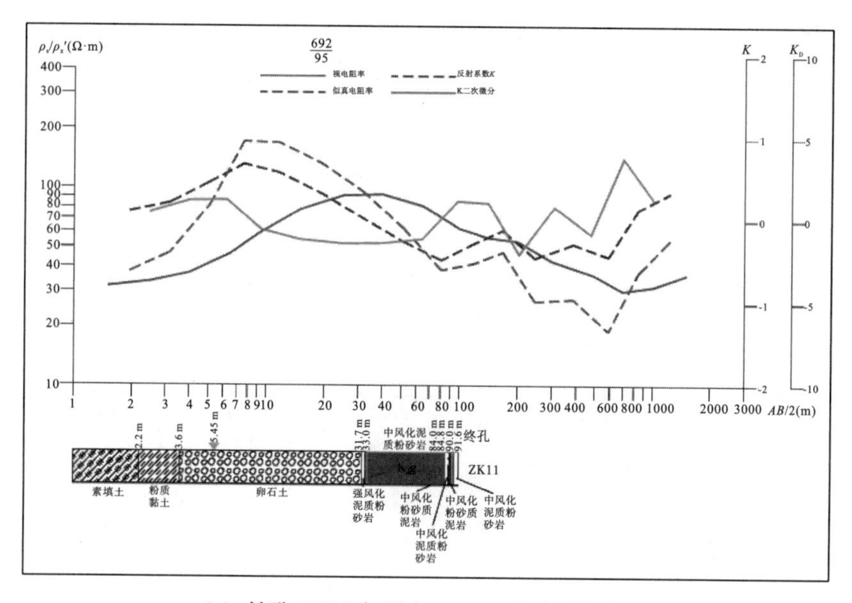

(a) 钻孔 ZK11 与测点 692/95 的电测深曲线

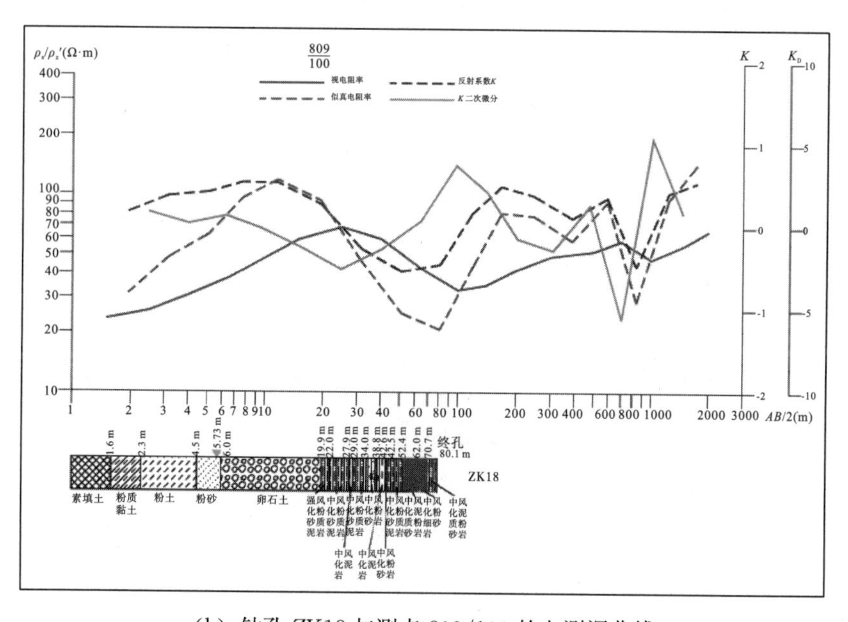

(b) 钻孔 ZK18 与测点 809/100 的电测深曲线

图 5.6−3 平原区 K 型或 KQ 型电测深曲线与膏岩层对比图

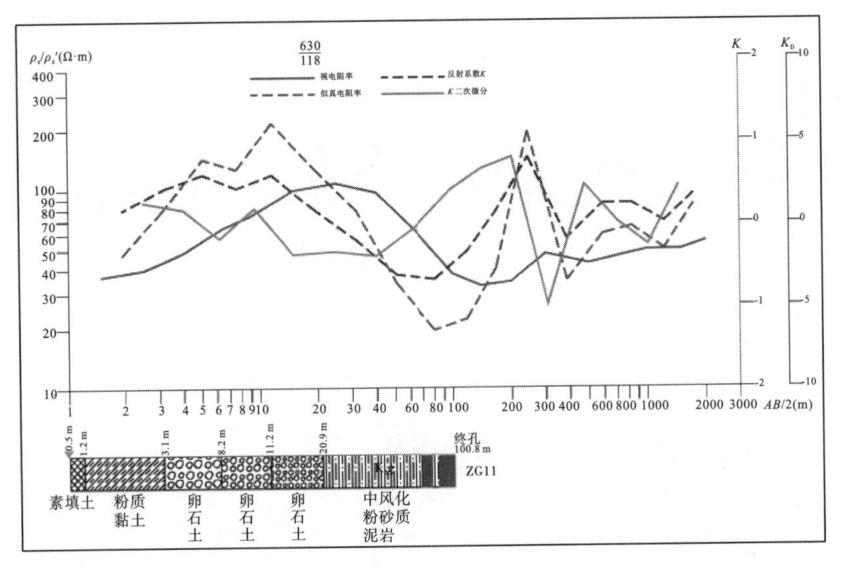

（c）钻孔 ZG10 与测点 630/118 的电测深曲线

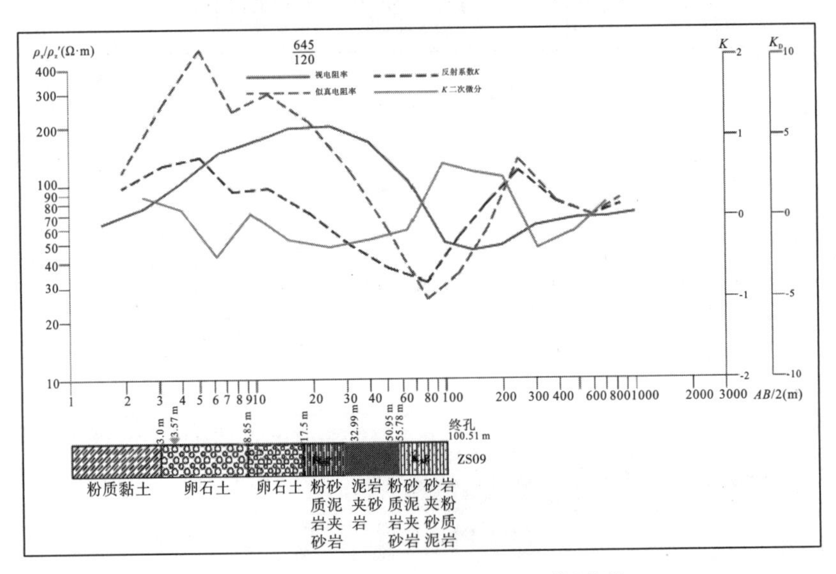

（d）钻孔 ZS09 与测点 645 的电测深曲线

图 5.6-3（续）

2. 台地区

钻孔 SK1、SK5、GC-ZK12、GC-ZK13、SW-ZK5 主要分布在台地区，其对应电测深点的曲线类型为 G（A）型或 H（A）型（见图 5.6-4）。通过对比钻孔资料与该点电测深资料可知，钻孔钻到的含膏盐泥岩层对应 G 型电测深曲线极小值的上升段，反射系数 K 法曲线无明显规律。G 型电测深曲线表层低阻层对应的是成都黏土，曲线快速上升反映了中高阻的含膏盐泥岩层沉积特征，深部缓慢升高反映了砂泥岩的岩性变化。

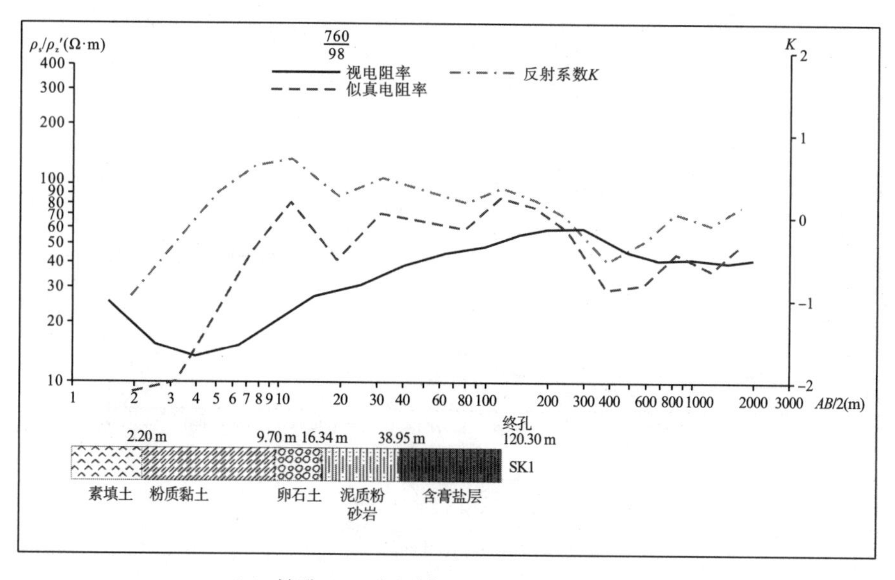

(a) 钻孔 SK1 与测点 760/98 的电测深曲线

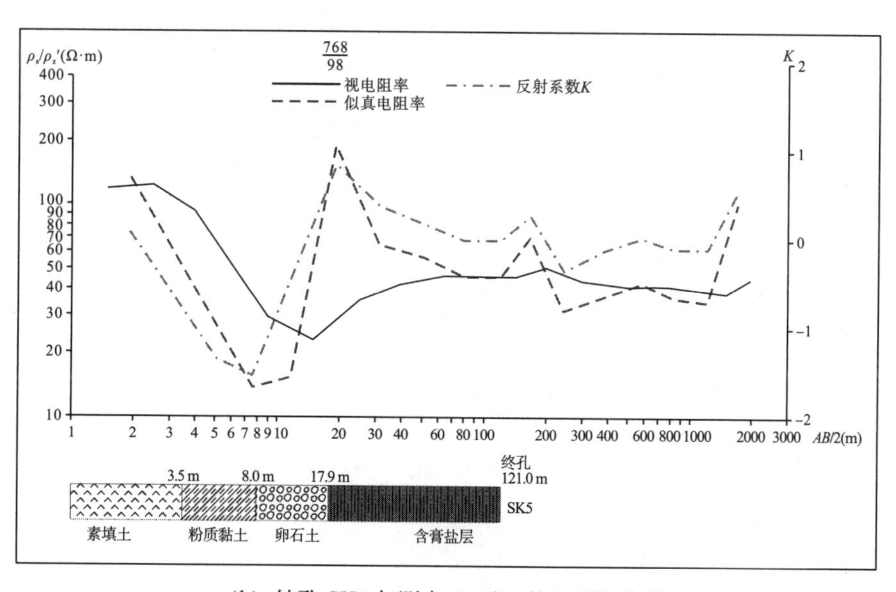

(b) 钻孔 SK5 与测点 768/98 的电测深曲线

图 5.6-4 台地区 G(A)型或 H(A)型电测深曲线与膏岩层对比图

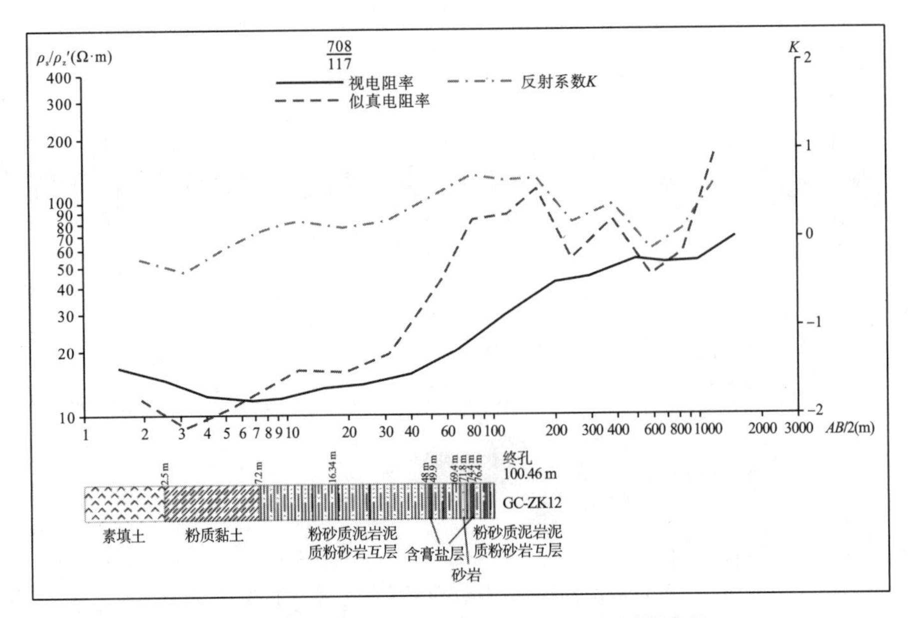

（c）钻孔 GC-ZK12 与测点 708/117 的电测深曲线

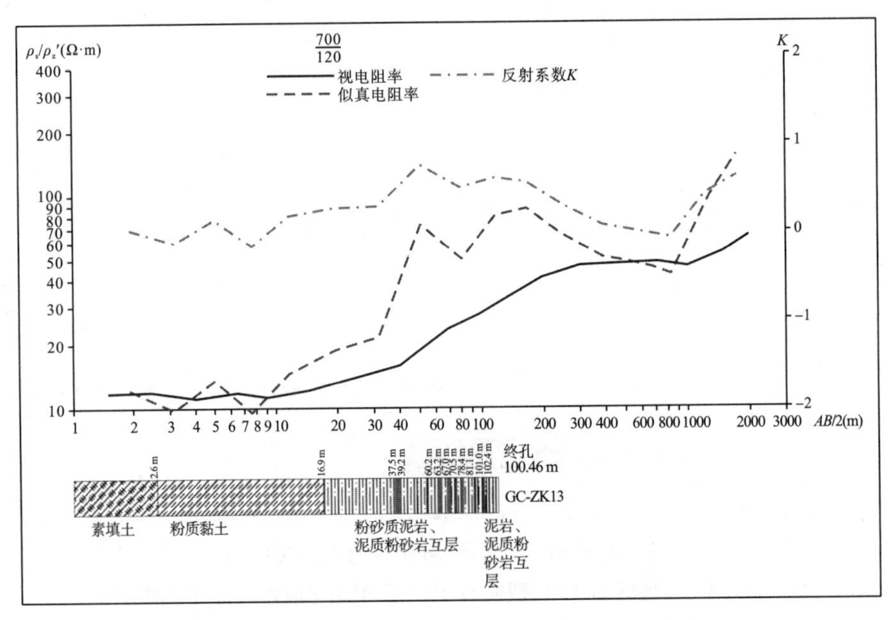

（d）钻孔 GC-ZK13 与测点 700/120 的电测深曲线

图 5.6-4（续）

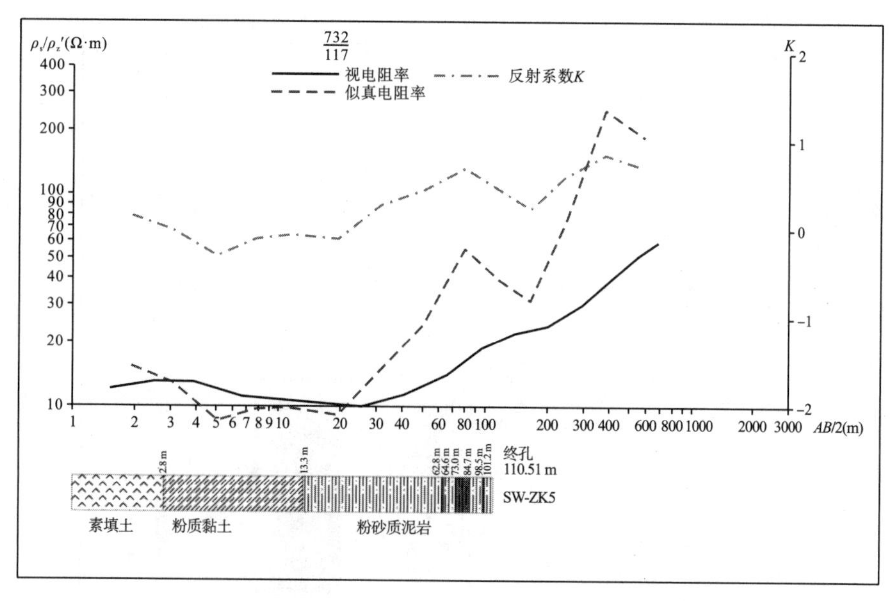

(e) 钻孔 SW-ZK5 与测点 732/117 的电测深曲线

图 5.6－4（续）

5.6.2 电测深反射系数 K 法定量分析

目前常用的电测深数据反演方法有特征点法、电阻率直接反演法、正演拟合法、电阻率一维自动反演法等。电测深数据的二维反演主要针对高密度测深数据，而对于常规的激电测深则很少涉及。

5.6.2.1 反演软件效果比较

针对电测深资料，采用两种一维反演软件分别进行处理，并将结果做对比分析。由图 5.6－5 可知，当含膏盐泥岩层上部无高阻砂岩干扰时，两个反演软件的识别精度相当，均能对含膏盐泥岩层顶部进行精确识别。当含膏盐泥岩层上部存在高阻砂岩层时，由于含膏盐泥岩层和砂岩层的电阻率相当，两个软件都显示为高阻层。但 AGI Earthlmager 1D 软件能在高阻层内部进一步细分，对含膏盐泥岩层顶部进行有效识别；含膏盐泥岩层的底界需结合其他地质钻孔资料来综合分析确定。由于 AGI Earthlmager 1D 软件反演结果能确定异常体的空间分布范围，反演得到的电阻率更接近真值，因此本次电测深资料的定量解释选用分层精度更高的 AGI Earthlmager 1D 软件。

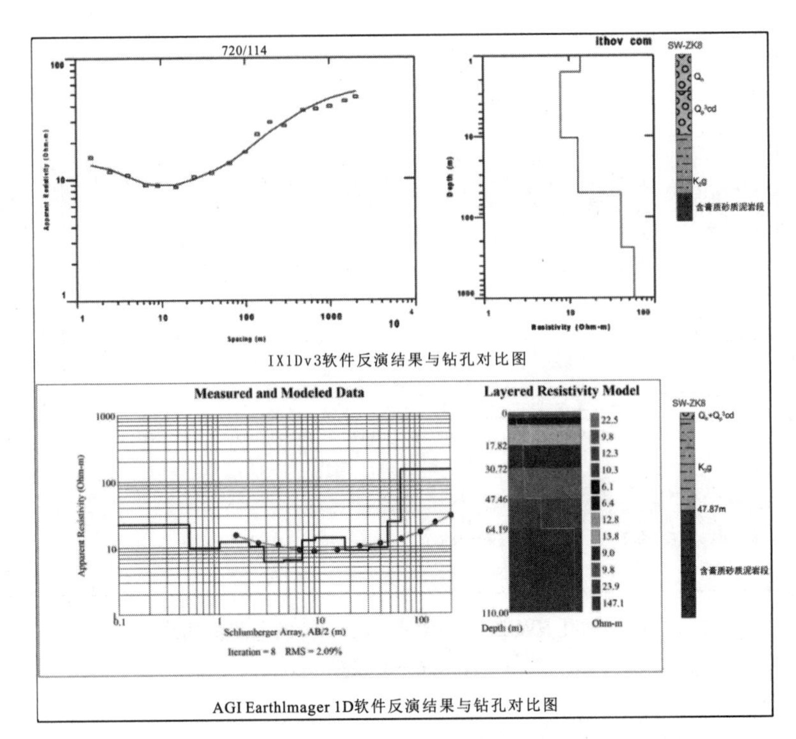

(a) 测点 720/114 不同软件反演结果

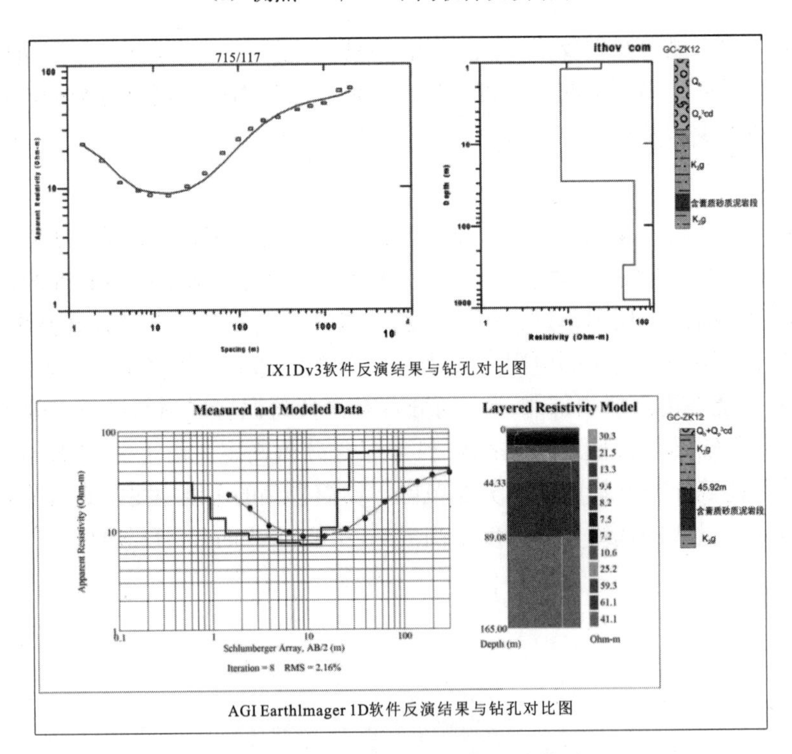

(b) 测点 715/117 不同软件反演结果

图 5.6−5　不同软件反演结果对比图

5.6.2.2 不同反演深度结果比较

为了对比不同反演深度对反演层位的影响，在反演时取不同最大 $AB/2$ 进行不同深度的反演，结果如图 5.6－6 所示。当 $AB/2$ 为 200 m 时，对应的反演深度为 110 m，如图 5.6－6 中细线所示；当 $AB/2$ 为 300 m 时，对应的反演深度为 165 m，如图 5.6－6 中粗线所示。图 5.6－6 表明，不同反演深度对浅部富水粗粒卵石层识别效果相当，其中反演深度为 110 m 对浅部层位细节的反映更清晰；对于膏盐层的识别，反演深度为 165 m 时能较好地确定含膏盐泥岩层的顶界面。为了对富水粗粒卵石层和含膏盐泥岩层进行综合研究，本次反演深度确定为 165 m。

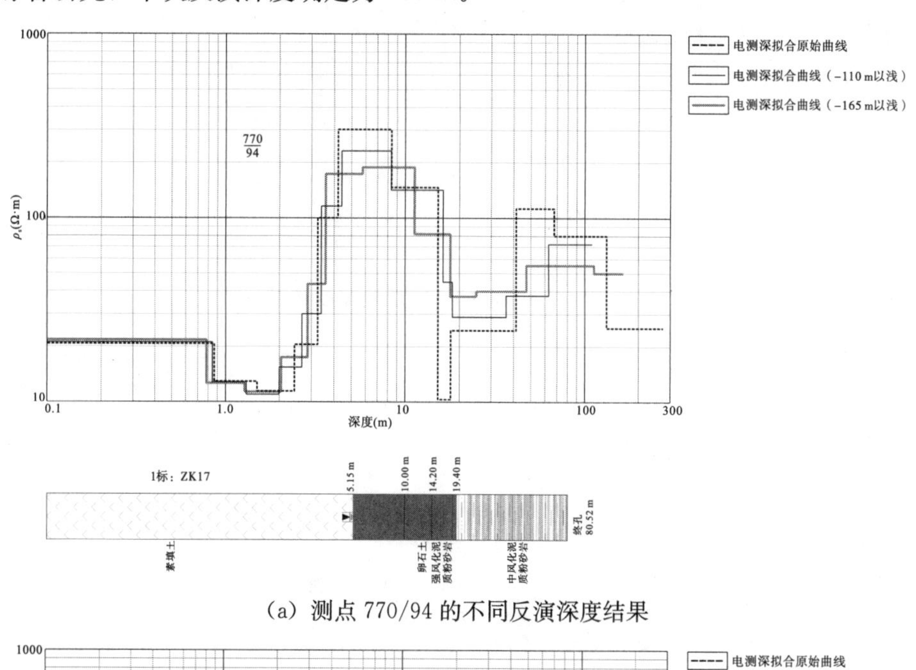

（a）测点 770/94 的不同反演深度结果

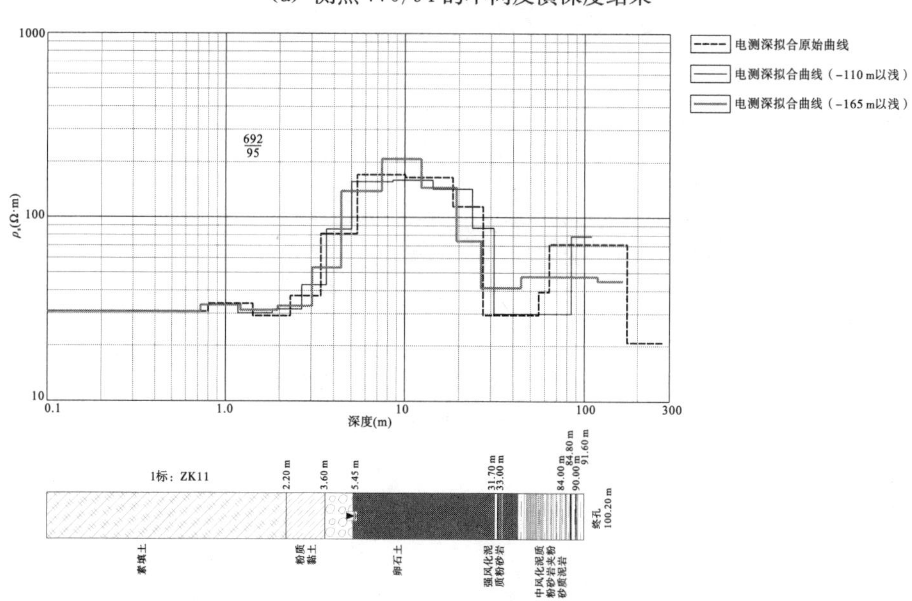

（b）测点 692/95 的不同反演深度结果

图 5.6－6 不同深度反演结果图

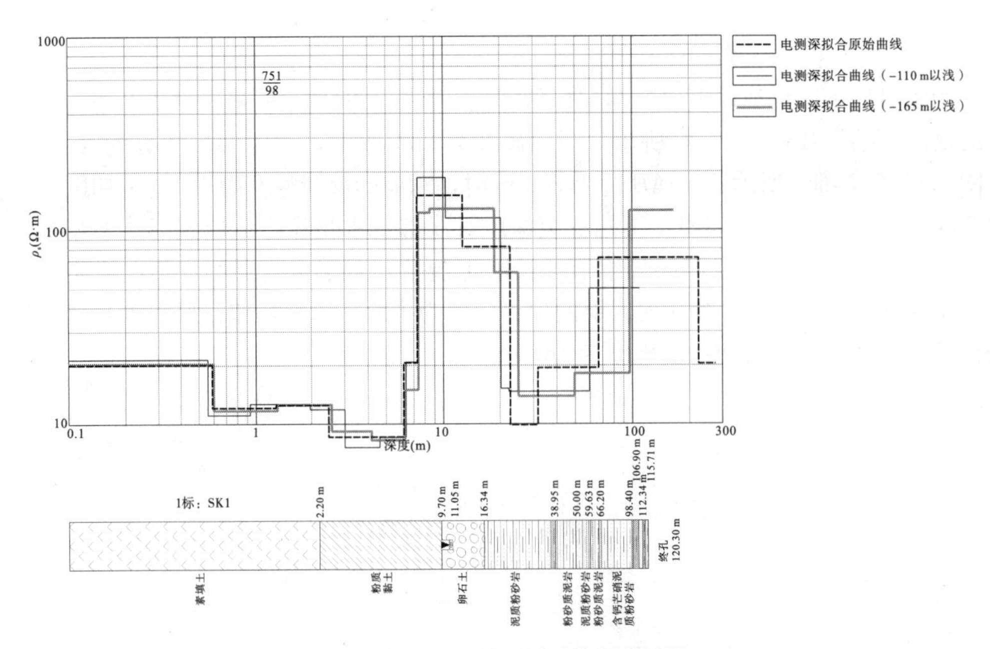

（c）测点 751/98 的不同反演深度结果

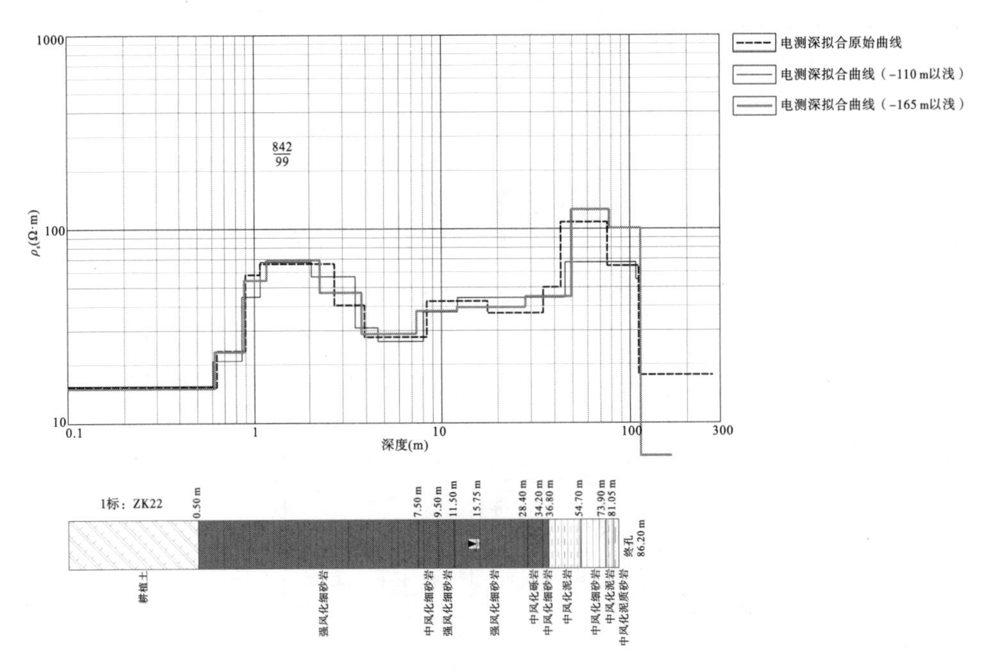

（d）测点 842/99 的不同反演深度结果

图 5.6−6（续）

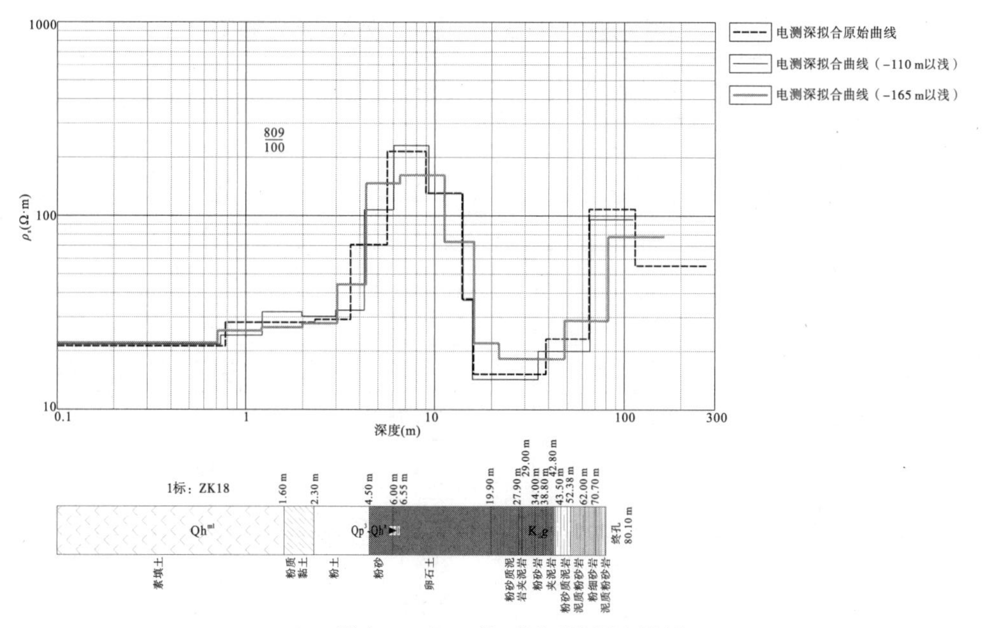

(e) 测点 809/100 的不同反演深度结果

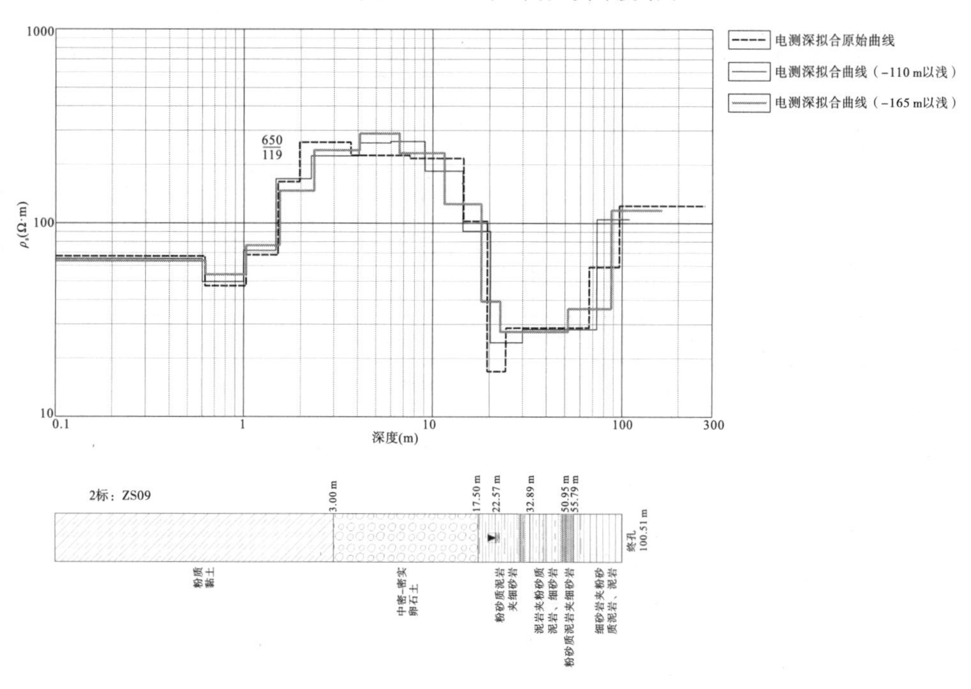

(f) 测点 650/119 的不同反演深度结果

图 5.6-6（续）

5.6.3 反演软件精度分析

选取钻孔附近的测点进行反演，将反演解释结果与钻孔揭示结果进行比较，钻探与反演解释结果接近，其误差多分布在 10%以内（见表 5.6-1），故认为电测深定量反演解释结果可靠。

表 5.6-1　钻探与反演解释结果对比表（含膏盐泥岩层顶界面）

序号	钻孔编号	钻探含膏盐泥岩层上顶埋深（m）	反演解释含膏盐泥岩层上顶埋深（m）	对比误差（%）	备注
1	ZG30	61.80	67.01	7.77%	650/119
2	GC-ZK14	57.00	53.97	5.81%	699/113
3	GC-ZK12	48.00	45.84	5.17%	708/117
4	SW-ZK8	81.50	84.87	3.97%	731/114
5	SW-ZK7	39.30	41.25	4.73%	718/121
6	ZK13	25.60	25.94	1.32%	728/97
7	ZK15	27.83	28.38	1.94%	776/96
8	SW-ZK1	38.30	39.00	1.79%	799/117
9	ZK18	43.50	48.41	10.14%	809/100
10	ZD08	35.98	33.69	6.20%	678/119
11	GC-ZK13	37.50	36.30	3.31%	700/120
12	GC-ZK3	24.80	23.84	4.03%	775/117
13	SK3	35.92	32.32	11.14%	779/99
14	SK1	38.95	49.50	21.31%	760/98
16	SK4	25.00	26.91	7.10%	770/100
17	SK5	17.90	18.94	5.69%	769/99
18	ZK8	62.70	61.35	2.20%	650/95
19	ZK10	50.70	59.70	15.08%	674/98
20	ZK11	33.00	26.50	24.53%	692/95
22	ZK16	24.70	31.95	22.69%	749/94
23	ZK19	27.70	25.92	7.70%	812/95
24	DW-ZK3	29.80	31.40	5.10%	761/111
25	GC-ZK10	40.20	44.41	9.48%	758/113
26	GC-ZK11	64.20	73.02	12.08%	26/6
27	GC-ZK2	34.40	31.31	9.87%	807/113
28	GC-ZK6	45.50	43.23	4.79%	768/115
29	GC-ZK7	56.10	52.85	6.15%	753/118
30	SW-ZK2	78.80	73.49	7.23%	732/117
31	SW-ZK5	62.80	61.67	1.83%	791/106
32	SW-ZK6	63.60	61.08	4.13%	781/113

表5.6－1

序号	钻孔编号	钻探含膏盐泥岩层上顶埋深（m）	反演解释含膏盐泥岩层上顶埋深（m）	对比误差（%）	备注
33	SW-ZK9	101.00	93.74	7.74%	699/113

注：SK1、ZK10、ZK11、ZK16 反演对比误差较大，主要是由于含膏盐泥岩层上部沉积的 Qp³-Qhz 密实卵石层厚度较大，密实卵石层和含膏盐泥岩层均表现为高阻特征，降低了电测深数据的纵向分辨率。

同时由于含膏盐泥岩层埋藏较深，深部界面解释精度反演受高密度电法、电阻率采集层数和 $AB/2$ 间隔大小的影响较大，因此在今后的工作中，可以根据研究目标层的埋深范围，选取合适的极距 $AB/2$ 间隔，以提高反演解释的精度。

由表 5.6－1 可知，利用电测深曲线一维反演数据推测含膏盐泥岩层顶界面具备可行性。在钻孔资料相对较少的情况下，可以把每个电测深曲线一维反演数据中的深部幅值升高段作为含膏盐泥岩层顶界面，依靠人工读取把一维反演的电阻率结果转换成地质信息作为虚拟钻孔，从而弥补空白地段缺少钻井资料的遗憾。

在平原区和台地区选取 5 条较典型的电测深剖面，结合反射系数 K 法与电测深曲线一维反演成果，参考周边钻井成果，对地层进行划分以及识别含膏盐泥岩层的分布特征（见图 5.6－7）。从识别的结果来看，平原区含膏盐泥岩层向西缓倾，顶界面标高在 400～450 m 之间，台地区无明显产状，含膏盐泥岩层顶界面标高在 450 m 左右，底界面标高参考似真电阻率及反演曲线剖面图中上部似真电阻率（$\rho_z{}'$）剖面图上中深部高阻层位形态绘制，精度相对较差。

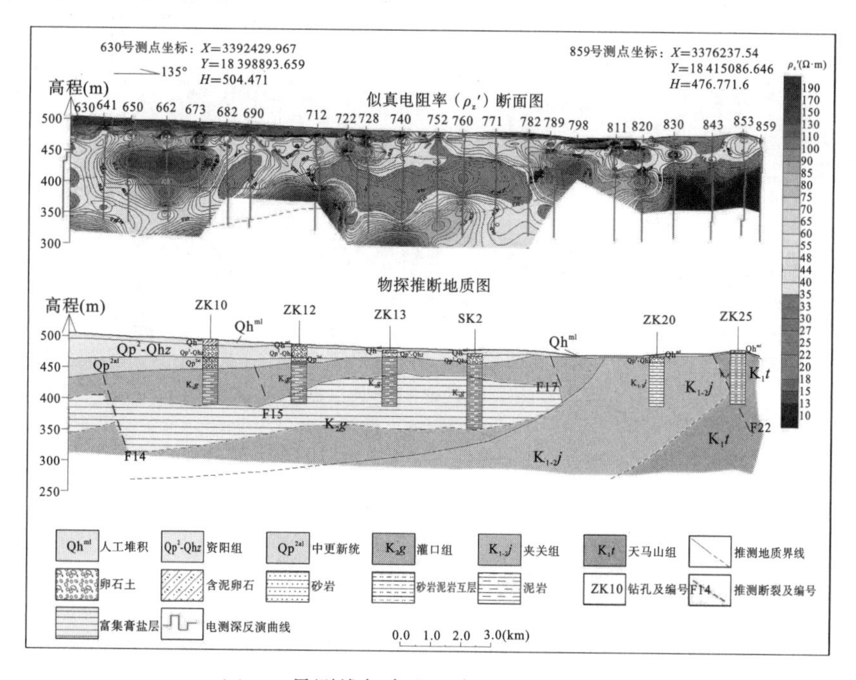

（a）97 号测线似真电阻率及反演曲线剖面

图 5.6－7　似真电阻率及反演曲线推测地质层位和含钙芒硝分布示意图

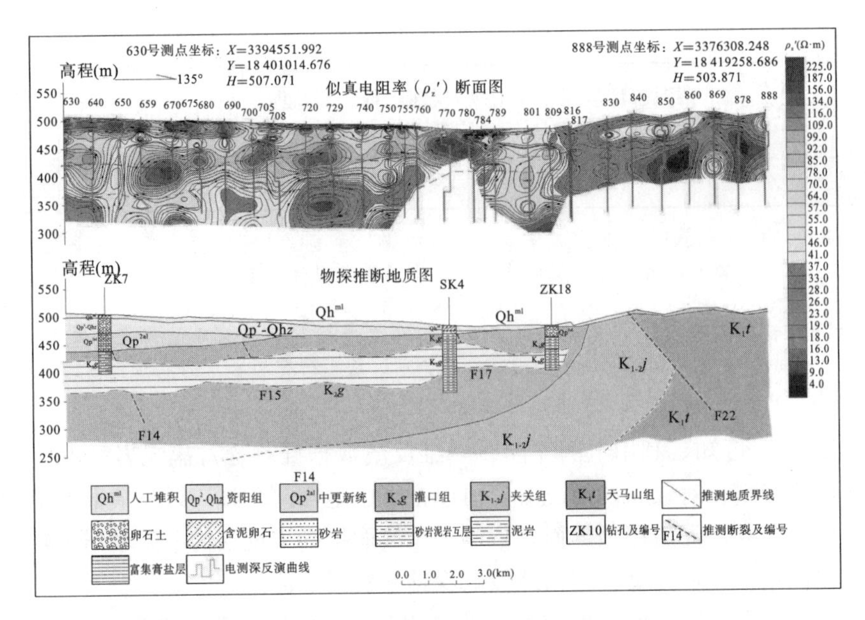

（b）100 号测线似真电阻率及反演曲线剖面

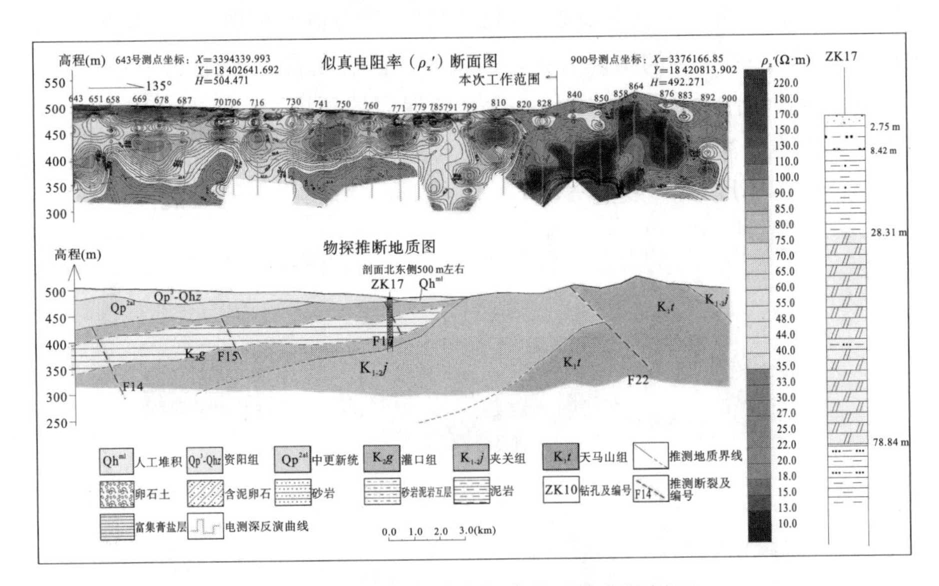

（c）101 号测线似真电阻率及反演曲线剖面

图 5.6－7（续）

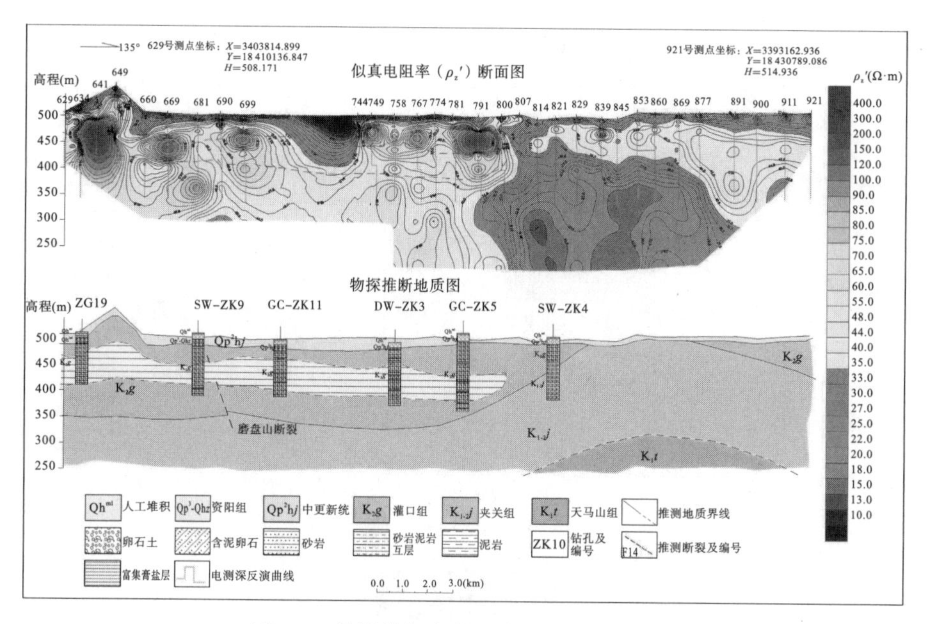

（d）113 号测线似真电阻率及反演曲线剖面

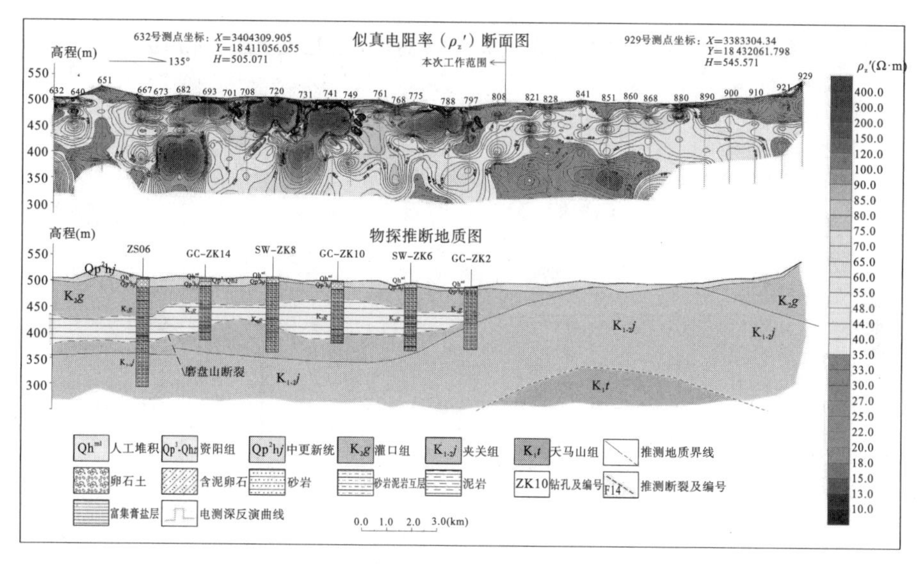

（e）114 号测线似真电阻率及反演曲线剖面

图 5.6-7（续）

5.7 成都市地下水探测

研究区成都平原第四系含水层主要为上更新统砂砾卵石土，据物性统计结果，砂砾卵石土在电性上表现为高阻特征。结合以往的电测深资料反演结果，可以提取出卵石层的顶底界面埋深信息。如图 5.7-1 所示，测点 692/95 位于平原区，反演结果显示的砂砾卵石层顶界埋深为 4 m，底界埋深为 28 m 左右。

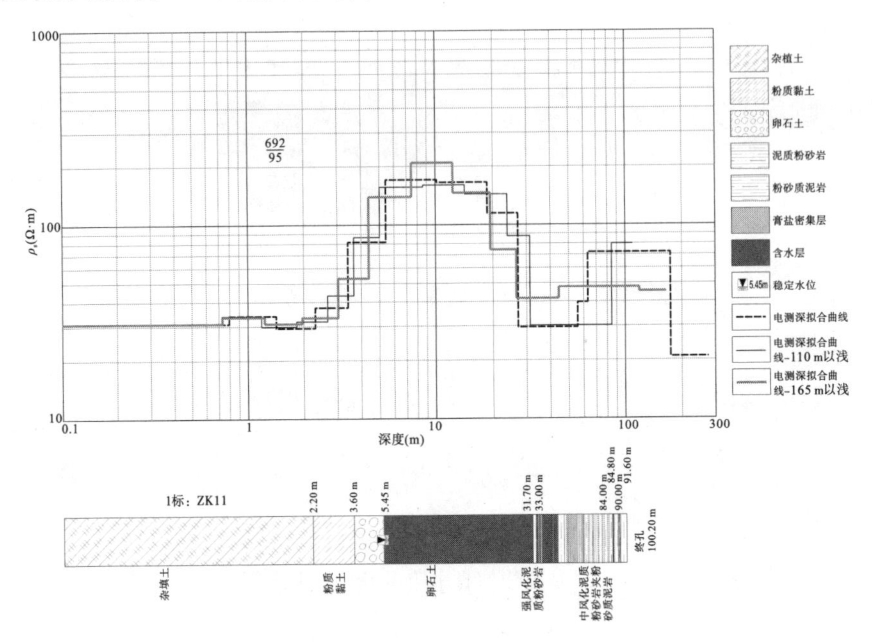

图 5.7-1　钻孔 ZK11 与测点 692/95 高阻卵石层反演图（平原区）

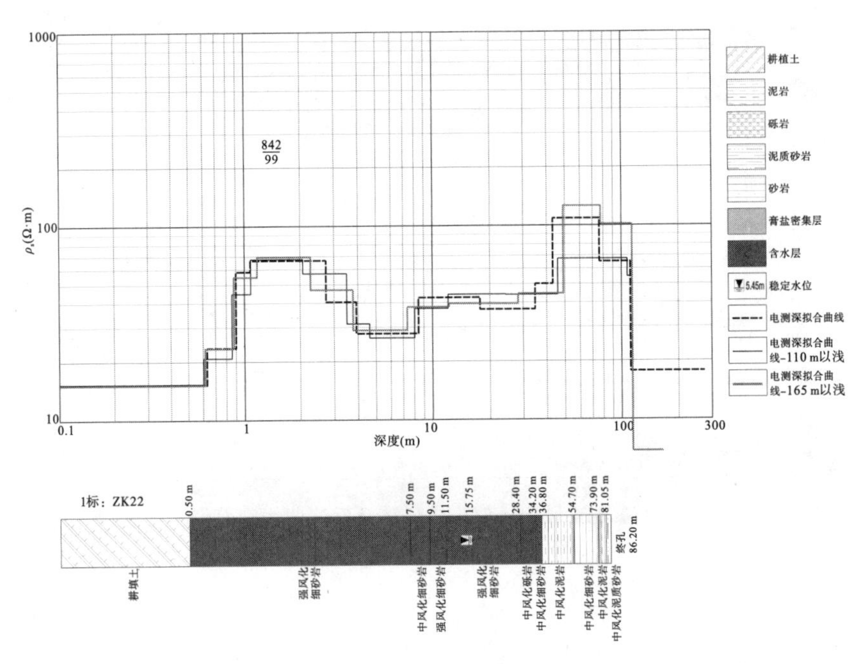

图 5.7-2　钻孔 ZK22 与测点 842/99 强风化砂岩层反演图（台地区）

第四系的上部含水层主要指全新统-上更新统的砂砾卵石层，该套层位在电法工作中表现为高阻特征，而且是成都平原第四系电场特征的一个标志层位，通过电测深剖面划分出浅表的高阻层位［见图 5.7-3（a）］，通过识别高阻的砂砾卵石层间接达到寻找第四系上部含水层的目的。

西部平原区含水层主要为第四系砂卵砾石层，该层位在等值反磁通断面图中呈现出相对低阻的特征，这与地层含水有关［见图 5.7－3（b）］；而在电测深剖面上，上部含水层为全新统-上更新统砂砾卵石层，通常表现为高阻异常，且异常特征与该层位卵石粒度、成分等有密切的关系。

通常含水层岩性为孔隙较大的卵砾石、细砂透镜体等，而相对隔水层含泥、黏土等较多。由于泥质和黏土对放射性粒子有吸附作用，因此在识别出卵砾石层范围的基础上，通过自然伽马测井可以判断地层中泥质含量、黏土含量的高低，综合利用测井曲线连井地层对比剖面［见图 5.7－3（c）］约束等值反磁通反演，在空间范围内精细地勾画出含水层和相对隔水层［见图 5.7－3（d）］。

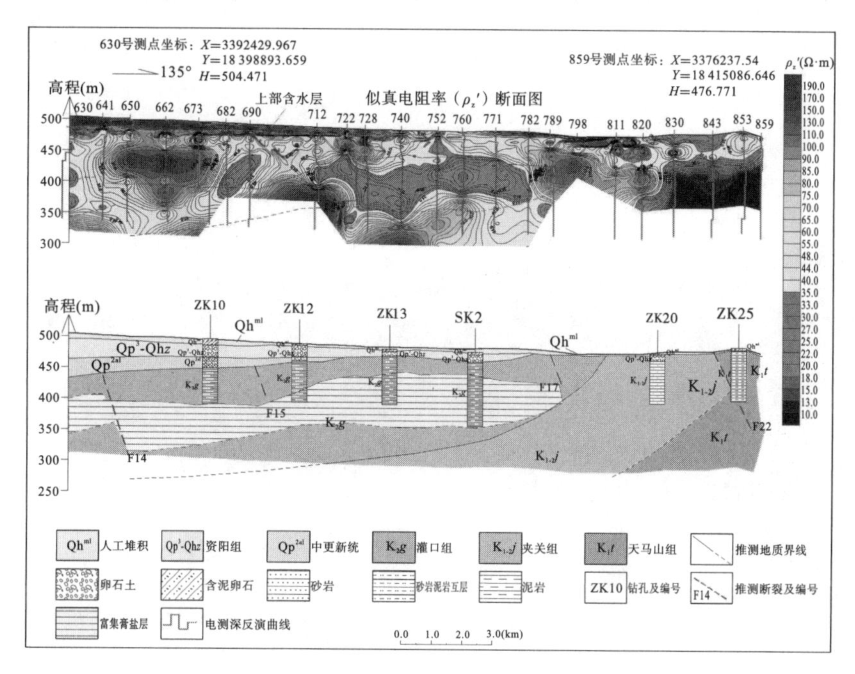

（a）2 号电测深剖面及上部含水层剖面

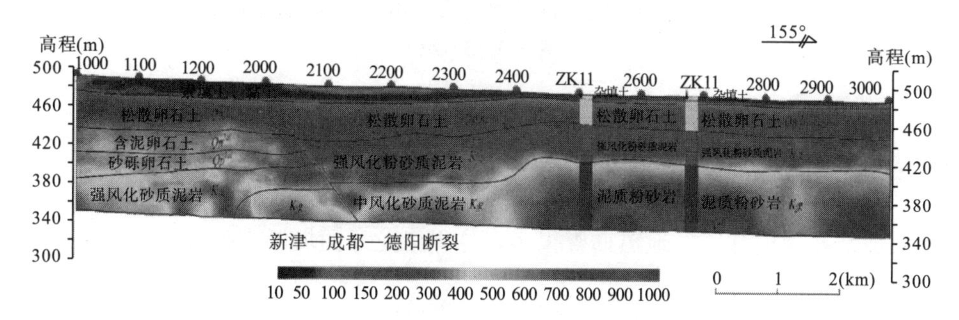

（b）2 号等值反磁通瞬变电磁法反演断面

图 5.7－3　2 号地震剖面附近电测深、等值反磁通瞬变电磁法及第四系含水层测井参数连井插值综合剖面图

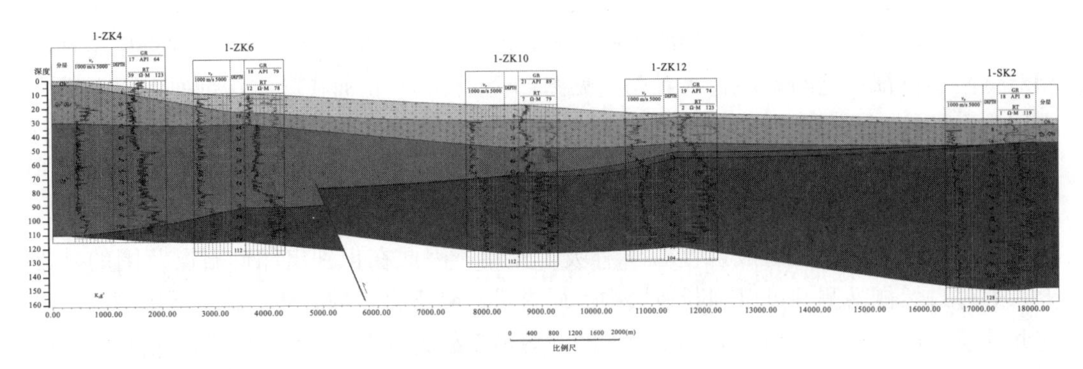

（c）2号剖面附近测井曲线连井地层对比剖面

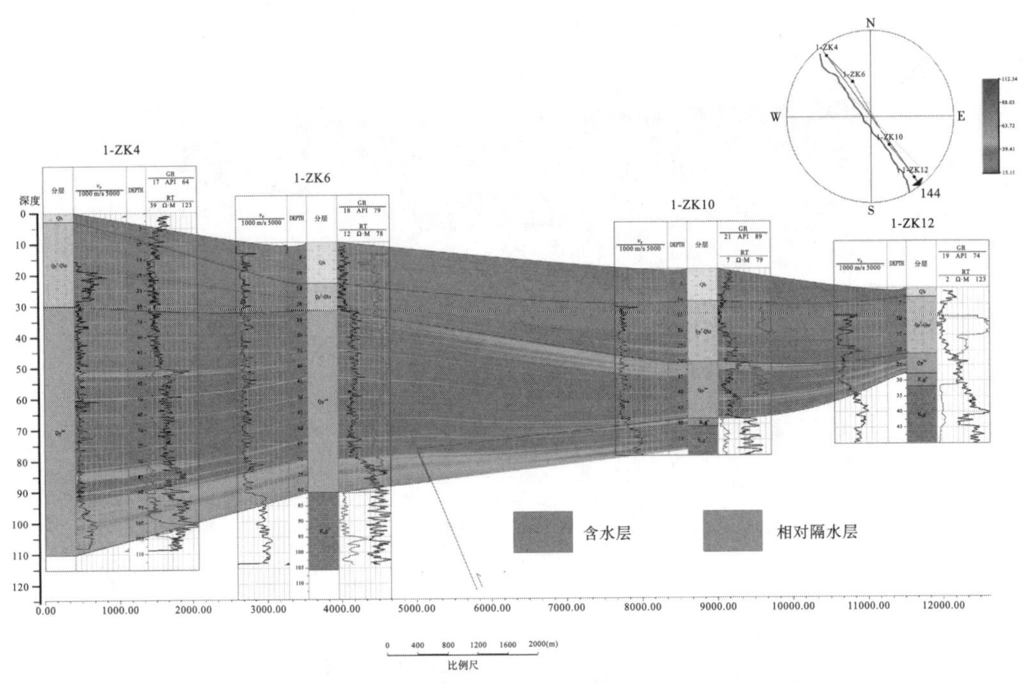

（d）第四系含水层测井参数（自然伽马）连井插值剖面

图 5.7-3（续）

5.8 成都市域地热资源探测

针对成都及周边开展的地热勘查很多，这里以龙泉西坡断裂附近的“洛带温泉”为例研究成都的地热资源。

5.8.1 地质概况及地球物理特征

5.8.1.1 自然地理概况

研究区的地热钻孔紧邻洛带古镇，区内年均降水量为 974.4 mm，7—8 月降水量约占 51%，12 月降水量占比最少。洛带古镇处于平原与山区的交接带，是成都平原的下风下水地带，地下水资源十分丰富，水质很好。当地居民饮用水多为打井所取，一般井至 35 m 深即可取水。

5.8.1.2 地质概况

第四系（Q）：井深 0～9 m，钻厚 9 m。岩性为黄色、浅棕红色黏土及砂质黏土。

白垩系（K）：白垩系中统夹关组（K_2j），井深 9～104 m，钻厚 95 m。岩性为紫红色砂岩夹泥岩，底部为砾岩。下统天马山组（K_1t），井深 104～422 m，钻厚 318 m。岩性为紫红色块状中-细粒岩屑砂岩与粉砂质泥岩不等厚互层。

侏罗系（J）：侏罗系上统蓬莱镇组（J_3p），井深 422～1447 m，钻厚 1025 m。根据岩性、电性及其组合特征，结合本井钻遇“景福院页岩”“蓬莱镇砂岩”等区域标志层，将蓬莱镇组分为蓬一、蓬二、蓬三、蓬四段。侏罗系蓬四段（J_3p^4），井深 422～625 m，钻厚 203 m，岩性为紫红色泥岩与棕灰色砂岩呈不等厚互层。侏罗系蓬三段（J_3p^3），井深 625～838 m，钻厚 213 m，岩性为紫红色、浅灰绿色粉砂岩与泥岩互层，部分地段夹砂岩。侏罗系蓬二段（J_3p^2），井深 838～1073 m，钻厚 235 m，岩性为紫红色泥岩与粉砂岩略等厚互层。侏罗系蓬一段（J_3p^1），井深 1073～1447 m，钻厚 374 m，岩性为紫红色、粉砂岩与泥岩互层。侏罗系上统遂宁组（J_3sn），井深 1447～1713 m，钻厚 266 m，岩性为紫红色泥岩、砂质泥岩、粉砂岩呈等厚互层。侏罗系中统上沙溪庙组（J_3s），井深 1713.00～2034.59 m，钻厚 321.59 m，岩性为上部紫红色泥岩，中部为紫红色细砂岩。

5.8.1.3 构造

1. 区域地质构造背景

研究区内的大地构造环境较为复杂，主要包括松潘—甘孜地槽褶皱系和扬子地台两个一级大地构造单元，而其间的龙门山—大巴山台缘褶皱带则是地槽和地台之间具有过渡性质的二级大地构造单元。

四川台坳的位置与四川盆地大体一致，是因为四周相对上升形成山、自身相对沉降而成中生代盆地。成都平原位于扬子地台所属的四川台坳之上。成都平原是叠加在川西坳陷之上的第四纪坳陷盆地，称为成都坳陷，又称为成都盆地或成都断陷，与龙泉山褶隆带相辅而行，走向均为北北东（约 NE30°）；川西坳陷则与龙门山冲断带相辅而行，走向均为 NE（45°～60°）。两期褶皱断裂带、两期坳陷和两种构造走向，形成斜接复合叠加关系。

成都坳陷的充填实体在不同地段分别覆盖于侏罗系、白垩系和下第三系不同时代的红层之上，并与下伏地层呈角度不整合接触，界面上存在厚约 10 cm 的“古风化壳”，分布十分稳定（已被钻孔资料所证实）。这表明成都坳陷是在中生代龙门山前陆盆地的基础上第四纪再次下沉后所形成的，属于一个单独的成盆期，并非在中生代龙门山前陆盆地上连续接受沉积的继承性盆地。

成都坳陷具有明显的不对称性结构，宏观上表现为西部边缘陡、东部边缘缓，沉积基底面整体向西呈阶梯状倾斜。西侧为龙门山冲断带，东侧为龙泉山前陆隆起。根据盆地基底断裂和沉积厚度及其空间展布，成都坳陷内部可进一步分为三个凹陷区，即西部边缘凹陷区、中央凹陷区和东部边缘凹陷区。其中西部边缘凹陷区位于关口断裂与广元—大邑隐伏断裂之间，第四纪沉积最大厚度为253 m，主要由下更新统、上更新统和全新统沉积物构成，中更新统沉积极不发育；中央凹陷区位于广元—大邑隐伏断裂与新津—成都隐伏断裂之间，第四纪沉积厚度巨大，最大沉积厚度为541 m，地层发育齐全，是中更新统厚度最大的地区；东部边缘凹陷区位于新津—成都隐伏断裂与龙泉山断裂之间，第四纪沉积物薄，主要为上更新统，缺失下更新统和中更新统，厚度仅为20 m左右。

由于受喜马拉雅运动的影响，成都坳陷的基底构造较为复杂，存在不同走向的断裂以及不同规模的隆起和坳陷。其中以平行盆地轴向的北北东向断裂更为突出，对成都平原的基底形态、沉积作用和地震活动具有重要的控制作用。

2. 龙泉山断裂带地质构造特征

龙泉山断裂带是一条经过成都市的重要的活动断裂。它北起中江县，依次通过金堂县、青白江区、简阳县、龙泉区、双流县、仁寿县、井研县，南到乐山市新桥镇附近，全长200 km，宽15～20 km，呈NNE—SSW方向展布，如图5.8-1所示。该断裂带由一系列压扭性断层组成，按其展布位置可分为龙泉山东坡断裂和龙泉山西坡断裂，分别位于龙泉山背斜的东西两翼，各由若干条断层组成。

龙泉山断裂带属成都第四纪前陆盆地的前陆隆起，严格地控制了成都平原第四系沉积的东界，由龙泉山西坡断裂和东坡断裂相向对倾组成。龙泉山西坡断裂为晚更新世活动断裂，龙泉山东坡断裂为第四系一般性活动断裂。龙泉山构造带主体包括一系列走向北东20°～30°的压扭性褶皱、逆断层等构造。

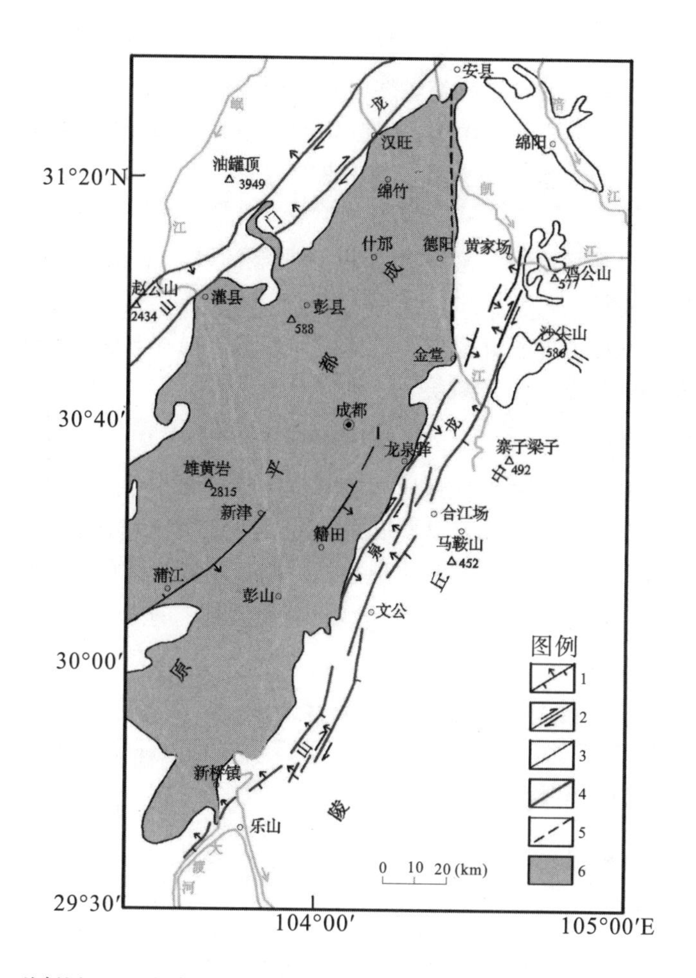

1—逆断层；2—右旋走滑断裂；3—前第四系断裂；4—晚更新世活动断裂；
5—推测断裂；6—成都平原

图 5.8−1 龙泉山断裂展布

龙泉山西坡断层由北而南包括草山断层、金鸡寺断层、龙泉驿断层、四方山断层、三星场断层、观音堂断层和新桥断层，它们呈雁列展布。断层总体走向为北东 20°～30°，局部弯曲，断层多倾向南东，倾角为 20°～30°、35°～70°的为逆断层。其中龙泉驿断层是本区规模最大的断层，全长约 120 km。其次是新桥断层，长约 70 km。

龙泉山东坡断层由北而南包括合兴乡断层、大梁子断层、红花塘断层、久隆场断层、尖尖山断层、马鞍山断层、文公场断层、仁寿断层和珠加场断层，共同组成多字型雁列。断层规模不一，小者仅长 5 km，大者长达 50 km。走向为北 10°～30°，断面多倾向北西，与西坡断层倾向相反，倾角为 28°～82°，平面上呈舒缓波状弯曲，呈压性。

龙泉山成为成都以东的天然屏障，是川中、川西的自然分界线。川中为丘陵区，川西为平原区，龙泉山为低山区。

构造上龙泉山也是分区界线，龙泉山以东为川中褶带，以西为川西褶带。川西为广袤的第四系所覆盖，仅在接龙泉山北倾末端附近，出现近南北向的弧形构造；川中基岩广泛出露，但构造形迹微弱，产状近于水平，无明显线性构造，多为鼻状背斜、短轴背斜等低平穹状构造。

龙泉山主体构造为箱状背斜，构造轴线呈现不同程度的弯曲，具有扭动作用。龙泉山断裂带褶皱深度不大，向下至侏罗系。龙泉山断裂带是古构造继承性发展的结果，其缺失的地层有志留系，泥盆系，石炭系，中、上寒武系，奥陶系；沉积盖层总厚度约为11 km。

综上所述，龙泉山断裂带属一条早更新世有明显活动，中、晚更新世有活动的断层，具有明显的分段特征。

研究区属龙泉山西坡的龙泉驿断层，总体走向北东，局部弯曲，断层有错动。断层多倾向南东，倾角较为陡立，为逆断层。

5.8.1.4　地球物理特征

大地电磁测深是基于地层岩性或地质构造的电阻率值大小（或差异）及其在地下的展布形态来探测和划分地下地质体及其空间分布的一种地球物理方法。根据经验统计和本区地球物理的反演结果分析，总结得出地热钻井附近不同岩体的围岩级别划分及其电阻率（见表 5.8-1）。影响地质体电阻率大小的主要因素有地质体的矿物成分、结构、构造及含水情况等。

表 5.8-1　围岩级别划分及其电阻率一览表

围岩级别划分	电阻率（ρ）（Ω·m）
	砂岩、泥岩、页岩区
极破碎、软弱、岩溶强烈发育或富水岩体（Ⅴ）	≤10
破碎、软弱、岩溶中等发育或富水岩体（Ⅳ）	10～40
较破碎或岩溶弱发育岩体（Ⅲ）	40～200
较完整岩体（Ⅱ）	≥200
断层破碎带及影响带	10～100

由表 5.8-1 可以看出，较完整的岩体与破碎、软弱的岩体和断层破碎带之间存在一定的电性差异。因此，研究区具备开展大地电磁测深工作的条件。在确定低阻异常的情况下，结合地质资料对异常进行综合分析来判定断层的位置及破碎带的大小、范围，是本研究区地热勘查的最佳途径。

5.8.2　资料整理

5.8.2.1　测线

测区龙泉驿断层（裂）构造走向如图 5.8-22 深黑色线所示，大地电磁测线 L1 设计近垂直于区域构造走向。由于测区存在与主断层近似垂直的次生断层（裂），所以布设测线 L2，用来控制该次生断裂。两条测线均穿过重点研究区域，可较好地控制已知构造。

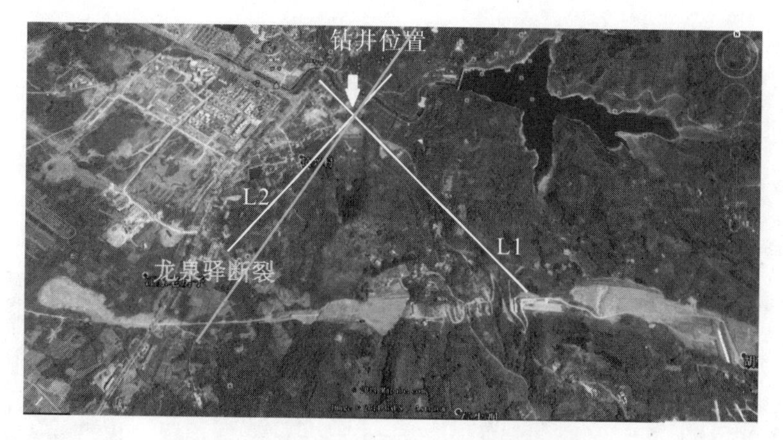

图 5.8−2 大地电磁测深工作的测线布设图

注：测线上箭头符号表示钻井所在位置。

5.8.2.2 定性解释

定性解释是在大地电磁原始资料经预处理后获得的各种剖面图，如视电阻率断面图和相位图。对视电阻率断面图和相位图进行分析，可以确定断裂的位置、划分地质构造单元、区分地电断面特征等，为下一步开展定量解释及地质成果解释打下基础。

如图 5.8−3 所示，在剖面上半部分主要受到地表低阻覆盖层、低阻岩性的影响，视电阻率表现为极低阻；在深度为 300～500 m 时，测线 L1、L2 有视电阻率突变表现。对于单个大地电磁测深点而言，视电阻率变化从浅部到深部表现为：低→低→高。这提供了一个重要信息：该位置可能有断层（裂）存在。相位断面图（见图 5.8−3）在上述位置也有突变体现。这里只给出一个简单的定性分析，其他重要的构造变化位置需要结合大地电磁测深反演解释图和相应地区的地质图来综合分析。

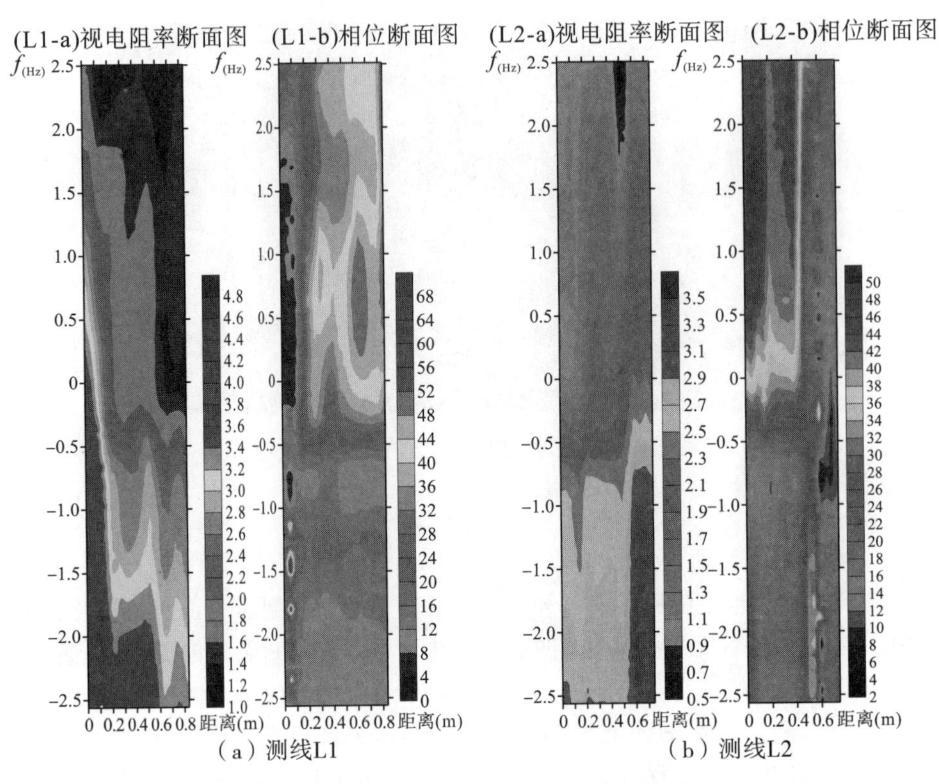

图 5.8−3　大地电磁测深视电阻率和相位断面图

5.8.2.3　定量解释

本次资料反演采用一维 OCCAM 与二维 NLCG 联合反演的方案，使其结果同时具有一维反演的层状性质与二维反演的低拟合差特征。

由图 5.8−4 可知，测线 L1、L2 表层的低阻层为第四系覆盖层。测线 L1 可以画出 2 个断层（裂）——F1 与 F2，其中 F1 推测为由龙泉驿断裂引起，F2 推测为次生断裂引起，钻井位置刚好位于龙泉山断裂的边缘；测线 L2 也说明钻井所在位置处于中高阻地层。这样就从物探的角度验证了该井未能出现丰富温泉资源的原因。

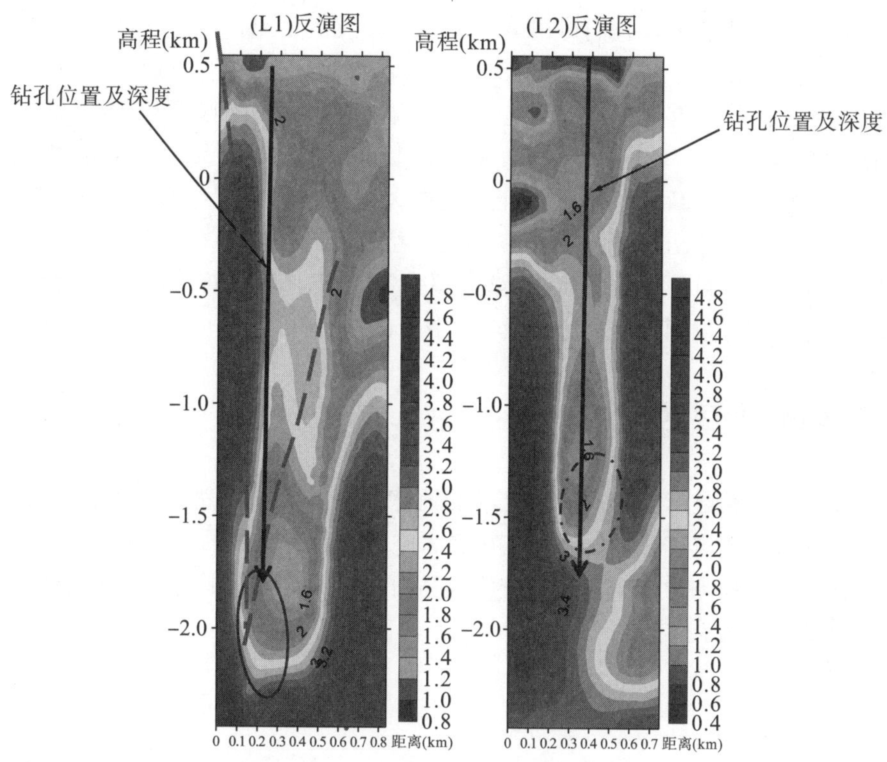

图 5.8-4 大地电磁测深反演解释图

我们将所采集的测点位置的坐标信息标示在图 5.8-5 中，还根据以往的地质资料并结合实地踏勘及此次物探结果，画出了龙泉驿断裂及次生断裂的大体位置情况，并标出了钻井的位置等信息。从地质的角度考虑，钻井正好处于龙泉驿断裂的下盘及次生断裂的下盘，该处出现丰富温泉资源的可能性很小。

图 5.8-5 综合解释图

综合物探与地质成果，我们得出老钻井基本报废的结果。我们在图5.8−2中圈出了一块低阻、深度在2.1～2.4 km、宽约150 m的储水区Ⅰ，该区域受F1断裂与F2断裂的控制，两条断裂能够提供良好的地下水运输通道；我们在测线L2大地电磁测深反演解释图（见图5.8−4）中圈出了一块深度为1.65～1.8 km、宽约120 m的低阻储水区Ⅱ。根据分析，所推断的储水区可能为此次大地电磁测深工作所要寻找的温泉含水区，并在图5.8−5中给出了地热井开钻的建议位置区域。

本次物探工作的目的是解决前期地热开发井水量小、水温低的问题，但由于各种原因，物探指定的新井位到目前为止还没有开钻。

5.9 芒硝矿采空区探测

大量的测井资料显示，芒硝矿采空区的地球物理响应是自然伽马低、声波时差大、电阻率低，所以使用电（磁）法探测芒硝矿采空区是特别有效的。本节以成都牧马山芒硝矿采空区的物探探测为例来研究，查明牧马山芒硝矿矿区范围内采空区的分布、影响范围以及其他不良地质体。

5.9.1 芒硝矿采空区影响带识别

5.9.1.1 交通位置

已经停产关闭的成都牧马山芒硝矿位于成都双流区城市南东125°方向、直线距离6 km处，属双流区华阳镇三江村所辖，牧马山经济开发区内。其中心点地理坐标为东经104°00′43″，北纬30°30′45″。

成都牧马山芒硝矿位于双（流）华（阳）公路与双（流）黄（龙溪）公路交汇处，双（流）华（阳）公路从采矿权范围北部通过，从矿区向西到双流区交通里程约为9 km，向东到华阳交通里程约为3 km，向北到成都城区交通里程约为25 km；（北）京昆（明）高速公路从矿区西北侧通过，双流收费站位于矿区西北侧，至公兴火车站、白家火车站交通里程为8～10 km，矿区及外围公路纵横交错，交通极为方便，运输条件好（见图5.9−1）。

图 5.9-1 矿区交通位置图

5.9.1.2 地形地貌

成都牧马山芒硝矿位于成都平原东南缘，属于平原区与牧马山台地接壤处，区内地形低缓，比高不大，地势西高东低，最高点为糍粑店，海拔标高 506.8 m，最低位置为江安河畔，海拔标高为 471.6 m，最大高差为 35.2 m。牧马山台地，西北部高，向南向东倾斜，海拔标高为 460.0～520.0 m。区内冲沟发育，谷坡圆缓，谷底宽坦，高差一般小于 10.0 m。地貌类型属平原。

5.9.1.3 地层

牧马山芒硝矿采矿权范围内分布地层主要为第四系（Q）、白垩系上统灌口组（K_2g）。

1. 第四系全新统（Q_4）

第四系地层主要由全新统残坡积物（Q_4^{edl}）耕植土和黄土、坡洪积物（Q_4^{dpl}）砂砾石层、冲洪积物（Q_4^{apl}）砂砾石和粉土及细砂二元结构层、中上更新统（Q_{2+3}）砂砾石层构成。

残坡积物（Q_4^{edl}）：主要发育在高台地内部的槽谷中或台地缓坡处，多为耕植土和黄土，厚度为 0～2 m。

坡洪积物（Q_4^{dpl}）：主要分布在冲沟中或冲沟出口处，形成小规模洪积扇堆积物，常叠置在Ⅰ级阶地后缘的沉积物之上，地貌特征明显。沉积物主要由雅安砾石层经过搬运、沉积而成，厚度为 3～5 m。

冲洪积物（Q_4^{apl}）：分布于江安河两侧高河漫滩及Ⅰ级阶地，分布面积约占总面积的 50%以上。沉积物具有二元结构，下部为卵砾石层，其上为细沙层及粉土，厚度为 8.3 m。

2. 第四系中上更新统雅安组（$Q_{2+3}y$）

第四系中上更新统雅安组（$Q_{2+3}y$）广泛分布在矿区西部高台地上，出露海拔标高为475～506 m，常高出河面30～50 m，其他地界分布明显。该组岩性主要由一套黄土层和砾石层夹砂层透镜体组成，根据地质勘探报告，位于高台地边缘陡坎内侧。黄土层组成平台的台面，具体如下：

（1）上部由黄土、灰黄土、紫色土组成，是紫红色黏土层黄化的产物。黄土层含砂质，黏结性较强，不显层理。底部常含铁锰质结核，厚度为8.15～10.15 m。

（2）下部为土黄色砾石层夹砂层透镜体，砾石大小不一，大者粒径达20 cm，小者粒径为1～2 cm，一般粒径为5～10 cm。砾石混杂堆积，排列无序，磨圆度好，成分主要为石英岩、黄岗岩、闪长岩等。其间夹两层砂层，厚度为0.4～2.0 m，分布由细中砂砾和中粗砂砾组成，砂层结构疏松，手可捏散。整层厚度为10.75～19.22 m。

3. 白垩系上统灌口组（K_2g）

地层厚度大于204.35 m，岩性主要为紫红色泥岩、粉砂质泥岩、紫红色粉砂质黏土层、紫红色粉砂质硬石膏质黏土岩夹粉砂岩。产状：倾向275°～290°，倾角为2°～1°，岩层几乎水平产出，根据岩性及含矿性可分为三段，其中第三段缺失，第二段为钙芒硝矿层的赋存层位。

白垩系灌口组第二段（含芒硝段）（K_2g^2），残存厚度为178.61 m，为矿段内主要地层，芒硝矿层赋存与含硝段下部，该层地表上有少量出露，一般埋深在8.3～28.0 m以下。根据芒硝赋存特征，将含硝段划分三个亚段，即第一压段（下芒硝带）、第二压段（芒硝间带）、第三压段（上芒硝带），因上芒硝带部分岩层被剥蚀，其厚度保存不全，现将各硝带叙述如下：

第三亚段（K_2g^{2-3}）：即上硝带，地层残留厚度为25.29～37.94 m，平均厚度为32.40 m。岩性主要为紫红色砂质黏土岩夹粉砂岩，间有少数灰绿色黏土岩条带，局部有石膏斑点及纤维状石膏薄片。该分层多溶蚀孔洞。与上部雅安组砾石层不整合接触。

第二亚段（K_2g^{2-2}）：即芒硝间带，地层残留厚度为101.20～109.10 m，平均厚度为104.66 m，该段岩层特征明显，层序清晰。上部为紫红色粉砂质黏土岩，局部含麻点状硬石膏沿层间裂隙充填。中部为紫红色粉砂岩夹黏土岩、砖红色黏土岩，局部含稀疏斑点状，团块状硬石膏；该层岩性单一，色调鲜艳均匀，在野外易辨认。下部为紫红色富含硬石膏黏土岩及薄层硬石膏岩，常夹灰绿色泥质条带或者线纹；该层岩性特殊，是见矿的重要标志。

第一亚段（K_2g^{2-1}）：即下芒硝带，地层厚度为39.20～42.16 m，为矿段内主要含芒硝层段。含矿围岩由紫红色粉砂质硬石膏质黏土岩、粉砂岩、紫红色钙芒硝黏土岩夹结晶芒硝矿10层组成（其中工业硝层8层），分为4个矿组，纯矿累计总厚度为13.51 m。地层层序如下：

第四矿组：厚度为2.84～3.21 m，上下为紫红色芒硝矿层，中部为硬石膏质黏土岩。夹层厚度为1.37 m，岩性为紫红色粉砂质硬石膏质黏土岩。

第三矿组：厚度为8.14～8.52 m，三层紫红色芒硝矿夹两层硬石膏质黏土岩。夹层厚度为4.20 m，岩性为紫红色粉砂质硬石膏质黏土岩，局部含芒硝。

第二矿组：厚度为5.90～6.21 m，岩性为灰绿色芒硝矿与紫红色硬石膏质黏土岩互层。夹层厚度为12.69～13.14 m，岩性为紫红色粉砂质含团块状硬石膏质岩、硬石膏团块分布不均匀，具有微波状层理，断续水平层理。该层岩性厚度较稳定。

第一矿组（下部硝层）：厚度为5.81～6.23 m，岩性为灰紫色芒硝矿层3层（1～3层）。

白垩系灌口组第一段（K_2g^1）埋深180 m以下，据前期钻井资料显示岩性为紫红色含少量硬石膏团块，砂质黏土岩夹粉砂岩，顶部含星散装芒硝晶体，往下芒硝团块逐渐减少，厚度未揭露全。

5.9.1.4 区域及矿山构造

1. 区域构造

1）褶皱

（1）牧马山向斜：为研究区内主要褶皱构造。向斜南起彭山青龙镇，北至双流县百家镇倾没于平原内，境内延伸25 km，向斜轴向呈北东27°～30°，轴部宽缓。

（2）善人坟背斜：位于研究区西部，背斜轴向呈北东40°延伸，轴部狭窄，呈带状分布，延伸12 km；东翼岩层倾角为5°～7°，西翼略陡。核部地层由灌口组含硝组。

（3）苏码头背斜：位于本部东南边界，轴部呈北东30°延伸；轴部受断层破坏，保存不完整。核部地层为上侏罗统蓬莱镇组，两翼依次出现白垩系岩层。

2）断层

大家埂逆断层为苏码头背斜轴部大断层，南起诺宾寺延至倒石桥，断层与背斜主轴平行，断层面倾向南东，倾角小于45°，断层产生于侏罗系上部地层中。

2. 矿区构造

牧马山芒硝矿位于川西凹陷之牧马山向斜北端的南东翼，接近向斜轴部附近。区内地产倾向275°～290°，倾角为1°～2°，呈近水平产出，地质构造简单。据区域地质资料，牧马山向斜轴向呈NE30°，向北倾没于白家镇附近，区内未见断层及次级褶皱，地质构造简单。

5.9.1.5 含矿地层

牧马山芒硝矿主要赋予于白垩系上统灌口组第二段第一亚段（K_2g^{2-1}）下芒硝带地层中，呈复层状缓倾斜产出，产状与围岩一致。含矿带长2.00 km，宽2.05 km，面积约为4.10 km²。

区内下芒硝带分四个矿组，其中，二、三矿组矿层厚度较大，累计厚10.12 m，(二矿组厚6.04 m)。主矿层为三矿组7、8层和二矿组4、5、6层。

5.9.1.6 矿层特征

牧马山芒硝矿区内白垩系上统灌口组第二段第一亚段（K_2g^{2-1}）下芒硝带地层中含四个矿组，其中，二、三矿组矿层厚度较大，主矿层为三矿组7、8层和二矿组4、5、6层。现将各准采矿层主要特征简述如下：

1. 三矿组钙芒硝矿

三矿组总厚度为8.14～8.52 m，平均厚度为8.43 m，含工业矿层2层。纯矿累计厚度为6.23～6.75 m，平均厚度为6.60 m，平均含Na_2SO_4为37.07%。矿组中含夹石3层，厚度为1.17～1.91 m，平均厚度为1.83 m，夹石率为22%。夹石岩性多为含钙芒硝质黏土岩，其中，Na_2SO_4含量为13%～22%。8号矿层厚度为2.40 m，平均含Na_2SO_4 35.40%；7号矿层厚度为4.20 m，平均含Na_2SO_4 38.03%。矿组顶板为紫红色粉砂质硬石膏质黏土岩，底板为紫红色粉砂质硬石膏质黏土层，局部含芒硝。

2. 二矿组钙芒硝矿

二矿组总厚度为5.90～6.21 m，平均厚度为6.02 m，含工业矿层3层。纯矿累计平均厚度为3.52 m，平均含Na_2SO_4为39.72%。其中，6号矿层厚度为1.47 m，平均含Na_2SO_4为41.35%；5号矿层厚度为1.48 m，平均含Na_2SO_4 40.54%；4号矿层厚度为0.57 m，平均含Na_2SO_4 38.49%。矿组顶板为紫红色粉砂质硬石膏质黏土岩，局部含芒硝。底板为紫红色粉砂质硬石膏质黏土层夹粉砂岩。

5.9.1.7 水文地质

牧马山钙芒硝矿层位于当地最低侵蚀基准面积地下水位以下，埋深为138.93～173.42 m。区内主要的地表水体有江安河及区内引水渠，江安河最大流量可达350 m^3/s。矿层之上有厚76.70～106.90 m的隔水层，地表水体与矿层无直接水力联系。矿段主要含水层为第四系（Q）孔隙潜水含水层和白垩系上统灌口组第二段（K_2g^2）上部风化淋滤带岩溶裂隙含水层，两个含水层具有密切的水力联系。第四系（Q）孔隙潜水含水层属于中强含水层，地下水位埋深为3.45～20.06 m；下部风化淋滤带岩溶裂隙含水层深度为62.00～67.00 m，是矿区的主要含水层，也是矿坑道充水的来源水，属于弱-中强含水层。

5.9.1.8 地球物理特征

物性工作是为物探异常的推断解释提供依据的。本次物性工作采用标本面团法进行测试，并结合剖面反演成果、以往测量成果及经验值获得。物性统计情况见表5.9−1。

表5.9−1 物性统计一览表

地层及岩性	电阻率范围（Ω·m）	平均电阻率（Ω·m）	备注
黏土岩	30～70	50	裂隙发育，含水量增加、电阻率降低
砂质黏土岩	50～120	70	裂隙发育，含水量增加、电阻率降低
钙芒硝矿	15～30	20	—

由表5.9−1可以看出，矿区内黏土岩、砂质黏土岩和钙芒硝矿之间存在明显的电性差异，采空区破碎带中含水越丰富，电阻率将越低。因此，矿区具备开展音频大地电磁测深工作的条件，同时与测井资料的结论一致。

5.9.2 芒硝矿采空区探测成果认识

该地区地质条件较为简单，涉及范围较大，音频大地电磁测深（AMT）曲线类型整体上为H、KH型。曲线前支为第四系（Q）全新统残坡积物耕植土和黄土、坡洪积物砂砾石层、冲洪积物砂砾石和粉土，中部段多呈平直或下凹状，为破碎岩体的电性反映，曲线尾支为较完整岩体的电性反映。

基于研究区实际地质情况、物性资料和二维反演剖面的整体电阻率剖面来确定划分地层、构造及低阻异常体的标准，根据不同岩体中的电性特征圈定低阻异常体范围。局部破碎岩体在音频大地电磁测深曲线上表现为局部相对下凹、缓平或相位曲线陡变，在电阻率断面图上显示为团块状或片状低阻异常；断裂破碎带及影响带在音频大地电磁测深曲线上表现为横向突变、不连续，在电阻率断面图上多表现为成条带状或串珠状低阻异常，等值线梯度变化最大处对应破碎带的边缘；岩性接触带在音频大地电磁测深曲线上表现为横向突变，在电阻率断面图上表现为等值线梯度带两侧电阻率的明显差异或高、低阻团块状相间的过渡带。

根据已知钻孔资料结合牧马山芒硝矿采空区物探勘察音频大地电磁测深（EH4）电阻率等值线图可以看出：该区总体上从浅到深表现为低阻、高阻结构。浅部低阻对应地层为第四系耕植土、黄土及砂砾石层，厚度为 10～28 m，深部为完整基岩的反应。根据矿区资料，该矿区芒硝矿开采标高为 325～319 m，开采底板在标高 321 m 处。钻孔 ZK01 在标高异常区，表明在标高 344.00～331.69 m（埋深 133.00～145.81 m）处裂隙发育程度逐渐增大，最后在标高 331.69 m 处开始出现采空塌陷区，在 317.50 m 以后岩体逐渐完整，地层进入底板完整区。深部局部低阻为岩体裂隙发育、局部破碎造成。物探推断解释是根据地质资料、钻孔资料综合分析判断得出的。

芒硝矿采空区影响带与非采空区芒硝层差异明显，易于识别，与钻探资料吻合度较好，识别精度较高。

5.10 其他

5.10.1 管线渗漏点探测

管线渗漏点包括天然气和水（自来水和雨污水）的管线渗漏点，本部分探测工作主要针对研究区水（自来水和雨污水）的管线渗漏点。管线渗漏时间一长就容易造成道路塌陷、疏松体及富水体。而且在后期地下水升降及路面载荷的情况下，向地表发育形成脱空和空洞，从而影响市民的正常生活。

管线渗漏点探测一般具有很强的时效性，探地雷达是首选。由于空气的介电常数为 1，电磁波在空气中的传播速度最快，当地下存在脱空和空洞时，探地雷达信号会产生强烈的反射波，信号杂乱（见图 5.10－1、图 5.10－2）。

由图 5.10－1 可快速发现探测到异常体（横坐标为 17.0～19.0 m），图 5.10－2 在相应位置（横坐标为 5.0～7.0 m）同样探测到异常体，深度大约为 2.0 m，向道路中间该异常范围减小，说明道路病害体未向机动车道中间发育。最终钻孔验证，在 1.8 m 左右见空洞，注浆约 2 m^3。

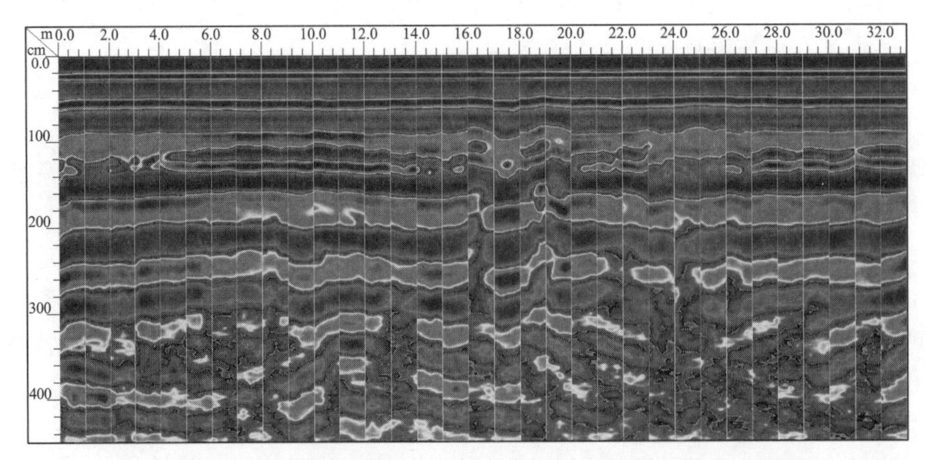

图 5.10－1　玉沙路排水管渗漏点探地雷达（100 MHz 天线）成果图

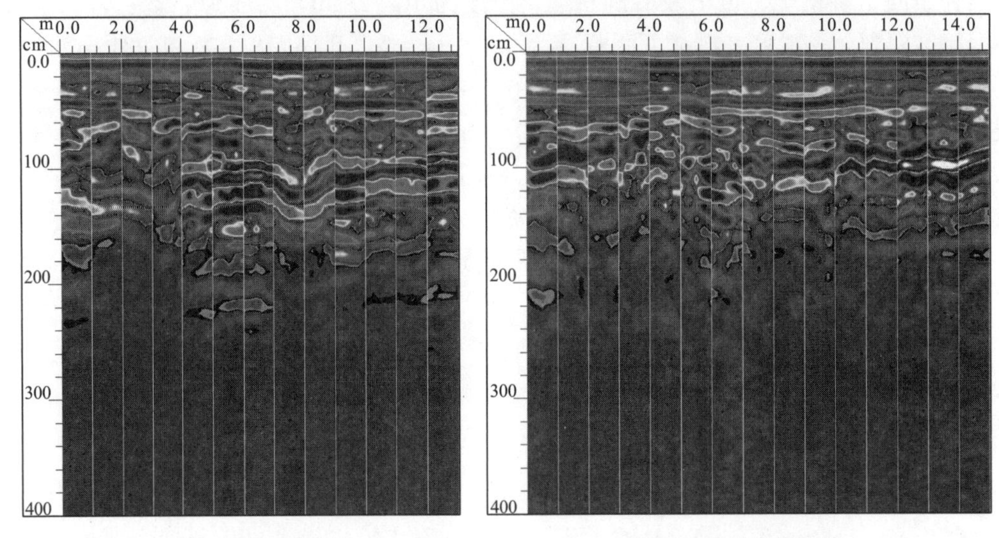

(a) 机动车道中间　　(b) 机动车道左侧

图 5.10－2　玉沙路排水管渗漏点探地雷达（200 MHz 天线）成果图

图 5.10－3 为红光大道排水管渗漏点综合物探成果图，图 5.10－4 为红光大道排水管渗漏点探地雷达（200 MHz 天线）及微动成果图，图 5.10－3 显示的是延管道走向布设的剖面，图 5.10－4 显示的是垂直管道布设的剖面。

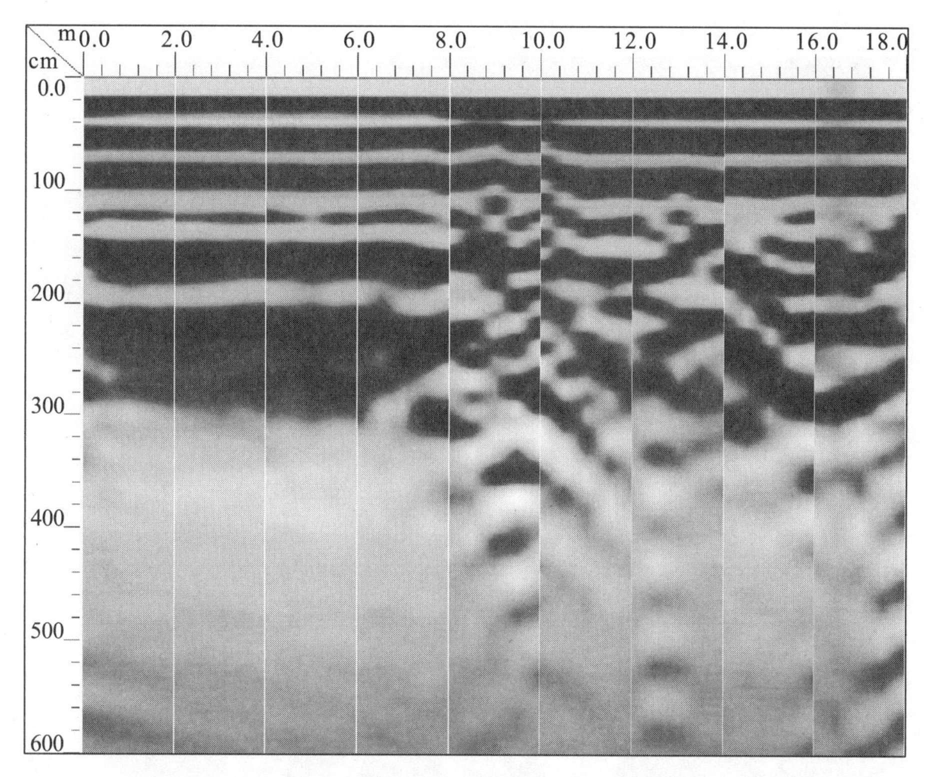

(a) 红光大道排水管渗漏点探地雷达（100 MHz 天线）成果

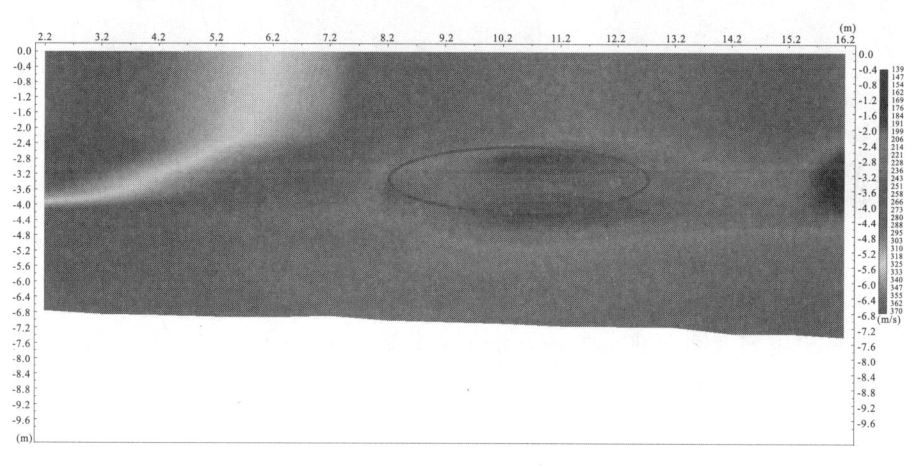

(b) 红光大道排水管渗漏点微动成果

图 5.10−3 红光大道排水管渗漏点综合物探成果图

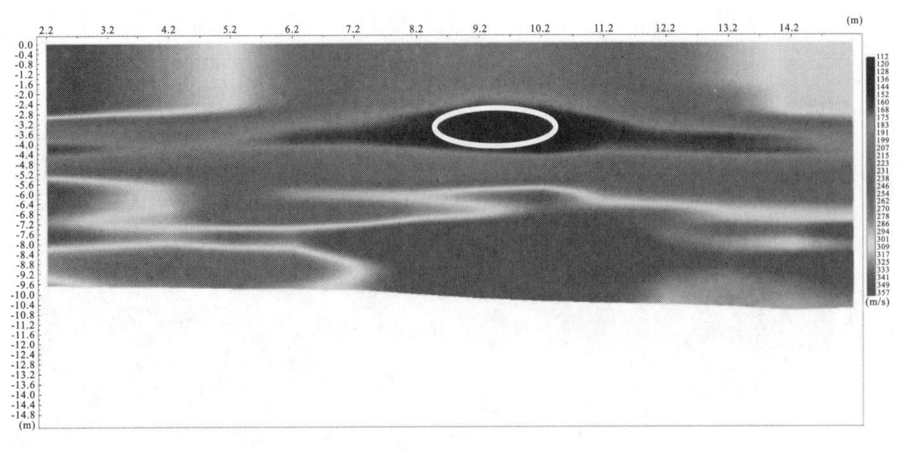

(c) 红光大道排水管渗漏点瞬态面波成果

图 5.10－3（续）

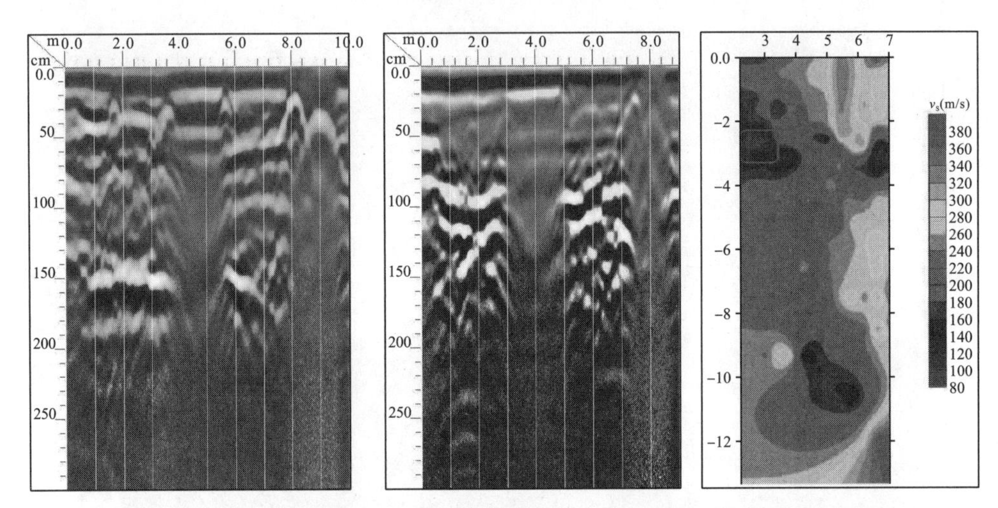

图 5.10－4　红光大道排水管渗漏点探地雷达（200 MHz 天线）及微动成果图

该路段是已建城区典型的干扰多、车流量大的路段。图 5.10－3 显示，在横坐标 8.0～14.0 m 处电磁波同相轴凌乱，反射信号较强；图 5.10－4 显示有其他管线的干扰信号，大约在深度 2.0 m 处叠加强反射信号（横坐标为 0.0～2.0 m），推测该异常为地下病害体。

图 5.10－3 显示，低速异常与探地雷达异常位置一致，垂直剖面上的微动异常与雷达异常较为吻合（见图 5.10－4）。由此推测，物探异常由渗漏点引起，从横波速度反演成果来看，低速异常幅值范围为 150～200 m/s，该速度与填土、黏土类的第四系类似。对于垂直剖面上出现的小规模的速度低于 100 m/s 的异常，推测道路病害体以疏松体或富水体为主；对于速度低于 100 m/s 的异常，推测道路病害体为小规模的空洞。

5.10.2　隐蔽管线探测

随着城市建设的发展，地下管线数量日益增加，以往铺设管线资料的不完善会导致某些重要管线位置、埋深数据缺失，工程施工时易损坏管线。因此，在某些工程项目中，首先利用物探手段对地下隐蔽管线进行探测，达到在开挖过程中避免管线损坏的目的。

以研究技术小组在三瓦窑附近开展的探地雷达试验工作为例，目的是寻找主供水管道。该供水管直径为 1.9 m，材质为水泥管，内部为钢管。该供水管道贯穿锦江，由于资料缺失，具体的埋深和走向已不可知，推测埋深为 5.0～9.0 m。该供水管道上方或侧方埋深 0.5～1.0 m 处有一根直径为 0.6 m 的钢质排污管。该排污管的存在加大了寻找主供水管道的难度。

在河堤人行绿岛上，采用两种频率（100 MHz 和 80 MHz）组合的天线开展雷达探测。结果显示，两种天线均能有效显示近地表排污管产生的异常信号。该异常信号呈抛物线形态，埋深为 0.8 m，相对坐标为 31.5 m 左右（见图 5.10－5、图 5.10－6）。

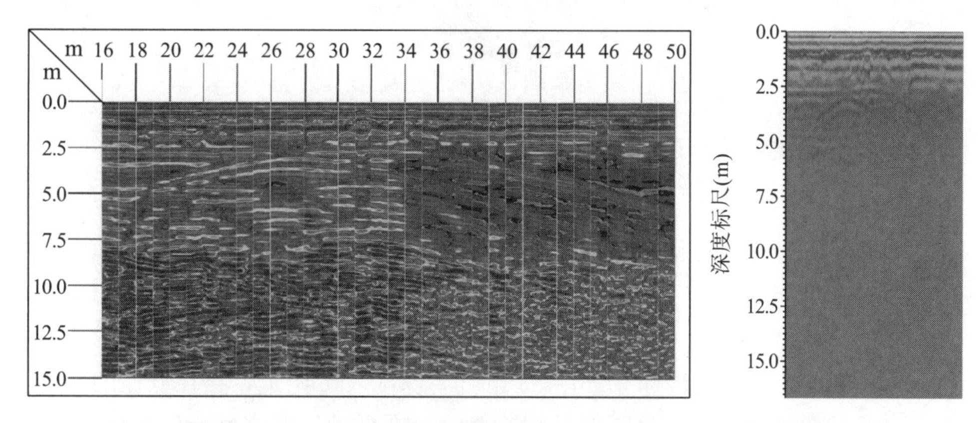

图 5.10－5　三瓦窑河堤上探地雷达（100 MHz 天线）成果图

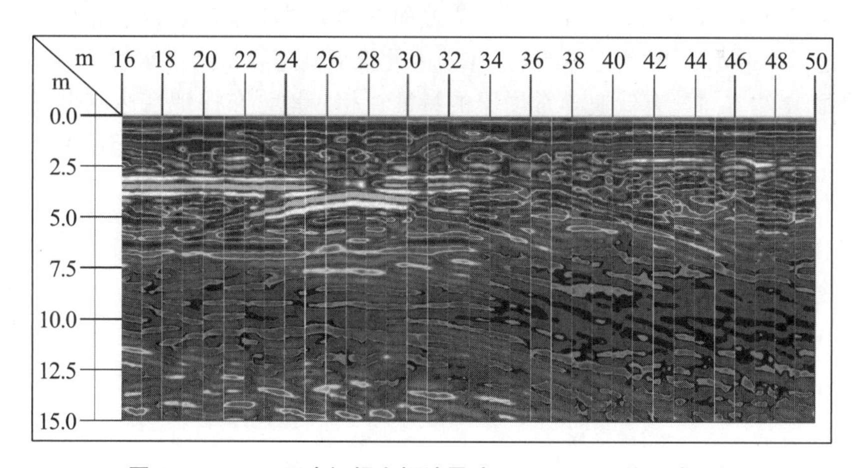

图 5.10－6　三瓦窑河堤上探地雷达（80 MHz 天线）成果图

由于两次测量成果的异常形态及位置一致，周边也未发现通信线、电力线等，可以排除受到电磁干扰的因素。排污管下方抛物线状的异常明显，该异常左右两侧不对称，推测为双峰异常，如图 5.10－5 所示。其中左侧异常峰值位于平距 27.5 m 处，异常形态完整；右侧异常峰值位于横坐标 35.0 m 附近，异常左侧隐约可见，右半部分形态完整。若把双峰异常视为由管道引起，则埋深过浅；若减小介电常数至 5 左右，则相当于提高地下第四系的电磁波传播速度，异常埋深将会加大至 5.0 m 左右。经研究，该介电常数不符合实际，因此，该双峰异常性质不能确定。

图 5.10−7 显示，近地表的排污管道低阻异常明显，异常中心位置位于横坐标 31.5 m附近，与实际距离一致；同时，两种装置的反演结果均显示该低阻异常下方埋深为 8.0 m 左右，存在未封闭的团块状低阻异常，但该异常是受地表影响所致还是真实存在仍难以判别。地表低阻异常的两侧为团块状高阻异常，其位置与前述雷达双峰异常位置一致，推测为修补河堤时的填充物。

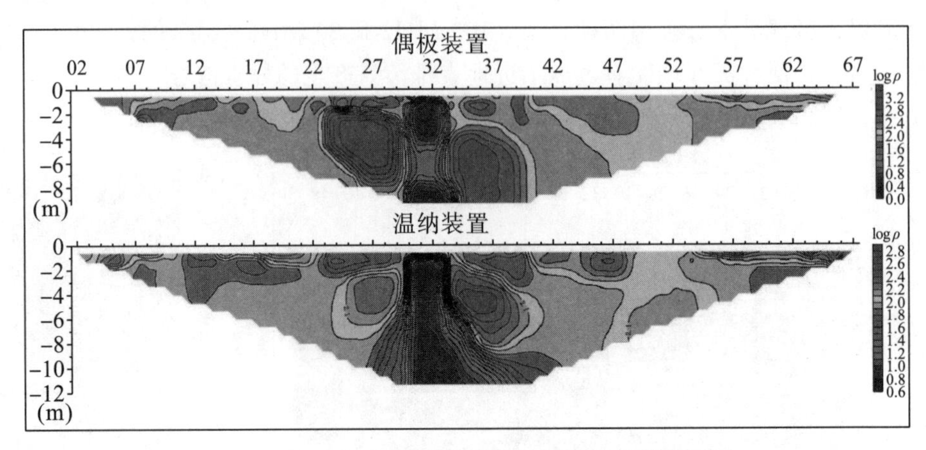

图 5.10−7　三瓦窑管线探测高密度电法测量成果图

图 5.10−8 显示，在横坐标 27 m、33 m 处，深度 3 m 附近，存在低速的凹陷，该位置与前述探地雷达探测的双峰异常位置较吻合。在低速异常之间，横坐标 31 m、深度 6～8 m 处存在一等轴状高速异常，其位置和推测的供水管道吻合，推测在管道内充满具有一定压力的水后可看作一个高速体，因此推测高速异常为供水管道引起。横坐标 34 m 向剖面尾端方向，有低速异常增厚的特征；相应地，在探地雷达成果中，该段剖面深部电磁波信号被吸收，信号振幅小，反映为背景黑色，推测该段地层为低速层且吸收电磁波信号。

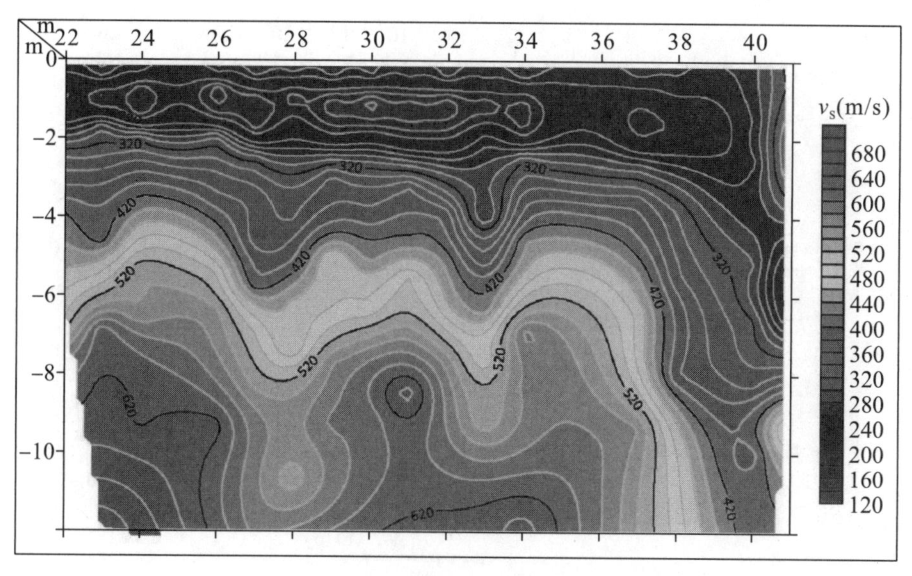

图 5.10－8　三瓦窑管线微动勘探横波速度反演图

为避开浅表排污管道的干扰，在河堤斜坡上补测两条探地雷达剖面（见图 5.10－9），采用的天线频率为 100 MHz 和 200 MHz，测点间距为 0.2 m，实测剖面 16～47 m 段。观察图 5.10－9（b），双峰异常已不可见，在相应位置处为强反射异常，推测为浅表排污管道两侧后期修补河堤的充填物引起，在河堤斜坡上该填充物规模减小，但仍存在反射强烈的电磁信号。在横坐标 30.5 m 左右、深度 4.0～4.5 m 处有明显的异常显示，推测该异常可能是由主供水管道引起。由于斜坡上雷达天线不能垂直放置，因此该深度为视深度。加上河堤平台至河水面有 2.0～2.5 m 的高差，推测在河堤平台上供水管道埋深大致为 6.0～7.0 m，位于该剖面开始端向浅表排污管方向 1.0 m 左右。

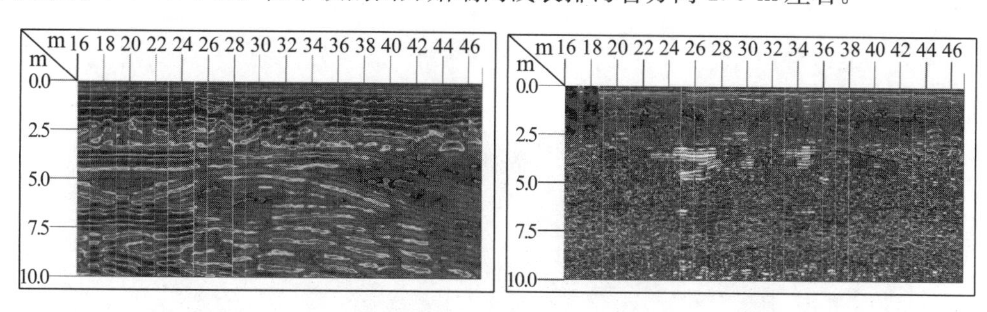

（a）探地雷达（100 MHz 天线）成果　　（b）探地雷达（200 MHz 天线）成果

图 5.10－9　三瓦窑管线探测河堤斜坡探地雷达探测成果图

由于该供水管道为城南片区提供自来水，为谨慎起见，研究人员在人行道上开展了多种物探工作（见图 5.10－10）。

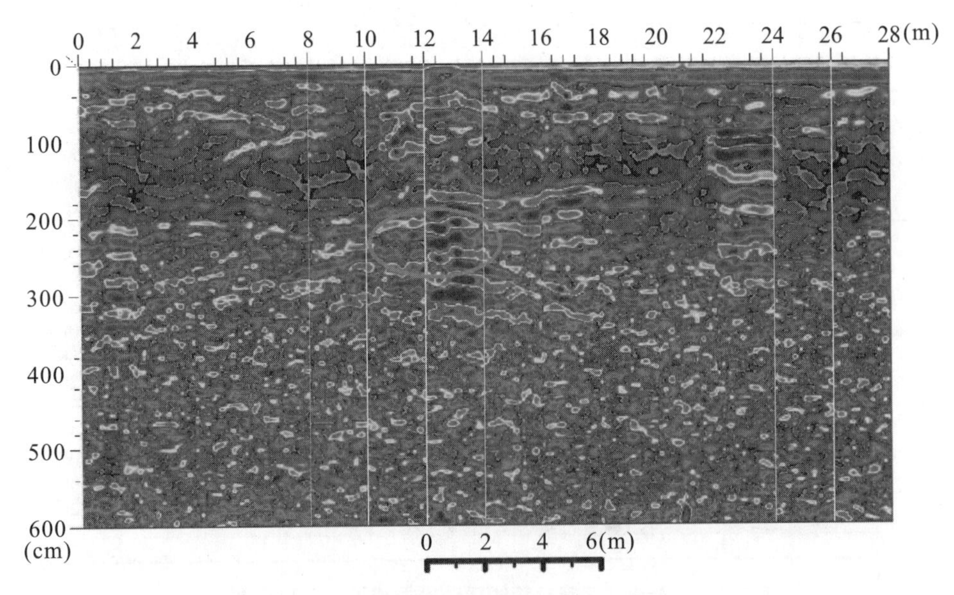

(a) 探地雷达（100 MHz天线）成果

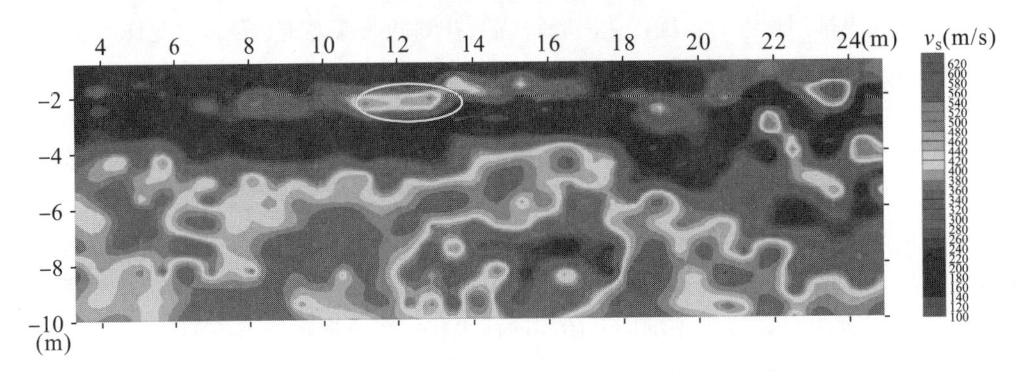

(b) 微动反演成果

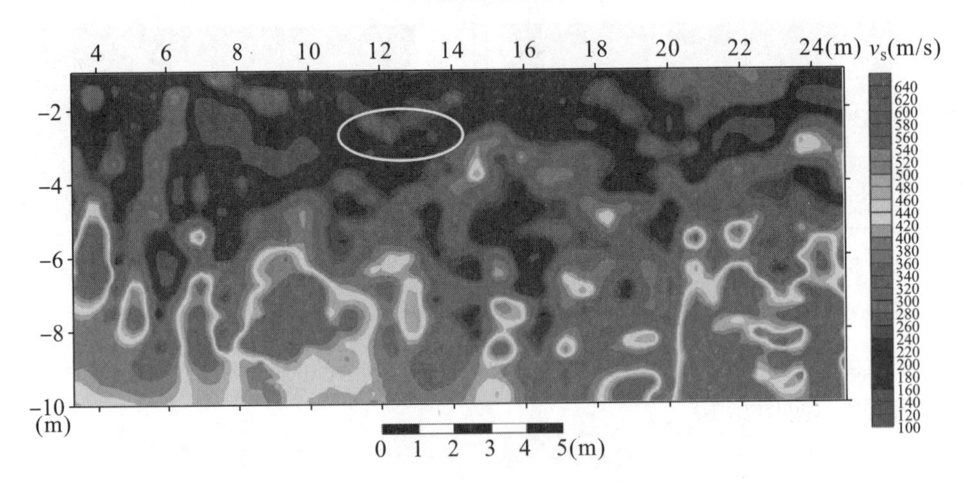

(c) 瞬态面波法反演成果

图 5.10-10　三瓦窑管线物探成果图

综合物探成果显示，在相对横坐标 12 m 附近存在雷达反射信号以及高速异常体，埋深为 2.5～3.0 m。权属单位提供的资料显示，该供水管道临近锦江时埋深加大一致。开展瞬态面波法不仅可以得到瞬态面波法勘探成果，而且通过抽道后可以提取多源信息，得到的不同偏移距的地震映像成果（见图 5.10－11）均显示埋深为 2.5～3.0 m 处有异常体。

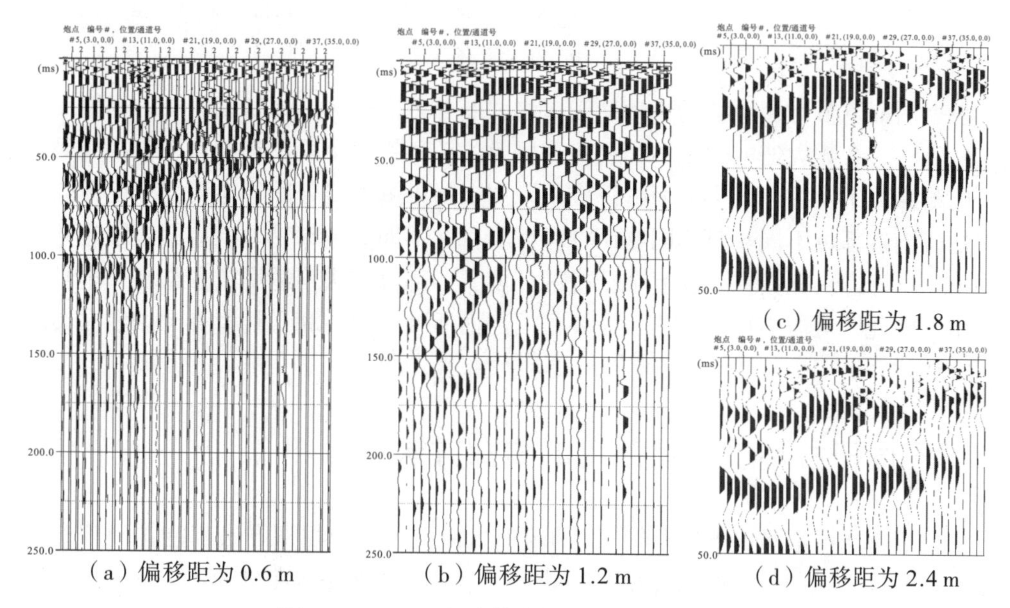

（a）偏移距为 0.6 m （b）偏移距为 1.2 m （c）偏移距为 1.8 m （d）偏移距为 2.4 m

图 5.10－11 三瓦窑管线探测地震映像成果图

偏移距为 1.2 m、2.4 m 时，浅表排污管道引起的异常特征较明显，由于浅表面波、直达波以及反射波等的速度差异，由排污管道引起的反射波与其他体波、面波清晰而明显，其引起的异常呈抛物线特征；目标体埋深较大时，各类体波、面波混杂在一起，深部管线引起的反射波异常不甚明显，但也可以看出大概在 50 ms 左右存在反射波组特征。

6 特定目标体探测的物探方法组合研究

根据前面章节对探地雷达、微动勘探法、混合源面波法、高密度电法、等值反磁通瞬变电磁法、音频大地电磁法和浅层地震反射法 7 种物探手段及其他标段物探成果和地震、电测深成果及综合试验剖面解译成果，加上每条测线所处的具体干扰环境不同、所处的地质构造部位不同，对不同物探方法可能存在不同的地球物理响应，很难建立统一的层位识别标志。尤其在某些复杂干扰的环境下，部分方法不适用或者只在一小段区域内适用。因此针对城市物探工作，需要根据剖面所处的地质和干扰背景分类建立不同的物探方法体系。

6.1 不同干扰环境建议采用的物探方法组合

类似成都市中心城区 S4 试验剖面的弱干扰环境，各种物探方法都能达到理论勘探深度。但不同勘探手段的有效深度和反映地下信息的精度是有差别的，因此需要根据不同的解释深度选择相应的物探方法。

6.1.1 探地雷达

除了天线频率会影响探地雷达的勘探深度，地质体的细微差异也会影响其勘探深度，如同一频率的天线在三瓦窑开展雷达工作的有效探深在 5 m 以上，而在玉沙路开展雷达工作的有效探测深度仅在 2 m 左右。对有效探测深度影响最大的是地下水的含量。三瓦窑虽然在锦江边，但有效探测深度较大，初步分析是由于河堤的阻隔，局部地段地下水位相对较深，此地的雷达探测深度大于玉沙路。此外，低频天线采用非屏蔽式，在已建城区电磁干扰较多时屏蔽天线具有较大优势，但探测深度会受到影响。

6.1.2 微动勘探法

微动勘探的抗干扰能力较强，其有效信号来自周边的随机噪声。对不同台阵来说，环形台阵的抗干扰能力可谓最强。在相同条件下，环形台阵的频散曲线更收敛，但在已建城区道路上工作，能布设环形台阵的场地较少，所以一般选择线性台阵来开展微动勘探。布设线性台阵虽会增加测量时间，但能提高信号的信噪比。

6.1.3 混合源面波法

混合源面波分主动源和被动源两种，主动源面波的抗干扰能力较弱，被动源面波的抗干扰能力与微动勘探类似。主动源面波的干扰主要来自行驶车辆、行人以及周边建筑工地、地铁等，其中行驶车辆的干扰最大。尤其在桥梁附近，桥体振动带来的干扰的传播距离远且不易被发现。被动源面波的抗干扰能力与微动探勘类似，实际工作时，如果勘探深度较浅，可以增加人工震源以加强高频能量，这样得到的频散曲线会更加收敛，从而避免后期数据处理中拼接频散曲线的步骤。

6.1.4　高密度电法

与感应式电法不同，高密度电法需要一定的接地条件。接地电阻大时勘探效果较差，采用硬化地表敷设泥团的方法虽然可以保证正常工作，但是所测得的视电阻率等值线形态会发生一定的畸变。此外，地下电缆、管线均会对高密度电法工作造成影响，在有电磁干扰或者地下存在不明管线、水泥板时开展高密度电法工作，往往效果较差。

6.1.5　等值反磁通瞬变电磁法

等值反磁通瞬变电磁法的主要思路是利用零磁通面消除一次场干扰，类似的还有瞬变电磁仪等，它们都是以加大磁矩、提高发射电流来消除一次场干扰的。试验结果表明，远离高压线数米至十数米后，由等值反磁通瞬变电磁法测得的衰减曲线会有较大改善。此外，无论采用何种方式消除一次场，关断时间仍然存在，浅表会有一定的盲区。

6.1.6　音频大地电磁法

音频大地电磁法在已建城区会受到较多的干扰。各类通信线路、高压线等均会带来随机噪声。此外，一定距离的电磁波还会造成近场干扰，极大地影响音频大地电磁测深的有效性。

6.1.7　浅层地震反射法

在已建城区内开展浅层地震反射法，受到的干扰源多为行驶车辆、工程施工等，此外摄像头等也会造成通信干扰，使得震源不能激发。提高信噪比的手段主要有加大震源能量、提高采集信号的主频、增加叠加次数。此外，在后期数据处理时，合理地选择波速、频率等参数，也可以有效消除部分噪声，从而间接提高信噪比。

综上所述，已建城区的干扰主要为振动干扰和电磁干扰，针对不同干扰可选择不同的物探方法组合。电磁干扰较强的区域优先选择弹性波法（包括浅层地震反射法、微动勘探法、混合源面波法），振动干扰较强的则选择电（磁）法，同时也可以选择微动勘探法。

6.2　不同地质问题建议采用的物探方法组合

开展物探工作的目的是解决特定的地质问题，应综合考虑不同工作方法的抗干扰性能、有效探测深度、场地等限制条件，采取一种或多种物探方法组合。已建城区的干扰较多，加之磁法勘探和重力勘探的垂向分辨率相对较差，故在此不作讨论。此外，由于各地地质条件往往差异较大，因此本节基于成都市及周边，针对电（磁）法（包括探地雷达、高密度电法、等值反磁通瞬变电磁法和音频大地电磁法）和弹性波法（包括浅层地震反射法、微动勘探法和混合源面波法）勘探，研究的地质体有一定规模，且它们的波阻抗、电物性与周围有一定的差异。

6.2.1 地层结构

严格来说，只有波阻抗界面才具备“层”的特征，因此划分地层的首选方法为反射波法。浅表的层位往往难以识别，主要是因为小偏移距时各种体波、面波混杂在一起，导致分离反射波的难度较大。在地层速度随深度递增的前提下，可以采用折射波法来划分地层层位。此外，探地雷达在勘探中也存在反射界面，可用来作为地层划分的依据。但是探地雷达的勘探深度较浅，干扰源没有那么直观。

研究区中心城区 0～300 m 范围内基岩起伏落差大，第四系上更新统至下更新统由西部向东部逐渐尖灭，基岩主要为白垩系上统灌口组，部分地段有白垩系夹关组和天马山组，地层的复杂性导致很难在全区找到一个标志层位，因此在识别某套岩性时需结合多种勘探手段。

研究区中心城区 0～300 m 范围内的地层结构勘探可选择的物探方法组合为浅层地震反射法辅助其他弹性波法（如混合源面波法、微动勘探法）。由于混合源面波法和微动勘探法受主观因素的影响较大，尤其是初始模型的选择（如在约束条件较多的情况下反演效果更好）不理想，而浅层地震反射法反演约束条件多，因此对地层划分的效果更佳。

由于电场具有体积效应，电（磁）法可以识别电性差异较大的地质体，分层的效果与面波法类似。

6.2.2 隐伏构造

研究区中心城区主要利用井震结合、电震结合的方式对隐伏构造进行识别。从识别效果来看，电（磁）测深法可以有效识别隐伏构造，但由于点距过于稀疏，在识别准确断点位置时的精度较差。浅层地震反射法能够较为准确地识别和定位隐伏断层，在研究区开展的浅层承压水高密度电法剖面上也可解释隐伏断层。浅层地震反射法对隐伏断裂的定位精度相对较高，且剖面更为直观，在断层定位方面有着相当明显的优势。但浅层受干扰程度较高，资料信噪比得不到保证。因此，笔者建议在采取该方法解决隐伏断裂定位问题时将精度做上调一级的处理。高密度电法必须结合钻孔和浅层地震反射法的结果来确定隐伏断裂，因此，其探测精度至少要降一级处理。笔者建议将精度做降两级处理（即分级值增加 2 个值），当断层已知时，高密度电法可按照原来的精度确定分级。微动勘探法凭借横波速度结构差异来识别断层，其精度较浅层地震反射法低。笔者建议在使用该方法时将精度做降一级处理。等值反磁通瞬变电磁法探测隐伏断裂的原理与高密度电法类似，对精度的处理也类似。

6.2.3 工程地质问题

面波勘探（混合源面波和微动勘探）能够提供反映地层纵向、横向变化的横波速度信息，而视横波是不同岩土体软硬程度的反映，同时还能用于评价覆盖层厚度、场地类型、卓越周期以及近似计算动力学参数，为相关工程地质问题分析提供参考。

此外，当有测井资料时，测井可较为准确地划分地层结构、识别含水层与隔水层，与波速测试结合还可帮助分析各类工程地质问题，约束地面物探的解释。因此，当有钻孔时，应当开展综合测井和波速测试工作。

针对含膏盐泥岩的识别，研究区不同区域间存在差异。含膏盐泥岩埋深范围变化较大，在成都市南部埋深为 120～200 m，在中心城区平原区为 20～70 m，台地区为 40 m 左右，要求物探方法的探测深度应达到 200 m，即组合后的物探方法要能够实现 0～200 m 地层结构的探测，且能够较为准确地划分钙芒硝层位。

6.2.4　水文地质问题

在成都平原，第四系的上部含水层指上更新统砂砾卵石层，而该层位表现为相对高阻的电性特征，因此可采用电（磁）测深法对其进行识别。经过反演可以看出，电（磁）测深法成果对浅部的砂砾卵石层顶底板的识别精度较高，但有效勘探深度有限，在干扰较少的地段可结合其他勘探手段（如高密度电法、等值反磁通瞬变电磁法）划分含水层与隔水层。上述各类电法工作，在有施工条件的基础上，可作为开展水文地质分析的补充。

6.2.5　采空区

国际生物城采空区埋深范围在钙芒硝矿层内，其探测深度与钙芒硝矿层的探测深度一致。但由于采空区厚度较薄，其分辨率要求较高，目前使用的物探方法难以准确划分芒硝矿采空区。

根据采空区高密度电法的研究成果，结合浅层地震反射法的探测精度，认为高密度电法能够较为准确地识别采空区，而浅层地震反射法能够识别采空区的影响带。

6.2.6　地下病害体

地下病害体勘探具有很强的时效性，因此首选方法为探地雷达。脱空和近地表的空洞是引起道路塌陷的主要原因，两者呈现出强反射信号，易于识别，但需要排除其他管线、人防工程、过街通道等引起的假异常；疏松体和富水体短期内不会引起道路塌陷，但受地下水位升降、地面载荷、周边工程施工等影响，有可能向地表发育形成空洞和脱空，因此要定期巡视、勘察。

探地雷达的缺点是探测深度较小，根据试验成果，埋深小于 3 m 的地下病害体采用探地雷达进行勘探效果较好。根据收集的资料，成都排水管道埋深通常在 3～7 m 的范围内，最深可达 14 m。而探地雷达勘探深度有限，为探明深部可能存在的隐患，必然需要辅以其他物探方法。传统的混合源面波法可采集被动源和主动源的面波信息，再在后期对频散曲线进行拼接处理。主动源面波采集频率相对较高，有利于提高浅层分辨率，而被动源面波抗干扰能力强，结合两者的优势，可采用布设小道距的被动源面波法，即微动勘探法；在采集数据的同时施加人工震源，既能有效加强高频能量，也能充分利用微动勘探法抗干扰能力强的优势。在开展探地雷达勘探的基础上增加混合源面波法以获取地层速度参数，综合判断地下病害体的异常特征，如此深浅结合可以解决20 m以浅精确勘探的问题。

对于埋深较大的地下病害体，应根据场地条件、干扰类型，选择适用的物探方法组合。例如，当电磁干扰较大时，可以将微动勘探法和瞬态面波法作为主要手段。两者虽然采集的都是面波数据，但开展瞬态面波法的好处在于可以提取地震映像，反射波易于分离时也可以提取反射波进行叠加；此外还可以提取折射波。地下病害体的存在会导致产生速度逆转层，速度逆转层又会使得折射波发生畸变，这是指示地下病害体的依据之一。当振动干扰大时，可以采用微动勘探法、等值反磁通瞬变电磁法或高密度电法进行勘探。

6.2.7 隐蔽管线

探测隐蔽管线的首选方法仍然为探地雷达，如遇材质为非金属、埋深较大的管道，需加长测线，设置合适的增益；对于重要管道，如主供水管道等，还可以选择微动勘探法、瞬态面波法、等值反磁通瞬变电磁法和高密度电法组合开展工作。物探方法组合依据地下病害体的探测成果来选择。需要说明的是，管道的材质、内部是否充水等都会对物探异常幅值、规模造成影响。

综上所述，各种物探方法都有其多解性、局限性、适应性，并且单一的物探方法只能获得地下地质体的某一方面的物性参数。因此，在城市地下空间复杂的干扰环境下，需要采用相应的物探方法组合（见表6.2−1），以相互补充、约束。同时利用已知钻井资料，借助先进的多方法联合反演解释软件，沟通不同物性参数间的联系，降低反演解释的多解性。

表6.2−1　地质问题与对应的物探方法组合一览表

地质问题	内容	物探方法组合	备注
地层结构	—	浅层地震反射法、混合源面波法、高密度电法、等值反磁通瞬变电磁法	只有波阻抗界面才具备“层”的概念，因此对地层进行划分首选浅层地震反射法；其余如速度场、电场有一定的体积效应，对成果进行解译时可结合钻井资料加以约束
隐伏构造	—	浅层地震反射法、混合源面波法、高密度电法、等值反磁通瞬变电磁法	首选仍然为浅层地震反射法，当某套地层缺失或横向不均匀时，都会导致其他方法产生误判
工程地质问题	场地评价	瞬态面波法、地震映像法、高密度电法、微动勘探法、音频大地电磁法	—
	含膏盐砂泥岩	浅层地震反射法、高密度电法、电（磁）测深法	

续表6.2－1

地质问题	内容	物探方法组合	备注
水文地质问题	第四系上部含水层	高密度电法、音频大地电磁测深法、大地电磁测深法	直接利用含水层与周边隔水层的电性差异寻找地下水，或者寻找含水层位间接找水；对于温泉勘探，可选择大地电磁类物探法以增加勘探深度
	承压水		
	温泉		
采空区	—	高密度电法、浅层地震反射法	—
地下病害体	—	探地雷达、混合源面波法、地震映像法、高密度电法、等值反磁通瞬变电磁法	首选探地雷达，根据干扰情况选择性采用其他弹性波法或者电（磁）法。为探测较大深度的地下病害体，可采用探地雷达＋混合源面波的组合。开展混合源面波勘探时按照微动台阵的布设方式放置检波器，以人工增加震源增强高频能量，提高浅部分辨率，深浅结合
隐蔽管线	—	探地雷达、微动勘探法、瞬态面波法、高密度电法、等值反磁通瞬变电磁法	首选探地雷达，根据隐蔽管线的埋深、材质，辅以其他方法验证

7　几种特殊地质问题的物探采集、处理与解释工作的优化建议

7.1　0～300 m 地层结构的物探采集、处理与解释工作的优化建议

0～300 m 以内地层结构问题优先采用浅层地震反射法。资料采集过程严格按照《浅层地震勘查技术规程》（DZ/T 0170—1997）和《城市工程地球物理探测标准》（CJJ/T 7—2017）中对于浅层地震勘探资料采集的要求，并增加以下内容：

（1）通过现场踏勘和干扰源调查，尤其是调查车辆震动、在建工地、下雨、高压线、地下管线等干扰源，统计干扰高峰时段，并制定详细的施工方案。

（2）夜晚城市运渣车密集时段，应当安排专人站岗盯梢，实时观察，当有重车通过排列时，通过对讲机提示采集车操作员，以获得合格的原始记录。

（3）测线要经过大型立交桥、十字交叉路口等大型障碍物的，应提前做好踏勘工作。在室内设计浅层地震反射法观测系统时，应遵循以下原则：

见缝插针——在障碍中间位置选择震源车能够进入的区域恢复炮点。

就近恢复——在障碍两端就近位置恢复炮点，尽量保证覆盖次数。

在资料采集过程中采用加长排列、立交桥或十字路口两边加密炮点的方法，能够有效补偿覆盖次数，测线经过路口时施工人员采用过路胶皮保护大线及采集站。

（4）在充分了解原始资料的基础上，按照地质任务、处理任务与处理要求，设计处理流程、测试处理参数，通过有针对性的大量参数测试以及模块组合等流程测试，结合周边处理经验，确定浅层地震反射法处理的基本流程。图 7.1－1 给出了城市复杂环境条件下浅层地震反射法资料处理流程，主要参数参见表 7.1－1。

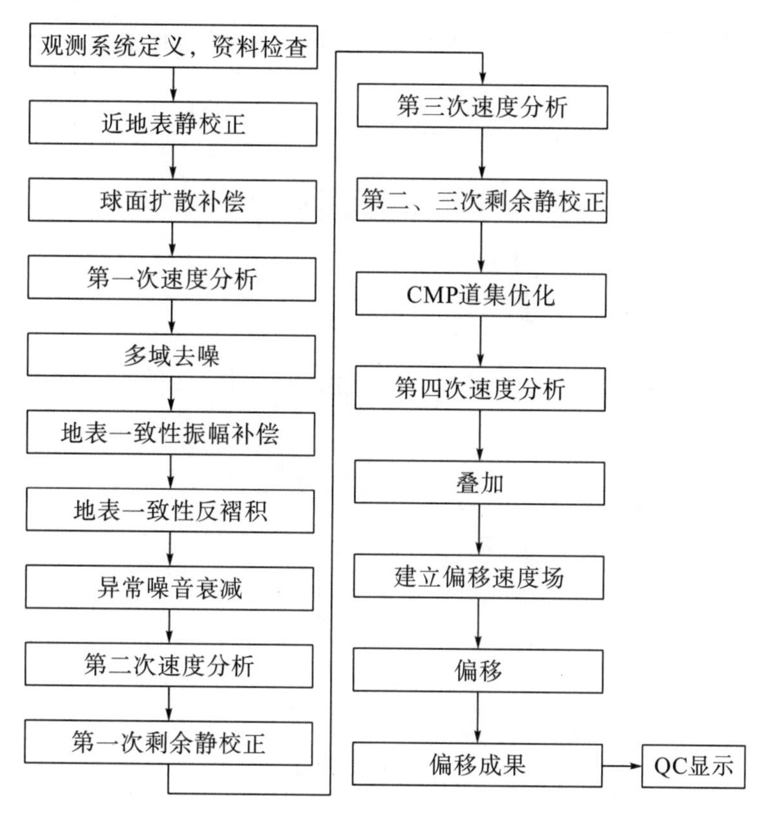

图 7.1－1　城市复杂环境条件下浅层地震反射法资料处理流程图

表 7.1－1　城市复杂环境条件下浅层地震反射法资料处理主要参数一览表

处理步骤	主要参数
基本处理参数	处理采样率：0.5 ms；处理长度：1000 ms
真振幅恢复	恢复指数：T=1.5
层析静校正	基准面高程：700 m；替换速度：1800 m/s
叠前时变带通滤波	T_1=200 ms，10～120 Hz
模型减去法去除相干噪音	视速度范围：300～1300 m/s
地表一致性预测反褶积	反褶积参数 TW1 参数：50～450 ms；算子长度：160 ms；预测步长：24 ms
地表一致性剩余静校正	扫描倾角范围：－60～60 ms/12TR；静校正量拾取频带：10 Hz，15～80 Hz，90 Hz；拾取时窗：根据剖面目的层所在时间段确定
叠后滤波	T_1=200 ms，15～120 Hz

（5）叠加时间剖面或偏移时间剖面是反射波资料解释的基础图件。应根据剖面图，采用钻孔资料或地质资料对比分析手法，确定地质层位和地震波组关系。选取与目的层位对应的波组进行对比、追踪，获得目的反射层的变化情况。时间剖面的解释应包括确定主要地质层位与反射层位的关系、确定地层厚度的变化与接触的关系、划分断层或破碎带、确定含膏岩（钙芒硝）泥岩的分布情况、刻画芒硝矿采空区的空间展布范围等。

城市复杂环境条件下地层结构的浅层地震反射法资料解释流程如图 7.1－2 所示。

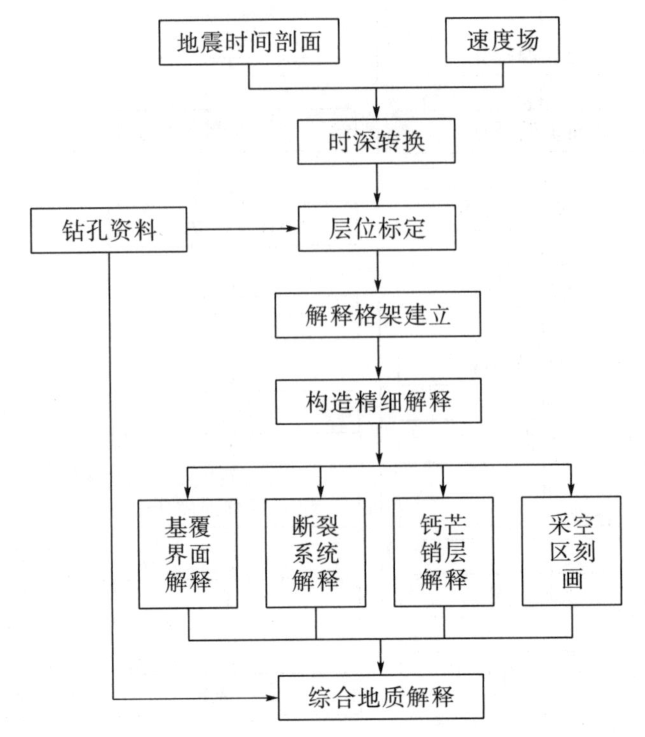

图 7.1－2　城市复杂环境条件下地层结构的浅层地震反射法资料解释流程图

7.2　含膏盐泥岩分布问题的物探采集、处理与解释工作的优化建议

含膏盐泥岩分布可采用浅层地震反射法和 200 m 探测深度的高密度电法，其中高密度电法推荐采用温纳装置。

浅层地震反射法与 0～300 m 地层结构探测的要求一致。除相关规范要求外，针对成都市城市复杂环境条件开展的高密度电法探测含膏盐泥岩的新要求：

（1）通过收集地质资料，了解含膏盐泥岩的深度，并有针对性地布设测线。

（2）应当在已知含膏盐泥岩段（尤其是钙芒硝段）且有钻孔控制的区域布设至少一条高密度电法测线，以便确定芒硝矿层及上下围岩的电性差异，同时用于标定即将开展的高密度电法剖面。

（3）含膏盐泥岩与钙芒硝层若难以从高密度电法剖面上区分，建议更换其他方法。

（4）在城市开展高密度电法，应当优先采用泥饼材料降低接地电阻，若要在绿化带布设电极，应当调查绿化带内是否有地下金属管线或高压电线、配电站等干扰源；若有干扰源存在，则不宜布设电极。

（5）高密度电法反演剖面应当统一色标、统一反演方法和反演参数。

（6）高密度电法反演剖面的解译应在充分结合钻孔资料的前提下，借助含膏盐泥岩的地质资料，综合划分含膏盐泥岩段。

7.3 芒硝矿采空区问题的物探采集、处理与解释工作的优化建议

芒硝矿采空区的探测若只考虑经济效益，则推荐采用高密度电法和音频大地电磁测深法。

（1）芒硝矿采空区高密度电法和音频大地电磁测深法的测线应当有交叉，以便准确分析芒硝矿层的分布特征以及采空区的物性特征。

（2）采空区高密度电法点距宜采用 5 m 或更小的值，以便能够精细确定采空区的横向边界。

（3）应当在已知采空区且有钻孔控制的区域布设至少一条高密度电法和音频大地电磁测深法测线，以便确定芒硝矿层、芒硝矿采空区及上下围岩的电性差异，同时用于标定即将开展的高密度电法剖面和音频大地电磁测深法剖面。

（4）应当结合钻孔揭露的情况选择高密度电法和音频大地电磁测深法的反演方法，以钻孔揭露的采空区厚度与高密度电法的异常厚度之间的误差在 10%以内为最优反演方法。

（5）采空区高密度电法和音频大地电磁测深法反演剖面应当统一色标、统一反演方法和反演参数。

（6）采空区高密度电法和音频大地电磁测深法反演剖面的解译应在充分结合钻孔资料的前提下，根据剖面上的电阻率差异特征，结合测线所处地质构造环境，并考虑各相交测线的物性与地质解释的闭合问题，综合圈定采空区横向和纵向的展布范围。

7.4 隐伏断裂定位问题的物探采集、处理与解释方法的优化建议

隐伏断裂定位问题推荐优先采用浅层地震反射法，其次推荐等值反磁通瞬变电磁法。等值反磁通瞬变电磁法的经济效益要优于浅层地震反射法。

在探测隐伏断裂，对浅层地震勘探的采集、处理与解释方法满足相关规范的前提下，提出的新要求与 0～300 m 地层结构的要求一致。

以等值反磁通瞬变电磁法解决隐伏断裂定位的问题，其采集、处理与解释方法的要求如下：

（1）城市复杂环境条件下等值反磁通瞬变电磁法采集数据的抗干扰措施。

①城市输变电系统。城市输变电系统对等值反磁通瞬变电磁法来讲是严重的干扰源，当测点距离高压电缆线不足 100 m 时，由高压电缆线产生的电磁场会干扰采集仪器发射的电磁场，令采集的数据质量下降，令各频点的数据产生畸变。如图 7.4−1 所示，当采集数据呈现该种异常形态时，可考虑为输电线路干扰。

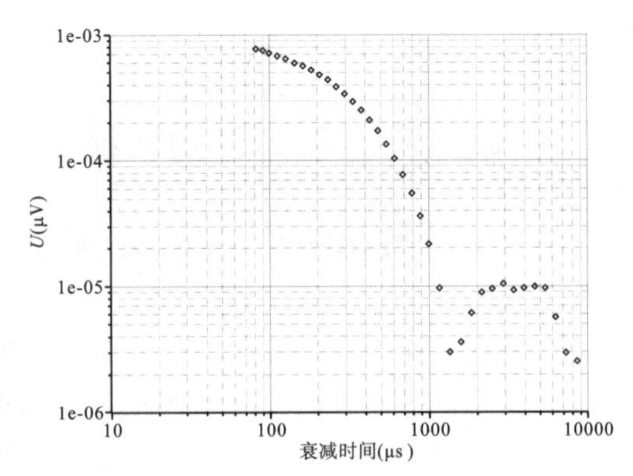

图 7.4—1　电磁类干扰数据采集

当测点不可避免地要通过高压线等电力设施时，可以适当平移测点到合适的地方进行采集，同时记录真实的点位坐标。当平移无法避开干扰时，需在观测过程中随时监测采集信息的情况；可以适当增加采集次数或者调整采集时长、增加叠加次数，以提高数据质量。

②车辆。车辆往来产生的随机干扰会影响测点周围电磁场的分布以及传播，使得频点数据发生畸变，产生虚假的异常。如图 7.4—2 所示，当衰减曲线呈现该种异常形态时，可考虑为测点附近沿途行驶车辆的干扰。

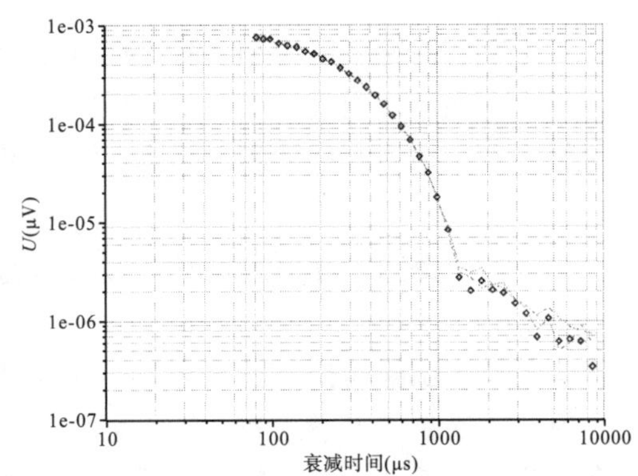

图 7.4—2　车辆干扰数据采集

当测线穿过交通干道或车辆来往密集时，应选择车辆稀少的施工时间段，以错峰作业的方式施工。在数据采集的过程中，一旦遇上车辆通过的情况，应重新测量该点数据，保证数据质量。

③金属造物。天线附近 10 m 以内的金属造物会影响等值反磁通瞬变电磁法的数据采集，强烈的反射信号压制正常信号，使衰减曲线异常圆滑，甚至近似直线，初始值极大，如图 7.4—3 所示。当采集曲线呈该种异常形态时，可考虑天线附近存在金属造物。

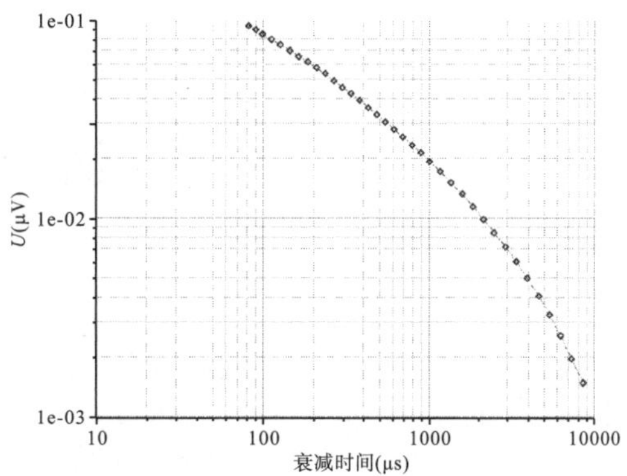

图 7.4-3 金属干扰数据采集

野外数据采集时，应清理距天线 10 m 范围内的金属造物；当遇到无法移动的金属造物时，可以适当平移测点到合适的位置再进行数据采集，同时记录真实的点位坐标，保证数据质量。

(2) 等值反磁通瞬变电磁法的反演方法主要有以下三种，其适应性、适用性侧重点不同。

①视电阻率法。该方法能定性分析测线方向水平位置的异常体，深度上会偏大，且异常形态为“凹”形，可作为定性解释的参考。

②层状介质反演法。该方法是根据层状介质的规律，对数据进行分层的反演方法，对层状介质明显的地形反演结果较好，对层状介质不明显的地形反演结果较差。应针对具体情况选择合适的反演方法。

③瞬态弛豫反演法。该方法是根据等值反磁通理论进行公式推导，适用于等值反磁通测量的反演方法，对岩溶和采空等反应灵敏。该方法得到的结果是“相对电阻率”，与似真电阻率和视电阻率均存在一定的差异，但可以通过“相对电阻率”对异常进行判别。

等值反磁通瞬变电磁法应当选择与实际地质规律相符的反演方法，这样反演的电阻率剖面才真实可靠。

(3) 进行隐伏断裂探测时，应当优先选用 2.5 Hz 下的数据进行等值反磁通瞬变电磁法的反演处理。

(4) 宜在工区附近选择已知钻孔开展等值反磁通瞬变电磁法剖面试验，通过对比测井资料，选择约束系数、反演系数、基准阻值、目标深度、开始时间、结束时间等参数。当钻孔显示与等值反磁通瞬变电磁法反演资料对应较好时，反演参数即为最合理的参数。

(5) 等值反磁通瞬变电磁法的解释应当在充分收集和消化地质资料的前提下，结合前人的断层认识，收集工区内已有的物化探资料，利用反演的电阻率剖面图，识别和划分隐伏断裂。

8 结论与建议

8.1 结论

通过在成都市开展大量物探方法试验，并针对相关地质问题分析各种物探方法技术的应用效果，本书得出以下结论：

（1）成都市中心城区物探方法面临的干扰环境主要有：城市密集建筑物延缓了资料采集过程，给测线布设带来困难；人文活动给物探施工带来安全隐患，给物探资料带来诸如强电磁干扰、震动干扰等多种干扰。提高资料采集信噪比的措施主要有：合理布设测线，尽量避开强干扰路段，或在干扰较强的路段适当远离干扰源以改善原始资料的质量；错峰施工，避开强干扰时段；多次观测，取最优数据等。提高资料处理信噪比的主要措施有选择滤波、去噪、多次观测等，目的是在保留有效信号的前提下压制各种干扰信息。

（2）研究区物探精细化探测主要包括：第四系物探方法精细识别、基岩物探方法精细识别、浅埋基底物探方法研究、成都浅埋（0～3 m）空洞探测研究、隐伏构造物探方法精细识别、含膏盐泥岩层物探方法精细识别、成都市地下水探测、成都市域地热资源探测、芒硝矿采空区探测和其他（管线渗漏点探测和隐蔽管线探测）。由浅及深的探测研究为我们展示了成都市中心城区的基本地质构架。

（3）采用井-震联合法并结合地质资料的方法，确定成都市中心城区地质层位和地震波组的关系。对剖面中波组分叉、合并、中断、尖灭等现象进行精细分析，推断这些变化与地层变化的关系，从而获得地层厚度、岩性横向变化及构造情况。在对第四系松散地层中的沉积构造及其他地质现象的解释过程中，收集区内地质资料、钻孔资料进行对比、佐证。选取与勘探目的层位对应的波组进行对比、追踪，获得清晰可靠的目的反射层的变化情况：①确定主要地质层位与反射层位的关系；②确定地层厚度变化与上下接触层的关系；③划分断层、破碎带。

（4）对 20 世纪 90 年代取得的低人文干扰、低环境噪声、高信噪比的 1117 个电测深点进行重新反演解译，“旧数新用、新旧结合”，达到事半功倍的效果。这主要体现在两个方面：一是弥补了成都市中心城区范围内地震测线、钻孔稀疏地区的地质结构分层目标；二是丰富了成都市中心城区物探参数数据库，综合对比测井、浅层地震反射法数据对隐伏构造特征的识别、地下水分布、含膏盐泥岩层分布范围识别效果，有效支撑相关研究工作。

（5）针对成都市中心城区地质特点，对管线渗漏点探测、隐蔽管线探测和成都浅埋（0～3 m）空洞探测的研究，实现了对城市管线引起的灾害的快速检测与精准定位。三维探地雷达有着得天独厚的优势，能快速有效地实现对街道浅埋空洞的探测和研究，但局限性是探测的最大深度为 3 m。

（6）总结对含膏盐泥岩层和芒硝矿采空区的探测成果：含膏盐泥岩目的层位与芒硝矿采空区的目的层位电物性有一定差别，芒硝矿目的层位与上部的第四系地层、下部的白垩系泥岩相比表现为高电阻，而采空区目的层位与上部的第四系地层、下部的白垩系泥岩相比表现为低电阻。

（7）分析音频大地电磁法对成都周边地热资源的勘查效果，利用深部地热能起到积极作用。

（8）利用钻孔资料研究确定各物探方法探测第四系的效果，对第四系结构划分的精度由高到低：混合源面波法＞等值反磁通瞬变电磁法＞高密度电法＞浅层地震反射法≈100 MHz 探地雷达。

（9）在各物探方法探测深度范围内，基岩段白垩系灌口组各物探方法探测精度由低到高的排列：浅层地震反射法＜等值反磁通瞬变电磁法＜高密度电法≈混合源面波法。

（10）对比钻孔资料，各物探方法探测含钙芒硝粉砂质泥岩的精度由高到低的排列：井-震联合法＞1.5 km 长排列的高密度电法。

（11）研究人员应用钻孔资料和地质调查的最新成果，采用测井交会图技术、多井对比法、井-震联合法，测井约束高密度电法解释方法，它们在探测地层结构、芒硝层划分、采空区识别、隐伏断层探测等方面效果显著。

（12）以井-震联合法对芒硝矿采空区进行探测，该方法对采空区的探测精度较高。仅以高密度电法难以有效划分含石膏粉砂质泥岩段和富含钙芒硝层段，其解释的采空区必须采用钻孔资料标定和验证。

（13）以测井资料对比法可推测断层的存在，但不能对断层进行定位。利用井-震联合法可定位和推断隐伏断裂。在采用井-震联合法的基础上，利用高密度电法能够验证隐伏断层。

（14）本书总结的针对几种特殊地质问题的物探方法可对未来在成都市开展城市物探采集、处理、解释工作优化等提供有益借鉴。

8.2 建议

（1）本书取得一系列的研究成果，是在成都市主城区、龙泉驿区、郫都区和双流牧马山取得的，未在成渝双城经济圈极核城市其他地区得到验证。建议收集成都市其他地区开展的物探方法并结合相关地质、测井资料，进一步研究城市物探方法适宜性及物探方法组合的有效性和针对性。

（2）建议在研究区内继续开展本书研究未涉及的其他新物探方法，并探索其在城市复杂环境条件下对相关地质问题的精细化探测，拓展城市绿色勘探手段的应用范围。

参考文献

关伟. 规划新城城市地质工作体系研究——以北京平谷规划新城为例 [D]. 北京：中国地质大学，2016.

程光华，苏晶文，李采. 城市地下空间探测与安全利用战略构想 [J]. 资源调查与环境，2019，40 (3)：226-233.

贾世平，李伍平. 城市地下空间资源评估研究综述 [J]. 地下空间与工程学报，2008 (3)：5-9.

杨益，陈叶青. 国外城市地下空间发展概况 [J]. 防护工程，2018，40 (3)：64-70.

赵镨，姜杰，王秀荣. 城市地下空间探测关键技术及发展趋势 [J]. 中国煤炭地质，2017，29 (9)：61-66，73.

冯小铭，郭坤一，王爱华，等. 城市地质工作的初步探讨 [J]. 地质通报，2003，22 (8)：571-579.

蔡鹤生，唐朝晖，周爱国. 三峡水利枢纽库区巫山县城新址地质环境质量预断评价 [J]. 工程地质学报，1998，6 (3)：269-274.

戴英，张晓晖. 基于 GIS 的城市地质环境敏感性评价 [J]. 地球物理学展，2003，18 (2)：353-356.

王德伟. 宜宾市环境地质评价 [D]. 成都：成都理工大学，2006.

陈力，梁海安，张文娟，等. 模糊数学方法在城市工程地质环境区划中的应用——以抚顺市城区为例 [J]. 吉林大学学报 (地球科学版)，2008，33 (5)：837-840.

黄骁，陈刚，孙进忠. 系统聚类法在工程地质环境质量评价中的应用 [J]. 工程地质学报，2008，16 (S1)：169-173.

黄义忠，杨世瑜. 丽江地质环境脆弱性及对策研究 [M]. 昆明：云南科技出版社，2013.

侯新文. 环胶州湾地区城市地质及工程建设适宜性研究 [D]. 北京：中国矿业大学 (北京)，2011.

陈雯，柴波，童军，等. 曹妃甸滨海新区建设用地地质环境适宜性评价 [J]. 安全与环境工程，2012，19 (3)：45-49.

李霞，何庆成，陈亮，等. 四川成都中心城区地下空间开发利用的地质环境制约因素分析 [J]. 中国地质灾害与防治学报，2019，30 (2)：141-150.

刘传逢，张云霞. 物探技术在城市地下空间开发中的应用 [J]. 城市勘测，2015 (2)：168-172.

李万伦，田黔宁，刘素芳，等. 城市浅层地震勘探技术进展 [J]. 物探与化探，2018，42 (4)：653-661.

阿发友，周洪庆，杜定全．高密度电法在乌当断层探测中的应用［J］．勘察科学技术，2008（2）：58－60．

吕惠进，刘少华，刘伯根．高密度电阻率法在地面塌陷调查中的应用［J］．地球物理学进展，2005（2）：381－386．

严加永，孟贵祥，吕庆田，等．高密度电法的进展与展望［J］．物探与化探，2012，36（4）：576－584．

刘伟，甘伏平，周启友，等．高密度电阻率成像法与微动谱比法探测岩溶区塌陷的地质背景——以广东省高要市蛟塘镇塱下村塌陷区为例［J］．地质与勘探，2019，55（1）：115－126．

阿发友．高密度电法和地质雷达在断层及溶洞探测中的应用［D］．贵阳：贵州大学，2008．

吴奇，汤井田，黄文清，等．物探在城市地下溶洞探测中的应用［J］．中国农村水利水电，2008（4）：92－94．

曲乐，张伟．地质雷达方法在金州断裂探测中的应用［J］．防灾减灾学报，2013，29（2）：222－227．

静恩杰，李志聃．瞬变电磁法基本原理［J］．中国煤田地质，1995，7（2）：42－46．

李貅，全红娟，许阿祥，等．瞬变电磁测深的微分电导成像［J］．煤田地质与勘探，2003，31（3）：59－61．

牛之琏．时间域电磁法原理［M］．长沙：中南大学出版社，2007．

薛国强．论瞬变电磁测深法的探测深度［J］．石油地球物理勘探，2004（5）：575－578．

席振铢，龙霞，周胜，等．基于等值反磁通原理的浅层瞬变电磁法［J］．地球物理学报，2016，59（9）：3428－3435．

高远．等值反磁通瞬变电磁法在城镇地质灾害调查中的应用［J］．煤田地质与勘探，2018，46（3）：152－156．

周超，赵思为．等值反磁通瞬变电磁法在轨道交通勘探中的应用［J］．工程地球物理学报，2018，15（1）：60－64．

周磊，曹创华，邓专，等．城镇有限场地条件下的物探找水试验［J］．城市地质，2019，14（1）：97－102．

刘庆华，鲁来玉，王凯明．主动源和被动源面波浅勘方法综述［J］．地球物理学进展，2015，30（6）：2906－2922．

张维，何正勤，胡刚，等．用面波联合勘探技术探测浅部速度结构［J］．地球物理学进展，2013，28（4）：2199－2206．

夏江海，高玲利，潘雨迪，等．高频面波方法的若干新进展［J］．地球物理学报，2015，58（8）：2591－2605．

丰赟，沙椿．面波联合勘探在深厚覆盖层地区应用实例分析［J］．物探与化探，2018，42（2）：392－397．

关艺晓，卢进添，何泰健，等．可控音频大地电磁测深在城市隐伏断层探测中的应用［J］．

上海国土资源，2016，37（1）：90－93.
周荣军，黄润秋，雷建成，等. 四川汶川 8.0 级地震地表破裂与震害特点［J］. 岩石力学与工程学报，2008（11）：2173－2183.
徐锡伟，陈桂华，于贵华，等. 芦山地震与汶川地震关系讨论［C］//中国地球物理 2013——第十六专题论文集，2013.
周荣军，李勇，苏金蓉，等. 四川芦山 Mw 6.6 级地震发震构造［J］. 成都理工大学学报（自然科学版），2013，40（4）：364－370.
高亚峰，高亚伟. 我国城市地质调查研究现状及发展方向［J］. 城市地质，2007，2（2）：1－8.
张忠良，袁灯平，曾粳峰，等. 探地雷达在嘉浏高速公路上海段路面检测中的应用研究［C］//上海市岩土工程检测中心论文集（1995—2005），1995：127－133.
张山. 地质雷达在公路基层脱空检测中的应用［J］. 地质与勘探，2003（Z1）：85－87.
董荣伟，周立军. 地质雷达在高速公路病害检测中的应用分析与研究［J］. 工程地球物理学报，2009（5）：636－640.
秦镇，张恩泽，吴海波. 基于探地雷达的城市道路地下空洞探测研究［J］. 安徽理工大学学报（自然科学版），2018，38（5）：70－73.
罗传熙. 基于三维探地雷达的道路无损检测技术应用研究［D］. 广州：华南理工大学，2018.
何兴晨. 高密度电法在地下空洞探测中的应用［J］. 西部资源，2018（3）：165－166.
程逢. 被动源面波勘探方法及其在城市地区的应用［D］. 武汉：中国地质大学（武汉），2018.
王成楠，范敏，梁奔，等. 综合物探方法在城市地下空洞探测中的应用研究［J］. 江西地质，2017，18（3）：239－242.
武斌，李诗捷，陈宁，等. 成都市城市地下空间探测的地球物理方法研究［J］. 四川地质学报，2019，39（增刊）：194－202.
武斌，陈宁，刘和，等. 地震勘探在长昆高铁隐伏岩溶检测中的应用［J］. 四川地质学报，2017，40（4）：667－669.
武斌，曹蜀湘，张淳，等. 高密度电阻率法在四川青川张家沟滑坡勘查中的应用［J］. 四川地质学报，2010，30（2）：229－231.
武斌，曾校丰. 综合工程物探技术在川藏公路 102 大型滑坡勘察中的应用［J］. 四川地质学报，2005，25（1）：61－64.
武斌. 松潘甘孜地区地热资源的地球物理勘探研究［D］. 成都：成都理工大学，2016.
武斌，汪智，张淳，等. 综合工程物探在九寨沟核心景区水循环系统研究中的应用评价［J］. 四川地质学报，2009，29（2）：213－216.
陈仲侯，傅唯一. 浅层地震勘探［M］. 成都：成都地质学院出版发行组，1986.
丁绪荣. 普通物探教程［M］. 北京：地质出版社，1984.
付小方，侯立玮，梁斌，等. 成都平原第四纪断裂及其活动性［M］. 北京：科学出版社，2013.

付小方，侯立玮，李海兵，等. “5·12”汶川大地震同震断裂及地震地质灾害 [M]. 北京：科学出版社，2011.

李勇，周荣军，等. 青藏高原东缘大陆动力学过程与地质响应 [M]. 北京：地质出版社，2006.

唐荣昌，韩渭宾. 四川活动断裂与地震 [M]. 北京：地震出版社，1993.

聂勋碧，钱宗良. 地震勘探原理和野外工作方法 [M]. 北京：地质出版社，1990.

楚泽涵，任平. 环境地球物理学 [M]. 北京：石油工业出版社，2002.

李大心. 探地雷达方法与应用 [M]. 北京：地质出版社，1994.

朴化荣. 电磁测深法原理 [M]. 北京：地质出版社，1990.

李万伦，田黔宁，刘素芳，等. 城市浅层地震勘探技术进展 [J]. 物探与化探，2018，42 (4)：653-661.

王伟君，刘澜波，陈棋福，等. 应用微动 H/V 谱比法和台阵技术探测场地响应和浅层速度结构 [J]. 地球物理学报，2009，52 (6)：1515-1525.

刘延忠，冯辉. 城市地质工作中应重视一种新型电磁法——可控源音频大地电磁法的应用 [J]. 城市地质，2006，1 (1)：41-49.

关艺晓，卢进添，何泰健，等. 可控音频大地电磁测深在城市隐伏断层探测中的应用 [J]. 上海国土资源，2016，37 (1)：90-93.

王亚辉，张茂省，师云超，等. 基于综合物探的城市地下空间探测与建模 [J]. 西北地质，2019，52 (2)：83-93.

石科，杨富强，李叶飞，等. 利用微动探测研究城市地下空间结构 [J]. 矿产与地质，2020，34 (2)：355-365.

彭建兵，黄伟亮，王飞永，等. 中国城市地下空间地质结构分类与地质调查方法 [J]. 地学前缘，2019，26 (3)：9-20.

马岩，李洪强，张杰，等. 雄安新区城市地下空间探测技术研究 [J]. 地球学报，2020，41 (4)：535-541.

郭朝斌，王志辉，刘凯，等. 特殊地下空间应用与研究现状 [J]. 中国地质，2019，46 (3)：482-492.

李万伦，刘素芳，田黔宁，等. 城市地球物理学综述 [J]. 地球物理学进展，2018，33 (5)：2134-2140.

李华，杨剑，王桥，等. 地球物理方法在城市膏盐富集层探测中的应用效果浅析 [J]. 地球物理学进展，2020，35 (4)：1577-1583.

徐新学，夏训银，刘俊昌，等. MT 及 CSAMT 方法在城市地热资源勘探中的应用 [J]. 桂林工学院学报，2004 (3)：278-281.

李华，王亮，韩浩东，等. 红层地区城市地下空间膏盐富集层探测新方法——以成都市国际生物城为例 [J]. 中国地质，2020，47 (6)：1793-1803.

石科，杨富强，李叶飞，等. 利用微动探测研究城市地下空间结构 [J]. 矿产与地质，2020，34 (2)：355-365.

田福金，贾军元，田中纺，等. 多种物探方法组合在南昌城市地下空间探测中的有效性浅析［J］．地质论评，2020，66（S1）：167－168．
韩晨．超高密度城市地下空间探测背景噪声体波提取技术研究［D］．北京：中国地质大学（北京），2020．
罗磊．噪声成像技术在济南市城市地下空间探测中的应用研究［D］．南昌：东华理工大学，2019．
向伟．基于探地雷达城市地下空间图像的探测识别研究［D］．长沙：湖南大学，2014．
王亚辉，张茂省，师云超，等．基于综合物探的城市地下空间探测与建模［J］．西北地质，2019，52（2）：83－94．
苏海伦，李荣亮，白顺宝．综合物探方法在城市地下污水管线探测中的应用［J］．矿产勘查，2019，10（6）：1476－1481．
李文文，李广场．综合物探在城市轨道交通岩溶探测中的应用［J］．工程地球物理学报，2018，15（1）：104－111．
贾民育．微重力测量技术的应用［J］．地震研究，2000，23（4）：452－456．
郭建强．地质灾害勘查地球物理技术手册［M］．北京：地质出版社，2003．
彭青阳，徐洪苗，胡俊杰，等．工程物探方法在危废埋设物调查中的应用［J］．工程勘察，2021（4）：73－78．
杨海龙．物探技术在岩土工程勘察中的应用及前景探析［J］．西部资源，2021（1）：174－176．
彭绪洲，李进敏，陈新球．浅层地震折射资料的个性化自动解释［J］．工程地球物理学报，2016（6）：712－716．
李新均，王阳，唐沐恩．瞬变电磁法及其在工程地球物理勘探中的应用［J］．工程地球物理学报，2014（3）：355－360．
王宾，韩晓南，王康东．综合物探方法在采空塌陷区地质灾害勘查中的应用［J］．工程地球物理学报，2013（5）：725－729．
张玮，杜敏铭，刘爱疆．高密度电阻率法在不稳定斜坡探测中的应用［J］．煤田地质与勘探，2012（4）：71－74．
刘宏岳，林朝旭，林孝城，等．综合物探方法在某过江隧道工程勘察中的应用研究［J］．隧道建设，2012（3）：275－280．
李学军．我国城市物探的应用与发展［J］．地球物理学进展，2011（6）：2221－2231．
李坚，魏栋华，曹云勇，等．厦门翔安隧道海域工程物探［J］．铁道工程学报，2010（6）：27－31．
胡兴，包太，谢涛．地震CT技术在芹菜垭口隧道病害诊断中的应用［J］．贵州大学学报（自然资源版），2010（3）：118－121．
段宝平，何正勤，叶太兰．井间地震技术的研究现状及其工程应用前景［J］．物探与化探，2010（5）：610－616．
张久文．物探方法在水库大坝质量评价中的应用［J］．安徽地质，2010（3）：213－215．
陆云祥，徐岳行，乔鹏，等．物探方法在隧道勘查中的应用探讨［J］．工程地球物理学报，2010（4）：500－507.
刘传逢，张云霞．物探技术在城市地下空间开发中的应用［J］．城市勘测，2015（2）：168－172.
刘云桢，刘刚，金荣杰，等．城市地下空间地质调查的智能微动勘探系统［J］．中国科技成果，2019（8）：2.
张茂省，王益民，张戈，等．干扰环境下城市地下空间组合探测与全要素数据集［J］．中国地质，2019，46（Z6）：30－49.
马岩，李洪强，张杰，等．雄安新区城市地下空间探测技术研究［J］．地球学报，2020，41（4）：535－542.
何静，郑桂森，周圆心，等．城市地下空间资源探测方法研究及应用［J］．地质通报，2019，38（9）：1571－1580.
周晓光．浅谈物探方法在城市地下管线探测中的应用［J］．建筑工程技术及设计，2017（16）：3255－3260.
李文翰，文斌，李术才，等．基于高性能瞬变电磁辐射源的城市地下空间多分辨成像方法研究［J］．地球物理学报，2020，63（12）：4553－4564.
王继果，戴加东，周峰．综合物探在城市地下管线探测中的应用［J］．福建建设科技，2017（5）：77－78.
王永，谭春，曾来．地质雷达方法在城市地下建（构）筑物权属调查中的应用［J］．上海地质，2004（4）：45－47.
丁美青，胡泽安，李建宁，等．城市地下断裂构造可控震源地震勘探试验研究［J］．物探化探计算技术，2017，39（4）：565－572.
徐晓英，徐万祥，张俊伟，等．物探方法在预防路面塌陷中的应用［J］．华北地震科学，2020，38（2）：565－572.
陈实，李延清，李同贺，等．天然源面波技术在乌鲁木齐城市地质调查中的应用［J］．物探与化探，2019，43（6）：1389－1398.
张劲松，丛鑫，杨伯钢，等．地下管线探测雷达图特征分析［J］．地球物理学进展，2019，34（3）：1244－1248.
黄毓铭，张晓峰，谢尚平，等．综合物探方法在南宁地铁溶洞探测中的应用［J］．地球物理学进展，2017，32（3）：1352－1359.
Gamal M A，Pullammanappallil S. Validity of the refraction micro-tremor（ReMi）method for determining shear wave velocities for different soil types in Egypt［J］. International Journal of Geosciences，2011，2（4）：530－540.
Ivanov J，Leitner B，Shefchik W，et al. Evaluating hazards at salt cavern sites using multichannel analysis of surface waves［J］. The Leading Edge，2013，32（3）：298－304.
Craig M，Hayashi K. Surface wave surveying for near-surface site characterization in the East San Francisco Bay Area，California［J］. Interpretation，2016，4（4）：59－69.

Malehmir A，Wang S，Lamminen J，et al. Delineating structures con-trolling sandstone-hosted base-metal deposits using high-resolution multicomponent seismic and radio-magnetotelluric methods：A case study from Northern Sweden [J]. Geophys. Prospect，2015，63：774－797.

Yao H，Cao W P，Huang X R，et al. Utomatic extraction of surface wave dispersion curves using unsupervised learning [M] //The Society of Exploration Geophysicists 91st Annual International Meeting，2021.

Yang J M，Wang H G，Sha C. An analysis of karst exploration basad on opposing coils transient electromagnetic method [J]. Gephysical and Geochemical Exploration，2018，42 (4)：846－850.

Ogawa Y. On two-dimensional modeling of magnetotelluric field data [J]. Surveys in Geophysics，2002，23 (2－3)：251－273.